职业教育精品教材

工 厂 供 电

（第 3 版）

主编　姚锡禄

电子工业出版社

Publishing House of Electronics Industry

北京·BEIJING

内容简介

本书是已经发行了近十年的《工厂供电》一书的第 3 版,是根据教育部制定的专业课程"工厂供电"的"教学指导方案"编写的,并贯彻了我国最新的标准和规范。本书加强了工厂供电系统运行维护方面的内容,突出了"安全"教育,强调了操作规范。书中主要内容有:供配电工程相关的基本知识;工厂供配电系统的主要电气设备、供配电系统的线路和结构;负荷计算和短路概念;电器和导体的选择;继电保护装置及二次回路;防雷、接地及电气安全;电气照明技术;电能节约和工厂供配电系统的运行与维护。

每章末附有思考题与习题,书末附有实验指导书和部分习题答案。为了方便教学,本书还配有电子教学参考资料包(包括教学指南、电子教案、习题答案)。

本书可作为职业院校相关专业的教材,也可作为技能培训教材及相关行业维护、维修技术人员的参考用书。

图书在版编目(CIP)数据

工厂供电 / 姚锡禄主编. —3 版. —北京:电子工业出版社,2013.3(2025.8 重印)
职业教育精品教材
ISBN 978-7-121-19302-6

Ⅰ. ①工… Ⅱ. ①姚… Ⅲ. ①工厂-供电-中等专业学校-教材 Ⅳ. ①TM727.3
中国版本图书馆 CIP 数据核字(2012)第 304022 号

策划编辑:靳 平
责任编辑:李 蕊
印　　刷:河北虎彩印刷有限公司
装　　订:河北虎彩印刷有限公司
出版发行:电子工业出版社
　　　　　北京市海淀区万寿路 173 信箱　邮编　100036
开　　本:787×1 092　1/16　印张:15.75　字数:423.6 千字
版　　次:2003 年 6 月第 1 版
　　　　　2013 年 3 月第 3 版
印　　次:2025 年 8 月第 21 次印刷
定　　价:29.80 元

前　言

《工厂供电》一书自 2003 年 7 月出版，至今已有十年了，十年来始终畅销不衰。在 2007 年经一次改版，增加了考取"电工安全上岗操作证"的教学内容，使此书内容更丰富、更实用。

第 3 版的《工厂供电》保留了工厂供配电系统电气运行操作人员必备的理论知识和岗位技能操作知识，保留了第 2 版中突出"电气安全"教育和实训的特色，还保留了考取"电工安全上岗操作证"必备的知识和实训内容，增加了供配电工程中的新知识和新技术。例如，在第 2 章介绍了智能型低压断路器，这种设备是供配电系统完成自动化、信息化过程中的关键设备，是促成供配电系统升级换代的核心设备，在新型企业中应用十分广泛。本书还针对学生中普遍存在的一些知识模糊点做了更细致的描述。例如，在第 1 章电力系统的中性点运行方式中，学生普遍不清楚 TN—S 系统中的 PE 线和 N 线在接地方式和引出方式上到底有什么不同。因此，本版书中换了一个图，图中明确表示出这两条线的接地点不同，并在第 7 章的有关内容中做了详细的叙述，完全可以弄清这一容易弄混淆的概念。为了精简教材，本版本对一些理论内容进行了删改，如第 7 章滚球法避雷针保护范围的计算等。但是，为了保持此教材三个版本知识体系的连贯性和完整性，我们没有做更大的删改，而是扩大了选修章节的范围，教师在使用此教材时可以优化节选。例如，有的学校开设了"室内照明线路安装"课程，则不需要讲"工厂的电气照明"。前面注有*号的章节均是选修内容。

本书共有 10 章，基本上沿用了第 2 版的章节形式，姚锡禄是本书的主编并负责统稿，参加编写的还有于磊、陈晖、李志刚、李明生、高铮、张吉林、姚昕彤、曹继宗、张文辉。天津市津酒集团的高级工程师姜德祥、天津海鸥手表集团的高级工程师陈琪、时伟和泰达电力公司的王瑞珩与刘文兴工程师均提出了许多宝贵意见，在此我们一并表示诚挚的感谢！由于水平有限，时间仓促，不妥之处敬请读者指正。

编　者

目 录

第1章 工业企业供电概论

【课程内容及要求】

内容：（1）说明工厂供电的意义及对从业人员的要求；

（2）介绍各类典型的工厂供电系统及电力负荷的基本知识；

（3）讲解电力系统的电压和电力系统的中性点运行方式。

要求：（1）使学生理解工厂供电的意义，牢记对从业人员的要求；

（2）使学生理解工厂供电系统中相关的概念和中性点运行方式的意义。

1.1 工厂供电的意义及要求

工厂供电，就是指工厂所需电能的供应和分配，也称工厂配电。电能是现代工业生产的主要能源和动力，也是最清洁的能源之一。电能的输送和分配既简单经济，又便于控制、调节和测量；既有利于实现生产过程自动化，更有利于环境保护。高新技术的应用，更依赖于可靠、优质的电力供应。因此，电能在现代工业生产及整个国民经济生活中极为重要且应用十分广泛。

工业生产应用电能和实现电气化以后，能大大提高生产效率，提高产品质量。但是，工厂的电能供应如果突然中断，将对工业生产造成严重的后果，甚至可能发生重大的设备损坏或人身伤亡事故。由此可见，搞好工厂供电工作对于保证工业生产的正常进行和实现工业现代化具有十分重大的意义。

工厂供电工作要很好地为工业生产服务，切实保证工厂生产和生活用电的需要，并要做好节能工作，所以必须满足以下几点基本要求。

（1）安全。电力运行中安全永远是第一位的，因此在电能的供应、分配和使用中，不能发生人身和设备事故。

（2）可靠。应满足电能用户对供电可靠性的要求。

（3）优质。应满足电能用户对电压频率和波形等的质量要求。

（4）经济。供电系统的投资要少，运行费用要低，并应尽可能地节约电能和减少有色金属的消耗量。

供电工作的从业人员应该具有高度的"安全"意识，"安全运行"是发展生产的基本保证，从业人员自身必须要模范执行国家颁布的电力安全工作规程及相关的安全技术操作规定。供配电从业人员对企业电力系统能否安全运行负有一定的责任，维护、检修人员必须按规定对企业的各类电气设备进行及时、定期的维护和检查，保证设备工作状态良好，不允许以各种理由耽误设备的检修，使设备处于"带病"运行状态；运行、值班人员必须按规定认真记录仪表数据，填写各类报表，及时向主管部门报告电力运行情况，保证电力系统处于经济运行状态，不允许电力系统长期超负荷运行。

供电工作的从业人员还应该具有强烈的"节能"意识。"节能减排"将是我国长期执行的经济政策，为使我国可持续发展，开发新能源、合理地使用现有能源，是我们需要遵守的"法则"。供电工作应合理地处理局部和全局、当前和长远等关系，应具有全局观点，统筹兼顾，长远发展。

本课程是以中小型机械类工厂内部的电能供应和分配问题为典型，讲述供配电系统相关的基础理论和岗位技能，使学生初步掌握中小型工厂供电系统运行维护所必需的基础理论和基本技能，为今后从事工厂供电技术工作奠定一定的基础。本课程实践性较强，学习时应注重理论联系实际，培养实际应用能力。

1.2 　工厂供电系统及其电源和负荷

1.2.1 　工厂供电系统

工厂供电系统是指工厂所需的电力电源从进厂起到所有用电设备电源入端止的整个电路。

大部分中小型工厂[①]的电源进线电压为 10 kV（或 6 kV），某些大中型工厂的电源进线电压可为 35 kV 及以上，某些小型工厂可以直接采用低压进线。所谓"低压"是指低于 1 kV 的电压，一般来说 1 kV 以上的电压称为"高压"[②]。下面介绍几种典型的工厂供电系统。

1. 具有高压配电所的工厂供电系统

图 1.1 是一个典型的中型工厂供电系统图[③]，图 1.2 是其平面布线图。为了使图形简明，系统图、布线图及后面课程中涉及的主电路图，一般都只用一根线来表示三相线路，即绘成"单线图"的形式，此处绘出的系统图未绘出其中的开关电器，但示意性地绘出了高、低压母线上和低压联络线上装设的开关。

从图 1.1 可以看出，该厂的高压配电所有两条 10 kV（或 6 kV）的电源进线，分别接在高压配电所的两段母线上。所谓"母线"就是用来汇集和分配电能的导体，又称"汇流排"。这种利用一台开关分隔开的单母线接线形式，称为"单母线分段制"。当一条电源进线发生故障或进行检修而被切除时，可以闭合分段开关而由另一条电源进线来对整个配电所的负荷供电。这种具有双电源的高压配电所最常见的运行方式是：分段开关正常工作情况下是闭合的，整个配电所由一条电源进线进行供电，通常来自公共高压配电网络；而另一条电源进线则作为备用，通常是从邻近单位取得备用电源。

该高压配电所有四条高压配电线，供电给三个车间变电所。车间变电所装有电力变压器，将 10 kV（或 6 kV）高压降为低压用电设备所需的 220/380 V 电压[④]，这里的 2 号车间变电所中的两台电力变压器分别由配电所的两段母线供电，而其低压侧也采用单母线分段制，从而使供电可靠性大大提高。各车间变电所的低压侧，都设有低压联络线，它们相互连接，以提高供电系统运行的可靠性和灵活性。此外，该配电所有一条高压配电线，直接供电给一组高

---

① 从供电的角度来说，凡总供电容量小于 1000 kV·A 的工厂可视为小型工厂；大于 1000 kV·A 而小于 10 000 kV·A 的工厂可视为中型工厂；10 000 kV·A 以上的工厂可视为大型工厂。

② 这里所谓的"低压"、"高压"是从设计制造的角度来划分的。如果从电气安全的角度，则按我国电力行业标准 DL 408—91 规定："低压"为设备对地电压低于 250 V 者；"高压"为设备对地电压高于 250 V 以上者。

③ 按 GB 6988—86《电气制图》定义："系统图"是用符号或带注释的框概略表示系统或分系统的基本组成、相互关系及其主要特征的一种简图；而"电路图"是用图形符号并按工作顺序详细表示电路、设备或成套装置的全部基本组成和连接关系，而不考虑其实际位置的一种简图。

④ 按 GB 156—93《标准电压》规定：电压"220/380 V"中的 220 V 为三相交流系统的相电压，380 V 为线电压。

压电动机,另有一条高压配电线直接连接一组高压并联电容器。3 号车间变电所的低压母线上也连接一组低压并联电容器,这些并联电容器都是用来补偿系统的无功功率和提高功率因数的。

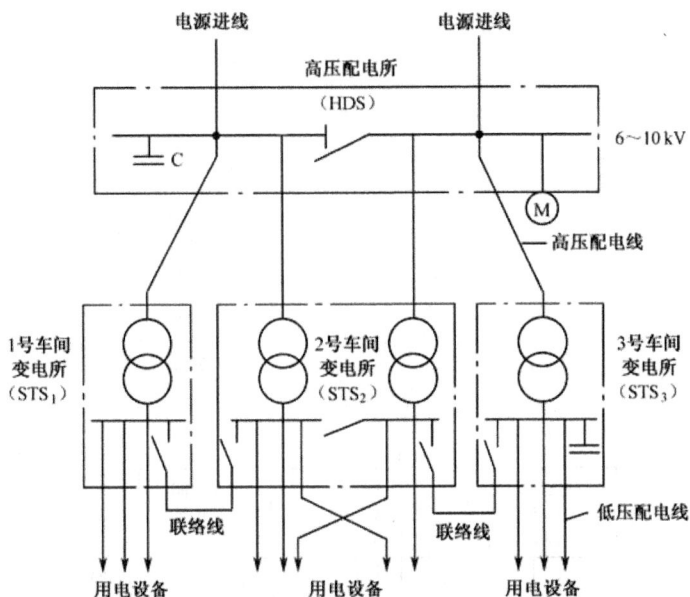

图 1.1   具有高压配电所的工厂供电系统图

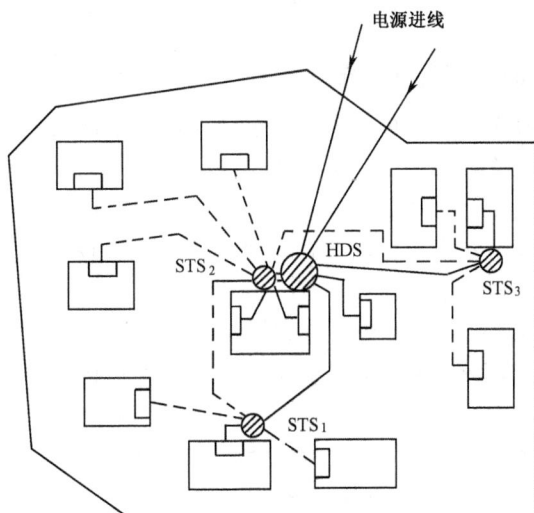

图 1.2   图 1.1 工厂供电系统的平面布线图

2. 具有总降压变电所的工厂供电系统

图 1.3 是一个比较典型的具有总降压变电所的大中型工厂供电系统的系统图。总降压变电所

有两条 35 kV 以上的电压经该所的电力变压器降为 10 kV（或 6 kV）的电压，然后通过高压配电线路将电能送到各车间变电所，电能在车间变电所又经电力变压器降为一般低压用电设备所需的 220/380 V 的电压。为了补偿系统的无功功率和提高功率因数，通常在 10 kV（或 6 kV）的高压母线上或 380 V 的低压母线上接入并联电容器。

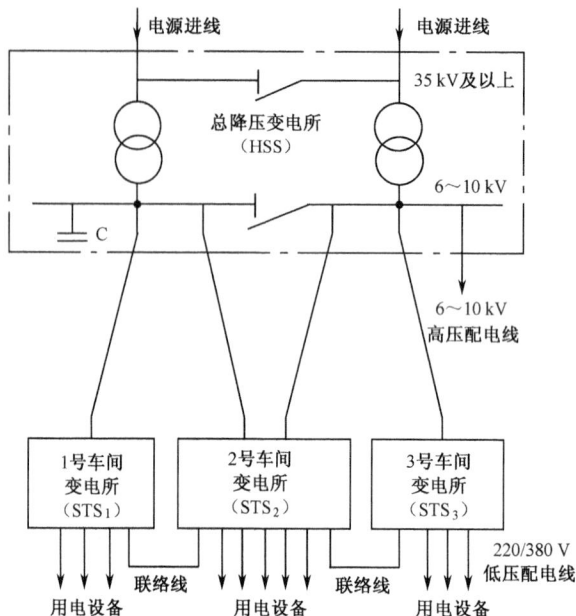

图 1.3　具有总降压变电所的工厂供电系统图

3. 高压引入负荷中心的工厂供电系统

如果当地的电源电压为 35 kV，而厂区环境条件和设备条件又允许采用 35 kV 架空线路和较经济的电气设备时，则可考虑采用 35 kV 作为高压配电电压，通过 35 kV 线路直接引入靠近负荷中心的车间变电所，然后经电力变压器直接降为低压用电设备所需的电压，如图 1.4 所示。这种高压引入负荷中心的直配方式，可以节省一级中间变压过程，从而简化了供电系统，节省了设备费用，降低了电能损耗和电压损耗，提高了供电质量。但此类供电系统对安全条件要求得很严格，为确保安全供电，要求厂区必须有满足 35 kV 架空线路的"安全走廊"，对厂区建筑密度、堆积物等也有要求。这种供电系统比较适用于远离城市中心、厂区建筑分散的大型工厂。

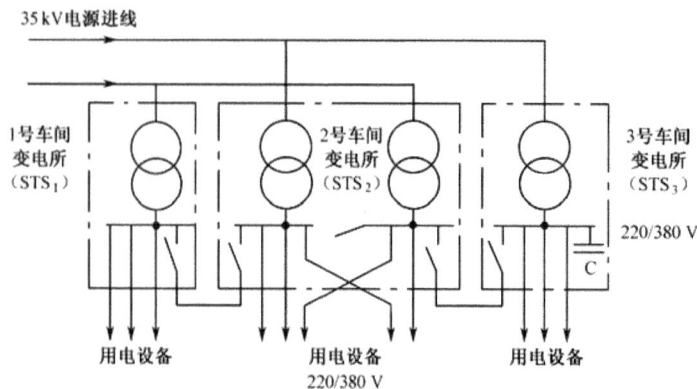

图 1.4　高压引入负荷中心的工厂供电系统图

4．只有一个变电所或配电所的工厂供电系统

对于小型工厂，由于所需容量一般不大于 1000 kV·A 或稍多一些，因此通常只设一个降压变电所，将 6～10 kV 电压降为低压用电设备所需的电压，如图 1.5 所示。

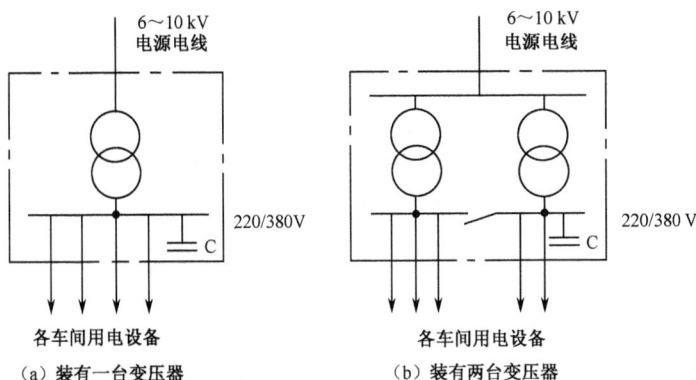

图 1.5　只有一个降压变电所的工厂供电系统图

在工厂所需容量不大于 160 kV·A 时，一般采用低压电源进线，因此工厂只需设一个低压配电间，如图 1.6 所示。

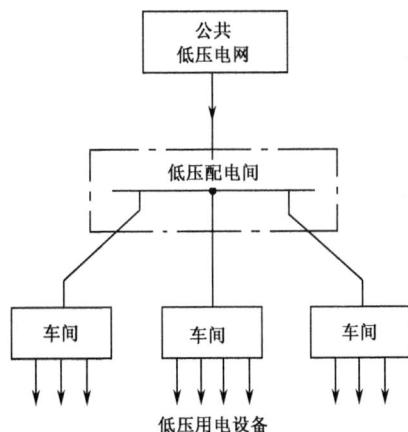

图 1.6　低压进线的小型工厂供电系统

由以上分析可知，配电所的任务是接收电能和分配电能；而变电所的任务是接收电能、变换电压和分配电能。两者的区别在于变电所是否装有电力变压器。

1.2.2　工厂的电力负荷

电力负荷有两个含义：一个是指用电设备或用电单位（用户）；另一个是指用电设备或用电单位（用户）所消耗的电功率或电流。下面所讲的电力负荷指的是前者。

1．电力负荷的分级

电力负荷根据其对供电可靠性的要求及中断供电在政治上、经济上所造成的损失或影响的程度分为三级：

（1）一级负荷。符合下列情况之一时，应为一级负荷。

① 中断供电将造成人身伤亡时。

② 中断供电将在政治上、经济上造成重大损失时，如重大设备损坏，大量产品报废，用重要原料生产的产品大量报废，以及国民经济中重点企业的连续生产过程被打乱需要长时间才能恢复时。

③ 中断供电将影响有重大政治、经济意义的用电单位的正常工作时，如重要交通枢纽、重要通信枢纽、重要宾馆、大型体育场馆，以及经常用于国际活动的大量人员集中的公共场所，如港口、车站、机场等用电单位中的重要电力负荷。

在一级负荷中，当中断供电时将发生中毒、爆炸或火灾等情况的负荷，以及特别重要场所不允许中断供电的负荷，应视为特别重要的负荷。

（2）二级负荷。符合下列情况之一时，应为二级负荷。

① 中断供电将在政治、经济上造成较大损失时，如主要设备损坏、大量产品报废、连续生产过程被打乱需较长时间才能恢复、重点企业大量减产时。

② 中断供电将影响重要用电单位的正常工作时，如交通枢纽、通信枢纽等用电单位中的重要电力负荷，以及中断供电将造成大型影剧院、大型商场等较多人员集中的重要的公共场所秩序混乱时。

（3）三级负荷。不属于一级和二级负荷者应为三级负荷。

2．各级电力负荷对供电电源的要求

（1）一级负荷对供电电源的要求：一级负荷属重要负荷，应由两个独立电源供电。当一个电源发生故障时，另一个电源不应同时受到损坏。一级负荷中特别重要的负荷，除有两个独立电源外，还应增设应急电源，并严禁将其他负荷接入应急供电系统。可作为应急电源的电源有如下几种。

① 独立于正常电源的发电机组。

② 供电网络中独立于正常电源的专用的馈电线路。

③ 蓄电池。

④ 干电池。

（2）二级负荷对供电电源的要求：二级负荷也属重要负荷，但其重要程度次于一级负荷。二级负荷宜由两个回路供电，供电变压器也应有两台。在其中一个回路或一台变压器发生常见故障时，二级负荷不致中断供电，或中断后能迅速恢复供电。只有当负荷较小或者当地供电条件困难时，二级负荷才可由一个回路6kV及以上的专用架空线路供电。这是考虑当架空线路发生故障时，比电缆线路发生故障时易于发现且易于检查和修复。当采用电缆线路时，必须采用两根电缆并列供电，每根电缆应能承担全部二级负荷。

（3）三级负荷对供电电源的要求：由于三级负荷是不重要的一般负荷，因此它对供电电源无特殊要求。

1.3　电力系统的电压

1.3.1　简述

由发电厂中的电气部分、各类变电所和输电/配电线路，以及各种类型的用电设备组成的统一整体称为电力系统。电力系统中各种类型的变电所及输电/配电线路组成的统一体称为电力网。我国电力网基本上分为以下几种类型：

（1）额定电压在 1 kV 以下的电力网称为"低压网"，主要用于低压用户的供配电，又称为低压配电网。

（2）额定电压在 1～20 kV 的电力网称为"中压网"，中压网作为城市和农村供电的主网，同时也担负着向广大中小型工厂供电的任务。中压网又称为中压配电网，以 10 kV 为主，3 kV 和 6 kV 中压配电网已趋于淘汰，20 kV 的网目前仅限于局部地区使用。

（3）额定电压在 35～220 kV 的电力网称为"高压网"，又称为高压配电网。该网目前以 35～110 kV 为主，许多大型工厂采用 35 kV 供电，66 kV 和 110 kV 主要用于城市配电网中，220 kV 则主要用于特大型城市的高压配电网中。

（4）额定电压在 330 kV 以上的电网通常称为"超高压网"，主要用于跨地区、大功率远距离输电。

电力系统中的所有电气设备都是在一定的电压和频率下工作的。电气设备在其额定电压和频率下工作时，其综合经济效益最好。频率和电压是衡量电能质量的两个基本参数。

我国采用的工业频率（简称工频）为 50 Hz，频率偏差范围一般规定为±0.5 Hz。如果电力系统容量达 3000 MW 及以上时，则频率偏差范围为±0.2 Hz。频率的调整主要是通过发电厂调节发电机的转速来完成的。对于工厂供电系统来说，提高电能质量主要是指提高电压质量和供电可靠性的问题。电压质量不仅是指对额定电压来说电压偏高或偏低，即电压偏差的问题，而且包括电压波动及电压波形是否畸变，即是否含有过多的高次谐波成分的问题。

1.3.2　三相交流电网和电力设备的额定电压

按照 GB 156—93《标准电压》规定，我国三相交流电网和发电机的额定电压如表 1.1 所示。

表 1.1　我国三相交流电网和电力设备的额定电压（按 GB 156—93）

分　类	电网和用电设备的额定电压（kV）	发电机的额定电压（kV）	电力变压器的额定电压（kV）	
			一　次　绕　组	二　次　绕　组
低压	0.38	0.40	0.38	0.40
	0.66	0.69	0.66	0.69
高压	3	3.15	3, 3.15	3.15, 3.3
	6	6.3	6, 6.3	6.3, 6.6
	10	10.5	10, 10.5	10.5, 11
	—	13.8, 15.75, 18, 20, 22, 24, 26	13.8, 15.75, 18, 20, 22, 24, 26	—
	35	—	35	38.5
	66	—	66	72.6
	110	—	110	121
	220	—	220	242
	330	—	330	363
	500	—	500	550

（1）电网（线路）的额定电压。电网的额定电压等级是国家根据国民经济发展的需要和电力工业的水平，经全面经济分析后确定的。它是确定各类电力设备额定电压的基本依据。

（2）用电设备的额定电压。线路运行时要产生电压降，即电压损耗，所以线路上各点的电压都略有不同，如图 1.7 中的虚线所示。成批生产的用电设备，只能按线路的额定电压来制造，而不用考虑线路上的电压损耗，因此用电设备的额定电压规定与同级电网的额定电压相同。

（3）发电机的额定电压。由于电力线路允许的电压偏差一般为±5%，即整个线路允许有 10% 的电压损耗值，线路首端（电源端）的电压可较线路额定电压高 5%，而线路末端则可较线路额定电压低 5%，如图 1.7 所示。所以发电机的额定电压规定高于同级电网的额定电压 5%。

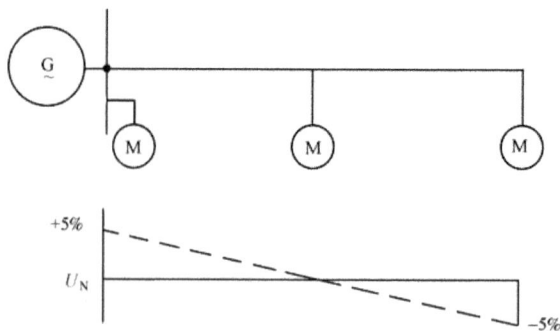

图 1.7　用电设备和发电机的额定电压说明

（4）电力变压器的额定电压。

① 电力变压器一次绕组的额定电压。分两种情况：

● 当变压器直接与发电机相连时，如图 1.8 所示的变压器 T_1，其一次绕组的额定电压应与发电机的额定电压相同，即高于同级电网的额定电压 5%。

● 当变压器不与发电机相连，而是连接在线路上时，如图 1.8 所示的 T_2，则可看做线路的用电设备，因此其一次绕组的额定电压应与同级电网的额定电压相同。

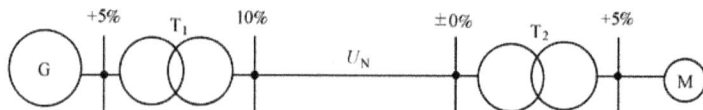

图 1.8　电力变压器的额定电压说明

② 电力变压器二次绕组的额定电压。也分以下两种情况：

● 变压器二次侧供电线路较长（如较大的高压电网）时，如图 1.8 所示的 T_1，其二次绕组的额定电压应比相连电网的额定电压高 10%，其中 5% 是用于补偿变压器满负荷运行时绕组内部约 5% 的电压损耗，这是因为变压器二次绕组的额定电压是指变压器一次绕组加上额定电压时，二次绕组开路的电压，带负载运行时其内部必有电压损耗；此外变压器满负荷运行时输出的二次电压还要高于相连电网的额定电压 5%，以补偿线路上的电压降。

● 变压器二次侧供电线路不长（如低压电网或直接供电给高、低压用电设备）时，如图 1.8 所示的 T_2，其二次绕组的额定电压只需高于相连电网的额定电压 5% 即可，即仅考虑补偿变压器满负荷运行时绕组内部 5% 的电压损耗。

1.3.3　电压偏差和电压调整

1. 电压偏差

用电设备端子处的电压偏差 ΔU 是通过用电设备的端电压 U 与设备的额定电压 U_N 的差值同 U_N 的百分比值来表示的，即

$$\Delta U\% = [(U - U_N)/U_N] \times 100\%$$

电压偏差对设备的工作性能和使用有很大影响。

对感应电动机和同步电动机来讲，由于转矩与端电压的平方成正比（$M \propto U^2$）。当端电压比额定电压低 10% 时，其实际转矩只有额定转矩的 81% 左右，而负荷电流将增大 5%～10% 以上，温升将增高 10%～15% 以上，绝缘老化程度将比规定增加 1 倍以上，从而明显地缩短电动机寿命；当端电压偏高时，负荷电流和温升也将增加，绝缘相应受损，对电动机不利。

电压偏差对照明灯具也有影响，端电压偏低将使发光效率降低，照度降低，影响视力；而电压偏高又缩短了灯具的寿命。

GB12325—90《供配电系统设计规范》规定：正常运行情况下，用电设备端子处电压偏差的允许值要符合下列要求。

① 电动机为 ±5%。

② 照明：在一般工作场所为 ±5%；对于远离变电所的小面积的一般工作场所，难以满足要求时，可为 +5%～-10%；应急照明、道路照明和警卫照明等均为 -10%～+5%。

③ 其他用电设备，当无特殊规定时为 ±5%。

2．电压调整

为了满足用电设备对电压偏差的要求，供电系统必须采取相应的电压调整措施。

（1）正确选择无载调压型变压器的电压分接头或采用有载调压型变压器。我国工厂供电系统中应用的 6～10 kV 电力变压器一般为无载调压型，其高压绕组有 $U_{IN} \pm 5\%$ 的电压分接头，并装设有无载调压分接头开关，如图 1.9 所示。如果设备端电压偏高，则应将分接头开关换接到 $U_{IN}+5\%$ 的分接头，以降低设备端电压。如果设备端电压偏低，则应将分接头开关换接到 $U_{IN}-5\%$ 的分接头，以升高设备端电压。但是换接电压分接头必须在停电时进行，因此不能频繁操作。如果用电负荷中有的设备对电压要求严格，采用无载调压型变压器满足不了要求，而单独装设调压设备在技术、经济上不合理时，可采用有载调压型变压器，使之在正常运行过程中自动调整电压，保证设备端电压的稳定。

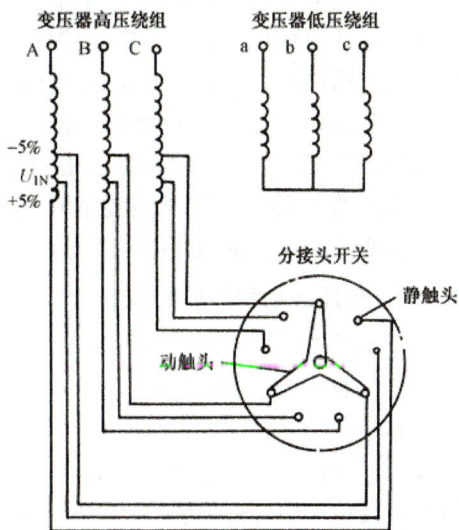

图 1.9　电力变压器的分接头开关

（2）降低系统阻抗。供电系统中各元件的电压降与各元件的阻抗成正比，因此在技术、经济合理时，减少系统的变压器级数，增大线路截面，以电缆取代架空线，都能降低系统阻抗，减少电压降，从而缩小电压偏差的范围。

（3）尽量使系统的三相负荷平衡。在有中性线的低压配电系统中，如果三相负荷分布不均衡，将使中性线中的电流增大，使负荷端中性点的电位偏移，造成有的相电压升高，有的相电压降低，从而增大线路的电压偏差。为此，应使三相负荷分布尽可能均衡，以降低电压偏差。

（4）合理改变系统的运行方式。在生产为一班制或两班制的工厂中，工作班的时间内负荷重，往往电压偏低，需将变压器高压线圈的分接头调在 -5% 的位置上。而到夜间，负荷轻，电压则过高，此时可切除一台变压器，改用低压联络线，这样既降低了变压器的电能损耗，又因为投入低压联络线而增加了线路的电压损耗，从而降低了出现的高电压。对于两台变压器并列运行的变电所，在负荷轻时切除一台变压器，同样可起到降低过高电压的作用。另外，如果是昼夜用电量相差悬殊的工厂，可以将较大容量的电气设备安排在负荷轻的夜间运行，如用于热处理工艺的电炉，这样可以达到合理调整电压的效果。

（5）采用无功功率的补偿装置。由于系统中存在大量的感性负荷，因此系统中会出现大量相位滞后的无功功率，降低了功率因数，增大了系统的电压损耗。为了提高功率因数，降低系统的电压损耗，可采用并联电容器或同步补偿机，使之产生相位超前的无功功率，以补偿一部分相位滞后的无功功率。由于采用并联电容器补偿比采用同步补偿机更为简单、经济和便于运行维护，因此并联电容器补偿在工厂供电系统中获得了广泛应用。

*1.3.4　电压波动和闪变及其抑制

1．电压波动和闪变的有关概念

电压波动是指电网的快速变动或电压包络线的周期性变动。电压波动值用电压波动过程中相继出现的电压有效值的最大值与最小值之差与额定电压的比值的百分数来表示，即

$$\Delta U\% = [(U_{max} - U_{min})/U_N] \times 100\%$$

按 GB 12326—90《电能质量，电压允许波动和闪变》规定，电压波动值应不低于 0.2%/s。

电压波动是由负荷急剧变动的冲击性负荷所引起的。负荷急剧变动，使电网的电压损耗相应变动，从而使用户公共供电点的电压出现波动现象。如电动机的启动，电焊机的工作，特别是大型电弧炉和大型轧钢机等冲击性负荷的工作，均会引起电网电压的波动。

电压波动可以影响电动机的正常启动，可以使同步电动机转子振动，使电子设备特别是计算机无法正常工作，使照明灯发生明显的闪烁现象，其中电压波动对照明的影响最明显。从人眼对灯光的主观感觉上讲，称这种闪烁现象为"闪变"，引起灯光闪变的波动电压叫"闪变电压"，灯光闪变对人眼有刺激作用，甚至可以使人无法正常工作和学习。

2．电压波动和闪变的抑制

为了降低或抑制冲击性负荷引起的电压波动和电压闪变，宜采取下列措施：

（1）对负荷变动剧烈的大型电气设备，采用专用线或专用变压器单独供电。这是简便、有效的办法。

（2）设法增大供电容量，减小系统阻抗，如将单回路线路改为双回路线路，将架空线路改为电缆线路，均可使系统的电压损耗减小，从而减小负荷变动时引起的电压波动。

（3）在系统出现严重的电压波动时，减少或切除引起电压波动的负荷。

（4）大功率电弧炉的炉用变压器宜用短路容量较大的电网供电，一般是选用更高电压等级的电网供电。

（5）对大型冲击型负荷，如采取上述措施达不到要求时，可装设能"吸收"冲击无功功率的静止型无功补偿装置 SVC（Static Var Compensator）。SVC 是一种能吸收随机变化的冲击无功功率和动态谐波电流的无功补偿装置，其类型有多种，而以自饱和电抗器型（SR 型）的效果最好，其电子元件少，可靠性高，反应速度快，维修方便经济，比较适合在我国推广应用。

*1.3.5　电网谐波及其抑制

1．电网谐波的有关概念

谐波是指对周期性非正弦量进行傅里叶级数分解所得到的大于基波频率整数倍的各次分

量，通常称为高次谐波，基波频率就是工频 50 Hz。

向公用电网注入谐波电流或在公用电网中产生谐波电压的电气设备，称为谐波源。

就电力系统中的三相交流发电机发出的电压来说，可以认为其波形基本上是正弦量。但是由于电力系统中存在着各种各样的"谐波源"，特别是随着大型变流设备和电弧炉等负荷的广泛应用，使得高次谐波的干扰成了当前电力系统中影响电能质量的一大"公害"，亟待采取对策。

大小"谐波源"主要是指存在于电力系统中的各种非线性元件。如荧光灯和高压汞灯等气体放电灯、感应电机、电焊机、变压器和感应电炉等都要产生谐波电流或电压。大型晶闸管变流设备和大型电弧炉产生的谐波电流最为突出，它们是造成电网谐波的主要因素。

谐波对电气设备的危害很大。谐波电流通过变压器时，会使变压器的铁芯损耗明显增加，使变压器出现过热，缩短其使用寿命。谐波电流通过交流电动机时，不仅会使电动机的铁芯损耗明显增加，而且还会使电动机转子发生振动现象，严重影响机械加工的产品质量。谐波对电容的影响更为突出，谐波电压加在电容的两端时，由于电容器对谐波的阻抗很小，因此电容器很容易发生过负荷甚至烧毁。此外，谐波电流可使电力线路的电能损耗和电压损耗增加；使计量电能的感应式电度表计量不准确；使电力系统发生电压谐振，从而在线路上引起过电压，有可能击穿线路设备的绝缘；可能造成系统的继电保护和自动装置发生误动作或拒动；可对附近的通信设备和通信线路产生信号干扰。

因此，GB/T 14549—93《电能质量·公用电网谐波》规定了公用电网中对谐波电压的限制值和谐波电流的允许值。通常是用谐波总畸变率来衡量，110 kV 谐波总畸变率不超过 2%；35～66 kV 不超过 3%；6～10 kV 不超过 4%；0.38/0.22 kV 不超过 5%。

2．电网谐波的抑制

抑制电网谐波，可采取下列措施：

（1）大容量的非线性负荷用短路容量较大的电网供电，电网的短路容量越大，它承受非线性负荷的能力越强。

（2）三相整流变压器采用 Y, d 或 D, y 的接线。由于 3 次及 3 的整数倍次谐波电流在三角形联结的绕组内形成环流，而使星形联结的绕组内不可能产生 3 次及 3 的整数倍次谐波电流，因此采用 Y, d 或 D, y 接线的三相整流变压器，能使注入电网的谐波电流消除 3 次及 3 的整数倍次谐波电流。由于电力系统中的非正弦交流电压或电流通常是正负半波，对时间轴是对称的，不含直流分量和偶次谐波分量，因此采用 Y, d 或 D, y 接线的整流变压器，注入电网的谐波电流只有 5, 7, 11,… 奇次谐波。这是抑制高次谐波最基本的方法。

在选择配电变压器时，宜选用 D, yn11 联结组别的配电变压器，其抑制高次谐波的原理和上述情况一样。

（3）增加整流变压器二次侧的相数。整流变压器二次侧的相数越多，整流波形的脉波数越多，其次数较低的谐波被消去的也越多。例如，整流相数为 6 相时，出现的 5 次谐波电流为基波电流的 18.5%，7 次谐波电流为基波电流的 12%。如果整流相数增加到 12 相，则出现的 5 次谐波电流降为基波电流的 4.5%，7 次谐波电流降为基波电流的 3%，都差不多减小为原来的 1/4。由此可见，增加整流相数对高次谐波的抑制效果相当显著。

（4）装设分流滤波器。分流滤波器又称调谐滤波器，由能对需要消除的各次谐波进行调谐的多组 RLC 串联谐振电路所组成。在大容量静止"谐波源"（如大型晶闸管整流器）与电网连接处装设分流滤波器，如图 1.10 所示。由于串联谐振时支路阻抗很小，因而可使有关次数的谐波电流被谐振支路分流（吸收）而不注入电网中，图 1.10 中所示的 Q5 控制的支路可吸收 5 次谐波电流，Q7、Q11 控制的支路分别吸收 7 次和 11 次谐波电流。大型电弧炉和硅整流装备，也可装设 SVC 来吸收高次谐波电流，以减少这些用电设备对系统产生的谐波干扰。

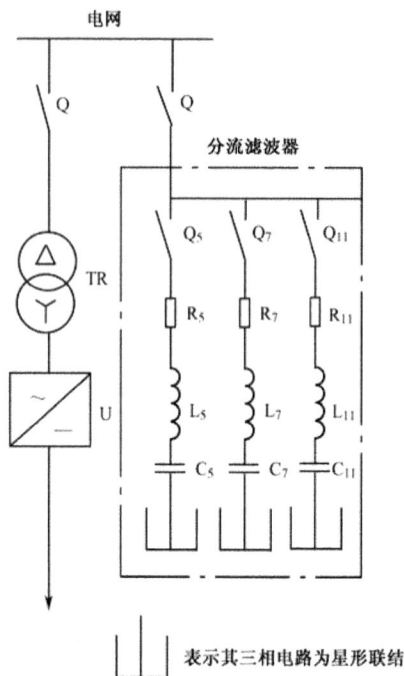

图 1.10　装设分流滤波器以吸收高次谐波

1.3.6　工厂高、低压配电电压的选择

1. 工厂高压配电电压的选择

工厂供电系统的高压配电电压的选择，主要取决于当地供电电源电压及工厂高压用电设备的电压、容量和数量等因素。当工厂供电电源电压为 35 kV 以下时，工厂的高压配电电压一般采用 10 kV；当 6 kV 用电设备的总容量较大，选用 6 kV 经济合理时，宜采用 6 kV；如 6 kV 设备不多，则仍应选用 10 kV 作为工厂的高压配电电压，而对 6 kV 设备通过专用的 10/6.3 kV 变压器单独供电。由于 3 kV 的用电设备很少，3 kV 作为高压配电电压的技术、经济指标很差，基本上不用做高压配电电压。当工厂供电电源为 35 kV，能减少配变电级数，简化接线，并且当技术经济合理时，可采用将 35 kV 作为高压配电电压引入负荷中心的直配电方式，但前提是必须确保安全，且应该有一条合格的"安全走廊"。

2. 工厂低压配电电压的选择

工厂低压配电电压的选择主要取决于低压用电设备的电压。一般采用220/380 V，其中线电压 380 V 接三相动力设备及 380 V 单相设备，而相电压 220 V 接 220 V 照明灯具及其他 220 V 的单相设备。但某些场合宜采用 660 V 甚至 1140 V 作为低压配电电压，如矿井下，其原因是负荷离变电所较远，为保证远端负荷的电压水平而采用 660 V 或 1140 V 的配电电压。采用较高的电压配电，不仅可减少线路的电压损耗，提高负荷端的电压水平，而且能减少线路的电能损耗，降低设备成本，增大供电半径，减少变电点，简化供配电系统，有明显的经济效益，在世界各国为已成为发展趋势。我国也充分注意到了这一点，在此领域做了一些开发研究工作，不过目前 660 V 电压尚限于在采矿、石油和化工等少数部门应用。

1.4　电力系统的中性点运行方式

1.4.1　简述

在电力系统中，中性点是指接成星形的三相变压器绕组或发电机绕组的公共点。目前我国中性点有三种运行方式：一种是中性点不接地，另一种是中性点经阻抗接地，还有一种是中性点直接接地。前两种合称为小接地电流系统，也称中性点非有效接地系统，或中性点非直接接地系统。后一种称为大接地电流系统，也称中性点有效接地系统。

我国的 3～66 kV 系统，特别是 3～10 kV 系统，一般采用中性点不接地的运行方式。如单相接地电流大于一定数值，即 3～10 kV 系统中接地电流大于 30 A，20 kV 及以上系统中接地电流大于 10 A 时，则应采用中性点经消弧线圈接地的运行方式。我国的 110 kV 及以上的系统，则都采用中性点直接接地的运行方式。

我国的 220/380 V 低压配电系统，广泛采用中性点直接接地的运行方式，而且引出有中性线（代号 N）、保护线（代号 PE）或保护中性线（代号 PEN）。

中性线（N 线）的功能：一是用来接额定电压是相电压的单相用电设备；二是用来传导三相系统中的不平衡电流和单相电流；三是减小负荷中性点的电位偏移。

保护线（PE 线）的功能：是为保障人身安全，防止触电事故用的接地线。系统中所有设备的外露可导电部分，如金属外壳、金属构架等，通过保护线接地，可在设备发生接地故障时减少触电危险。

保护中性线（PEN 线）兼有中性线和保护线的功能。这种中性线在我国通称为"零线"，俗称"地线"。

根据我国 GB 9082.2 的规定，低压配电系统按保护接地形式，分为 TN 系统、TT 系统、IT 系统三类。其中：第一个字母表示电力系统的对地关系，T 表示中性点直接接地，I 表示中性点不接地或经高阻抗接地；第二个字母表示电气装置外露可导电部分（设备金属外壳、金属底座等）的对地关系，T 表示独立于电力系统接地点而直接接地，N 表示与电力系统接地点进行电气连接。

TN 系统中的所有设备的外露可导电部分均接公共保护线（PE 线）或公共的保护中性线（PEN 线）。这种公共 PE 线或 PEN 线也称"接零"。如果系统中的 N 线与 PE 线全部合为 PEN 线，则称此系统为 TN-C 系统，又称三相四线制，如图 1.11（a）所示。如果系统中的 N 线与 PE 线全部分开，则称此系统为 TN-S 系统，又称三相五线制，此系统安全、稳定、可靠，是当前在工厂供电中积极推广的一种系统，如图 1.11（b）所示。

如果系统前一部分的 N 线与 PE 线合为 PEN 线，而后一部分线路的 N 线与 PE 线全部或部分分开，则称此系统为 TN-C-S 系统，此系统多为老企业将三相四线制改造为三相五线制的一种过渡过程的系统，应该注意的是：当 PE 线与 N 线分开后不允许再合上，否则仅能算做 TN-C 系统，如图 1.11（c）所示。

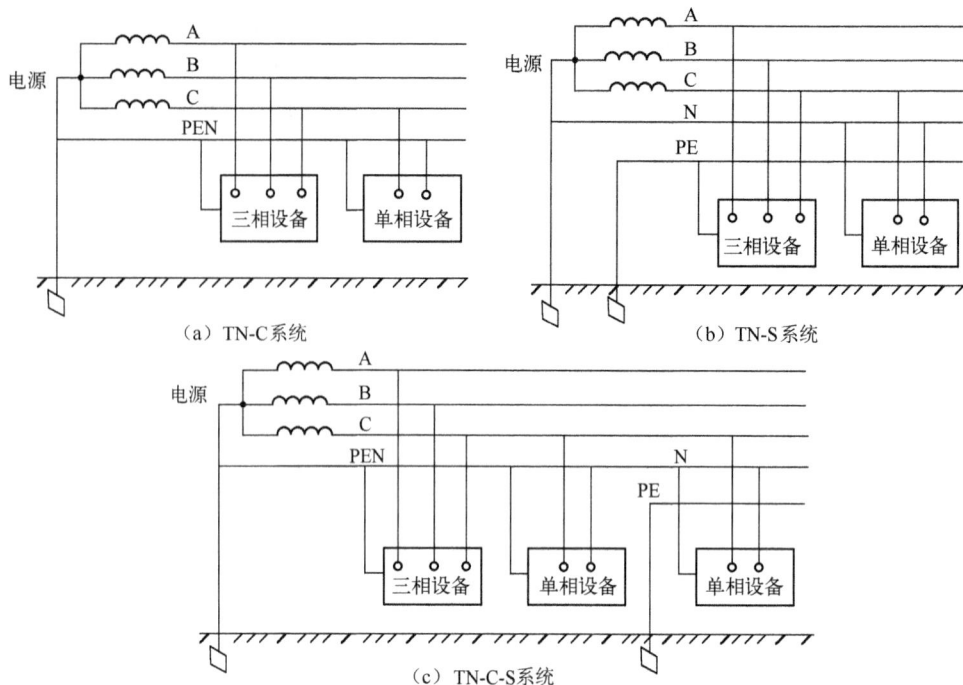

（a）TN-C 系统　　　　　　　　（b）TN-S 系统

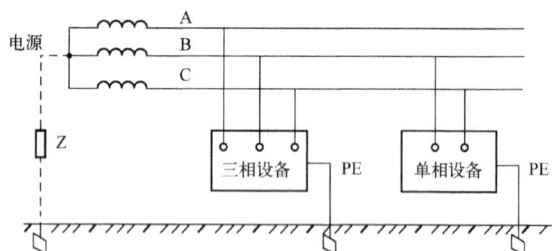

（c）TN-C-S系统

图 1.11　低压配电的 TN 系统

　　TT 系统中所有设备的外露可导电部分均各自经 PE 线单独接地，如图 1.12 所示。

　　IT 系统中所有设备的外露可导电部分也都各自经 PE 线单独接地，如图 1.13 所示。它与 TT 系统不同的是，其电源中性点不接地或经 1000 Ω 阻抗接地，且通常不引出中性线。

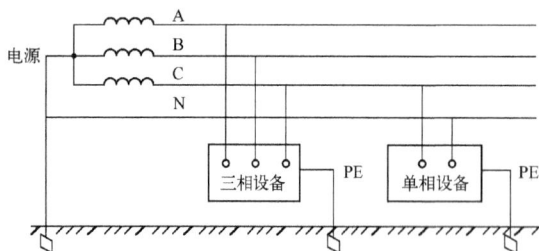

图 1.12　低压配电的 TT 系统　　　　　　　　图 1.13　低压配电的 IT 系统

　　凡引出有中性线的三相系统，包括 TN 系统、TT 系统，属于三相四线制系统。没有中性线的三相系统，包括 IT 系统，属于三相三线制系统。

　　电力系统电源中性点的不同运行方式，对电力系统的运行特别是在系统发生单相接地故障时有明显的影响，而且将影响系统二次侧的继电保护及监测仪表的选择与运行，因此有必要予以研究。

1.4.2　中性点不接地的电力系统

　　在三相交流系统的各相之间及相与地之间均存在着分布电容，这里只考虑相与地间的分布电容，而且用集中电容 C 来表示，如图 1.14 所示（图中的接地体是虚拟的）。系统正常运行时，三相交流电是对称平衡的，三个相的对地电流 I_{C0} 也是平衡的，因此三个相的电容电流相量和为零，没有电流在大地中流过。每相对地的电压就是相电压。当系统发生单相接地故障时，如

C 相接地（如图 1.15 所示），这时 C 相对地的电压为零，而 A 相对地的电压则成为 A 相对 C 相的电压，即 $U'_A = U_{AC}$，B 相对地的电压也成为 B 相对 C 相的电压，即 $U'_B = U_{BC}$。由此可见，C 相接地时，完好的 A、B 两相对地的电压都由原来的相电压升高到了线电压，即升高为原对地电压的 $\sqrt{3}$ 倍。

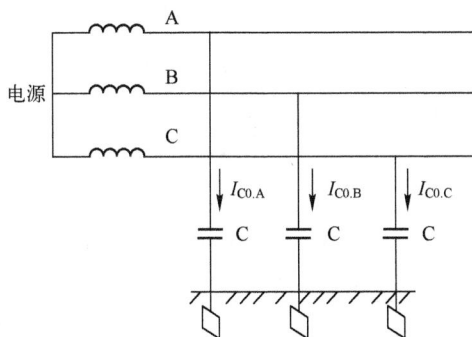

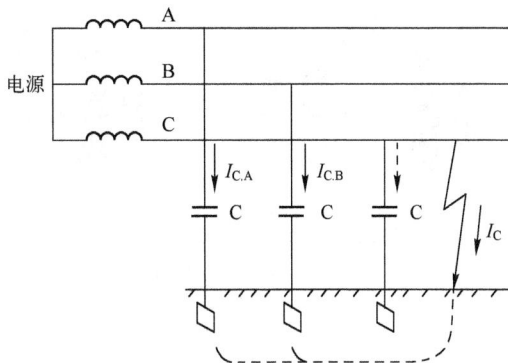

图 1.14　正常运行时的中性点不接地的电力系统　　　　图 1.15　单相接地时的中性点不接地的电力系统

C 相接地时，系统的接地电流（电容电流）I_C 应为 A、B 两相对地的电容电流之和，其量值应为正常运行时每相对地的电容电流的 3 倍，即 $I_C = 3 I_{C0}$。

由于线路对地的分布电容 C 不易计算，I_{C0} 和 I_C 也不易根据 C 来确定，工程上一般采用经验公式来计算单相接地电容电流，即

$$I_C = U_N(l_{oh} + 35 l_{cab})/350 \tag{1-1}$$

式中，I_C 为系统的单相接地电容电流（A）；U_N 为系统的额定电压（kV）；l_{oh} 为同一电压 U_N 的具有电联系的架空线路总长度（km）；l_{cab} 为同一电压 U_N 的具有电联系的电缆线路总长度（km）。

必须指出：当中性点不接地的电力系统中发生一相接地时，系统的三个线电压无论相位和量值均未发生变化，因此系统中的设备，尤其是三相设备仍可照常运行。但是如果另一相又发生接地故障，则形成两相接地短路，将产生很大的短路电流，将损坏线路及其设备。因此我国有关规程规定：中性点不接地的电力系统发生单相接地故障时，可允许暂时继续运行 2 h，但必须同时通过系统中装设的单相接地保护或绝缘监察装置发出报警信号或指示，以提醒运行值班人员注意采取措施，查找和消除接地故障。若有备用线路，则可将负荷转移到备用线路上去。在经过 2 h 后，若接地故障尚未消除，则应切除故障线路，以防故障扩大。

1.4.3　中性点经消弧线圈接地的电力系统

在上述中性点不接地的电力系统中，如果接地电容电流较大，将在接地点产生断续电弧，这就可能使线路发生电压谐振现象。由于线路既有电阻、电感，又有电容，因此发生一相弧光接地时，就形成一个 RLC 的串联谐振电路，从而使线路上出现危险的过电压（其值可达线路相电压的 2.5～3 倍），有可能使线路上绝缘薄弱地点的绝缘击穿。为了消除单相接地时接地点出现的断续电弧，按规定在单相接地电容电流大于一定值（如前所述）时，系统的中性点必须采取经消弧线圈接地的运行方式。如图 1.16 所示为消弧线圈的结构和接线示意图，消弧线圈实际上就是铁芯线圈，其电阻很小，感抗很大，可视做一个电感。当系统发生单相接地时，通过接地点的电流为接地电容电流 I_C 与流过消弧线圈的电感电流 I_L 之和。消弧线圈上有分接开关，可

以调整电感电流 I_L，由于 I_C 比 U_C 超前 $90°$，而 I_L 比 U_C 滞后 $90°$，因此 I_L 与 I_C 在接地点相互补偿。如果接地点的电流补偿到小于最小生弧电流时，接地点就不会产生电弧，从而也不会出现上述的电压谐振现象了。

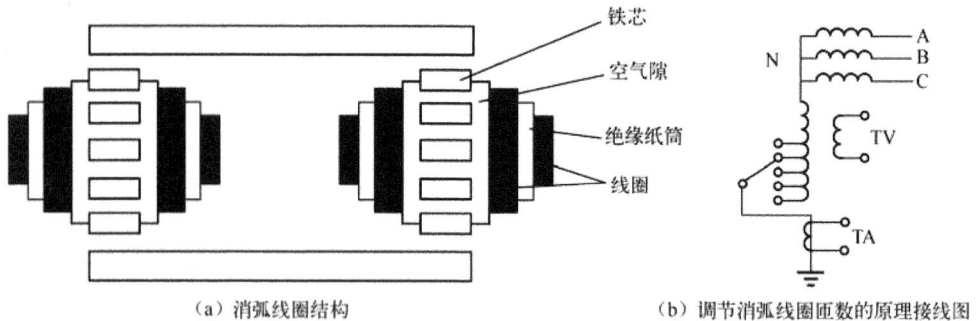

（a）消弧线圈结构　　　　　　　　　（b）调节消弧线圈匝数的原理接线图

图 1.16　消弧线圈的结构及接线示意图

图 1.17 是中性点经消弧线圈接地的示意图，在中性点经消弧线圈接地的电力系统中，与中性点不接地的电力系统一样，在发生单相接地故障时，三个线电压不变，因此可允许暂时继续运行 2 h，但必须发出指示信号，以便采取措施，查找和消除故障，或将故障线路的负荷转移到备用线路上去。而且这种系统在一相接地时，另两相的对地电压也会升高到线电压，即升高为原对地电压的 $\sqrt{3}$ 倍。

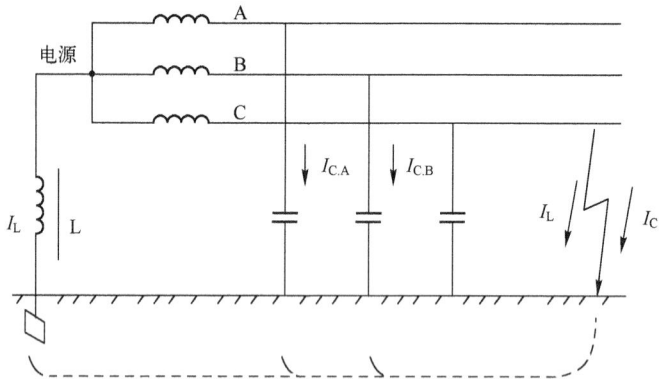

图 1.17　单相接地时的中性点经消弧线圈接地的电力系统

1.4.4　中性点直接接地的电力系统

电源中性点直接接地的电力系统发生单相接地时，如图 1.18 所示，通过接地中性点形成单相短路，用符号 $k^{(1)}$ 表示。单相短路电流 $I_k^{(1)}$ 比线路的正常负荷电流大得多，因此在系统发生单相短路时保护装置应动作于跳闸，切除短路故障，使系统的其他部分恢复正常运行。

中性点直接接地的电力系统发生单相接地时，其他两相的对地电压不会升高，因此系统中供用电设备的绝缘只需按相电压考虑，而无须按线电压考虑，这对 110 kV 及以上的超高压系统是很有经济价值的。因为高压电器特别是超高压电器，其绝缘问题是影响电器设计和制造的关键问题。电器绝缘要求的降低，将直接降低电器的造价，同时改善电器的性能。因此我国的 110 kV 及以上的超高压系统的电源中性点通常都采取直接接地的运行方式。在低压配电系统中，我国广泛采用的 TN 系统及国外较广泛采用的 TT 系统，均为中性点直接接地的系统，而且引出有中性线或保护中性线，这除了便于接用单相负荷外，还考虑到了安全保护的要求，一旦发生单相接地故障，即形成单相短路，快速切除故障，有利于保障员工的人身安全。

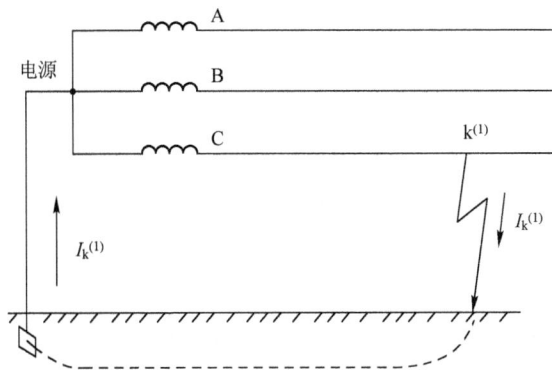

图 1.18　单相接地时的中性点直接接地的电力系统

电力系统的运行经验表明，系统中发生单相接地故障的概率很大，约占总故障的 65% 左右。当大电流接地系统中发生单相接地故障时，接地相的电源将被短接，形成很大的单相接地电流。此时断路器必须动作跳闸切除故障，从而造成系统停电事故。而当小电流接地系统中发生单相接地故障时，不会发生电源被短接的现象，系统可以继续带负荷运行一段时间（一般允许运行 2 h），从而给运行人员留有充足的时间转移负荷及做好故障处理的准备工作，然后再进行停电操作排除故障。由此可见，采用小电流接地运行方式可以大大提高系统的供电可靠性。

思考题与习题

1. 填空

（1）工厂供电工作必须达到＿＿＿＿、＿＿＿＿、＿＿＿＿和＿＿＿＿这几点基本要求。

（2）供电工作的从业人员应该具有高度的＿＿＿＿意识，从业人员自身必须要模范执行国家颁布的＿＿＿＿及相关的＿＿＿＿。

（3）电力负荷有两个含义：一个是指＿＿＿＿或＿＿＿＿；另一个是指＿＿＿＿或＿＿＿＿所消耗的＿＿＿＿。

（4）对于工厂供电系统来说，提高电能质量主要是指＿＿＿＿和＿＿＿＿问题。电压质量不仅是指对＿＿＿＿来说电压＿＿＿＿，即＿＿＿＿的问题，而且包括＿＿＿＿及＿＿＿＿波形是否＿＿＿＿，即是否含有过多的＿＿＿＿成分的问题。

（5）在电力系统中，作为供电电源的发电机和变压器的＿＿＿＿有三种运行方式：一种是电源＿＿＿＿，另一种是＿＿＿＿，还有一种是＿＿＿＿。

2. 判断（正确用√，错误用×表示）

（1）供电工作的从业人员还应该具有强烈的"节能"意识。合理地使用能源，无论是现在还是将来都是需要人们遵守的"法则"。（　　）

（2）电流和电压是衡量电能质量的两个基本参数。（　　）

（3）频率的调整主要是通过调节电力负荷的大小和种类来完成的。（　　）

（4）电网的额定电压是确定各类电力设备额定电压的基本依据。　　　　　　　　　（　　）

（5）工厂供电系统的高压配电电压的选择，主要取决于工厂高压用电设备的电压、容量和数量等因素。
　　　　　　　　　　　　　　　　　　　　　　　　　　　　　　　　　　　　　（　　）

（6）TN-S 系统，又称三相五线制，此系统安全、稳定、可靠，是当前在工厂供电中积极推广的一种系统。
　　　　　　　　　　　　　　　　　　　　　　　　　　　　　　　　　　　　　（　　）

3．问答

（1）工厂供电系统包括哪些范围？变电所和配电所各自的任务是什么？

（2）表征电能质量的基本指标是什么？我国采用的工频是多少？一般要求的频率偏差为多少？电压质量包括哪些内容？

（3）我国 GB 156—93《标准电压》规定的三相交流电网的额定电压等级有哪些？

（4）发电机的额定电压为什么规定要高于同级电网的额定电压 5%？

（5）什么叫电压偏差？电压偏差对电气设备的运行有什么影响？如何进行电压调整？

（6）电力系统中的高次谐波是如何产生的？有什么危害？有哪些抑制谐波的措施？

（7）三相交流电力系统的电源中性点有哪些运行方式？中性点不直接接地的电力系统与中性点直接接地的电力系统在发生单相接地时各有什么不同特点？

4．综合

（1）试确定如图 1.19 所示供电系统中变压器 T_1 和线路 WL_1、WL_2 的额定电压。

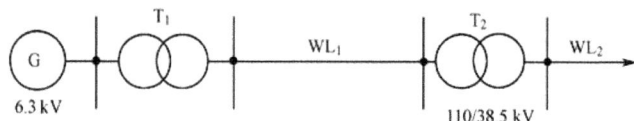

图 1.19　习题 4（1）的供电系统

（2）试确定如图 1.20 所示供电系统中发电机和所有变压器的额定电压。

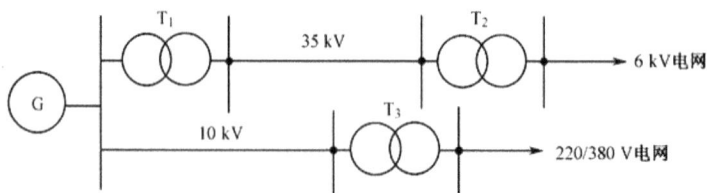

图 1.20　习题 4（2）的供电系统

（3）某 10 kV 电网，架空线路总长度为 50 km，电缆线路总长度为 15 km，试求此中性点不接地的电力系统发生单相接地时的接地电容电流，并判断此系统的中性点是否需要改为经消弧线圈接地。

第2章 工厂供配电系统的主要设备

【课程内容及要求】

内容:(1)工厂供配电系统的电气设备的分类;
　　　(2)电气设备触头间电弧的产生和熄灭的有关知识;
　　　(3)供配电系统的一些主要电气设备。

要求:(1)理解供配电系统的一些主要电气设备及其功用、结构特点、型号和规格;
　　　(2)掌握使用注意事项,以及安装和操作要求。

2.1 工厂供配电系统电气设备的分类

工厂供配电系统中的电路都是由一些主要电气设备按一定的顺序连接而成的。电路按其在系统中的作用分为两大类:担负着输送和分配电能的这一部分电路称为一次电路,一次电路中的所有电气设备,称为一次设备或一次元件;而用来表示控制、指示、测量和保护一次电路及其设备运行的电路称为二次电路,二次电路中的所有电气设备,称为二次设备或二次元件。

一次设备按其在电路中的作用又分为以下几类。

(1)变换设备:是用来传输电能、变换电流或电压的设备,如电力变压器、电压互感器、电流互感器等。

(2)控制设备:如各种高、低压开关,其主要作用是用来控制电路的通、断。

(3)保护设备:是用来防止电路过电流或过电压的设备,如高、低压熔断器和避雷器、各种继电器等。

(4)补偿设备:是用来补偿电路的功率因数的设备,如高、低压电容器。

所谓成套设备则是按一定的线路方案,将一、二次设备集中组合而成的设备,便于安装、操作和维护,如高压开关柜、低压配电屏等。

2.2 电气设备中的电弧问题

2.2.1 电弧的产生和熄灭

1. 电弧的产生

开关电器是供配电系统中重要的电气设备之一,有触头的开关电器在接通和断开电路时,都会产生强烈的弧光,电流较小时会产生电火花,这就是人们所说的电弧。电弧的存在一方面使开关电器在操作时延长了切断电路的时间;另一方面因为电弧的温度很高,会烧损开关电器的触头,烧毁电气设备及导线、电缆,严重时会引起火灾和爆炸事故,所以解决电弧问题是开关电器安全操作中至关重要的一个问题。

电弧是开关电器在操作过程中发生的一种物理现象，其实质是一种极强烈的气体放电现象。

电器触头在分断电路时会产生电弧，其原因是：在触头分离瞬间，全电路的电压集中在分离的两触头上，触头间的电场强度很大，使触头表面上的电子被强拉出成为速率很高的自由电子，迫使周围的气体电离且导电；触头在分断电流时，由于气体已导电，所以电流未断，触头间的电阻很大，因而温度很高；触头周围的空气（绝缘介质）更容易被电离，这时空气已呈游离状态（热游离），气体已由绝缘状态变成导电状态，这种状态称为气体放电。气体放电有多种形式，如电晕放电、辉光放电、火花放电等，电弧就是强烈的火花放电，空气在触头间呈现热游离的过程，也就是电弧维持燃烧的过程。

2．电弧的熄灭

使电弧尽快熄灭，就是要破坏维持电弧燃烧的条件，关键的措施是降低触头间的电场强度和降温，使已导电的气体恢复其绝缘性。

当电路上的电压一定时，触头间的场强与距离基本上成反比。所以，加快触头分断或闭合的速度，以及在开关触头周围填充导热良好的介质，均是有效熄灭电弧的方法。

2.2.2　电气设备中常用的灭弧方法

1．速拉灭弧法

在开关触头断开时，加速触头分离，迅速拉长电弧，可降低开关触头间的电场强度，从而加速电弧的熄灭，如在开关电器中装置速断弹簧，其目的就是加快触头的快速分断，迅速拉长电弧，便于电弧的快速熄灭。

2．冷却灭弧法

降低电弧的温度，有利于电弧的熄灭，如油断路器中的油，以及在熔断器中填充的石英砂都有降低电弧温度的作用。

3．吹弧灭弧法

利用引力（如气流、油流或电磁力）吹动电弧，一方面拉长了电弧，另一方面也加速了电弧冷却，从而加速了电弧的熄灭。吹弧的方式有气吹、油吹、电动力吹和磁力吹。吹弧的方向有纵吹和横吹，如图2.1所示。高、低压断路器都利用了吹弧灭弧法进行灭弧。图2.2是低压刀开关利用迅速拉开时其本身回路所产生的电动力拉长电弧。有的开关还采用专门的磁吹线圈来吹动电弧，如图2.3所示。还有的开关利用钢片来吸电弧，如图2.4所示。

(a) 横吹　　　(b) 纵吹

图 2.1　吹弧的方向

4．长弧切短灭弧法

利用一组金属片将长弧切为若干短弧，而短电弧的电压降主要降落在阴、阳极上。如果栅片的数目较多，相当于电弧上的压降增大若干倍，使得各维持电弧燃烧所需的最低电压降的总和大于外加电压时，电弧就自行熄灭，这种灭弧同时具备电动力吹弧的作用。钢片对电弧还有冷却作用，如低压断路器的钢片弧栅就是利用此法进行灭弧，如图2.5所示。

1—磁吹线圈；　2—灭弧触头；　3—电弧

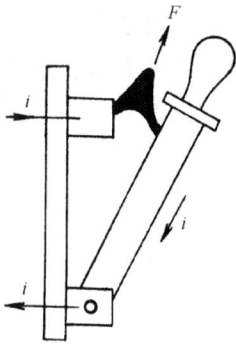

图 2.2　电动力吹弧（刀开关断开时）　　　　图 2.3　磁力吹弧

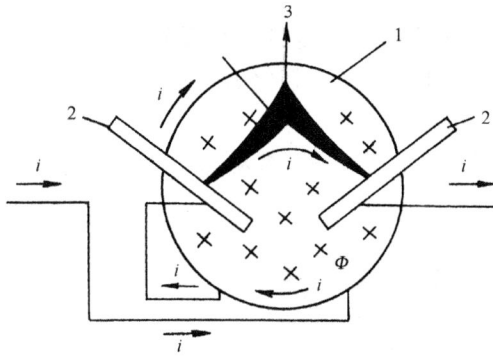

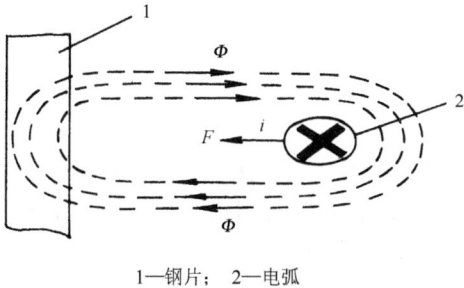

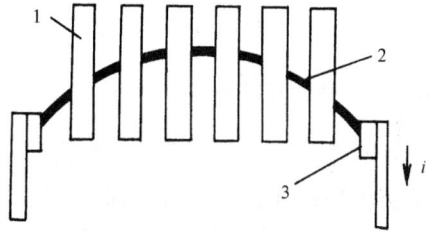

1—钢片；　2—电弧　　　　　　　　　1—钢栅片；　2—电弧；　3—触头

图 2.4　铁磁吸弧　　　　　　　　　图 2.5　钢片弧栅灭弧

5．粗弧分细灭弧法

将粗大的电弧分成若干细小平行的电弧，使电弧与周围介质的接触面增大，降低电弧的温度，从而加速电弧的熄灭。

6．狭沟灭弧法

使电弧在固体介质（如绝缘栅片）中所形成的狭沟中燃烧，改善了电弧的冷却条件，从而加速电弧的熄灭。填料式熔断器就是利用这一原理来灭弧的，如图 2.6 所示。

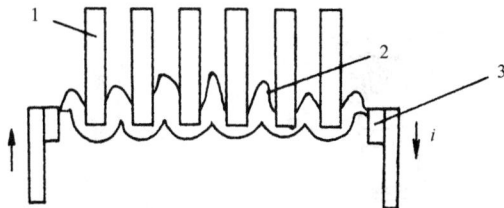

1—绝缘栅片；　2—电弧；　3—触头

图 2.6　绝缘灭弧栅狭沟灭弧法

7．真空灭弧法

真空具有很高的绝缘强度，如将开关触头置于真空容器中，则当电流过零时，电场强度为零，不会产生电弧。真空断路器就是利用这种原理制成的。

8．六氟化硫（SF₆）灭弧法

SF₆ 气体具有优良的绝缘性能和灭弧性能，其绝缘强度约为空气的 3 倍，其介质强度恢复速度约为空气的 100 倍。六氟化硫断路器就是利用 SF₆ 气体作为绝缘介质和灭弧介质，从而获得了很高的断开容量。

目前，工厂供电系统中的各种高、低压开关电器，都是综合利用上述灭弧方法来达到迅速灭弧的。

2.3　高压一次设备

工业企业为了接受从电力系统送来的电能，都是通过变压器进行降压，再将电能分配到各用电车间。一次设备按耐压值又分为高压设备和低压设备，通常额定电压在交流 1000 V 以上的电气设备称为高压设备。

高压一次设备主要由高压熔断器、高压开关电器组成。

2.3.1　高压熔断器

高压熔断器是工厂供电系统中应用广泛的一种保护电器，它串接在被保护电路中，对电路及其设备实现短路保护或过负荷保护。它由金属熔体、熔管及触头组成，在工厂供电 6～10 kV 系统中，户内广泛采用 RN1、RN2 系列，户外则采用 RW4 系列。

1．RN1、RN2 系列户内高压管式熔断器

RN1、RN2 系列的结构基本相同，都是瓷质熔管内填充石英砂的密封管式熔断器。RN1 系列供高压线路和设备的短路与过载保护之用，因此结构尺寸较大。RN2 只用于电压互感器的短路保护，因而熔体额定电流一般为 0.5 A，结构尺寸较小。

图 2.7 为 RN1、RN2 的外形图，图 2.8 为其熔管内部结构图。由图 2.8 可知，工作熔体上焊有小锡球，锡的熔点较低，当电路发生过负荷或短路时，锡球受热首先熔化，铜锡分子互相渗透形成熔点较低的铜锡合金，使铜熔丝在较低的温度下熔断，即所谓"冶金效应"，使熔断器能在较小的短路电流或不太大的过负荷电流时动作，提高了保护的灵敏度。

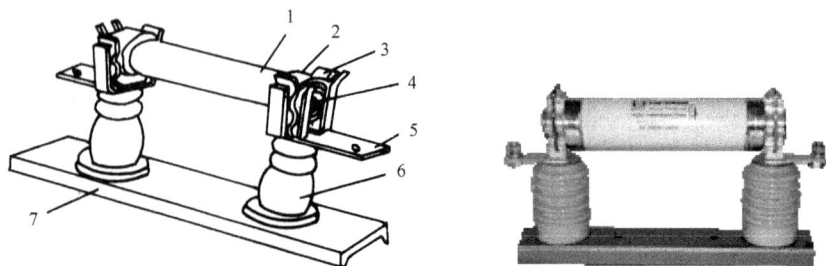

1—瓷熔管；2—金属管帽；3—弹性触座；4—熔断指示器；5—接线端子；6—瓷绝缘子；7—底座

图 2.7　RN1、RN2 型户内高压管式熔断器外形结构示意图

熔体采用几根铜熔丝并联，并且熔管内充满石英砂，这分别是利用了粗弧分细灭弧法和狭沟灭弧法来加速灭弧的。同时石英砂对电弧还具有冷却作用。这种熔断器能在短路电流未达到冲击值之前，就能完全熄灭电弧，因此这种熔断器具有"限流"特性。

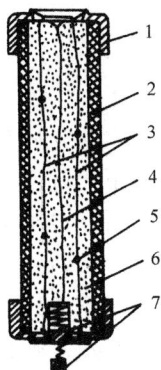

1—金属管帽；2—瓷熔管；3—工作熔体；4—指示熔体；5—锡球；

6—石英砂填料；7—熔断指示器（虚线表示指示器在熔体熔断时弹出）

图 2.8　RN1、RN2 型户内高压管式熔断器的熔管剖面示意图

2．RW4、RW10（F）系列户外高压跌开式熔断器

RW4 系列用于户外，一方面在 6～10 kV 以下的配电系统中作为配电变压器和配电线路的短路保护；另一方面作为隔离开关使用，在检修时形成一明显断点，以保证安全检修。由于 RW4 型没有专门的灭弧装置，因此不允许带负荷操作。RW10 型是一种带负荷操作的熔断器，这种熔断器是在一般跌开式熔断器的静触头上加装简单的灭弧室，除了作为 6～10 kV 线路和变压器的短路保护外，还可直接带负荷操作。RW4—10 型熔断器的基本结构如图 2.9 所示。

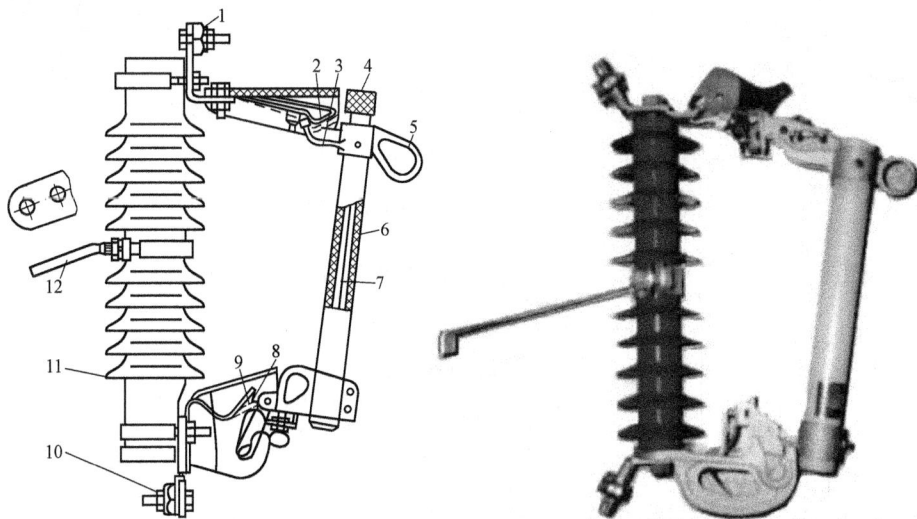

1—上接线端子；2—上静触头；3—上动触头；4—管帽；5—操作环；6—熔管；7—铜熔丝；

8—下动触头；9—下静触头；10—下接线端子；11—绝缘子；12—固定安装板

图 2.9　RW4—10 型熔断器的基本结构

当线路发生短路时，短路电流使熔管熔丝熔断，形成电弧。纤维消弧管由于电弧燃烧分解出大量气体，使管内压力剧增，并沿管道形成强烈的气流纵向吹弧，使电弧迅速熄灭。熔丝熔断时，熔管的上动触头因失去张力而下翻，在触头弹力和熔管自重作用下，熔管回转跌开，形成明显可见的断开间隙。

2.3.2 高压开关电器

1．高压隔离开关

高压隔离开关主要用来隔离高压电源。它断开后有明显的断点，保证了电气维修人员在检修时的安全。它没有专门的灭弧装置，因此不允许带负荷操作，但它可以用来直接通、断一定的小电流。例如，利用隔离开关可以接通或断开电压互感器和避雷器回路；可以接通或断开电压在 10 kV 以下、容量在 300 kV·A 以下的无负载运行的变压器等。

高压隔离开关有户内式和户外式两大类，图 2.10 为 GN8—10/600 型户内式高压隔离开关。由于此类开关在电力系统中普遍应用，从业人员必须了解一些相关的知识。

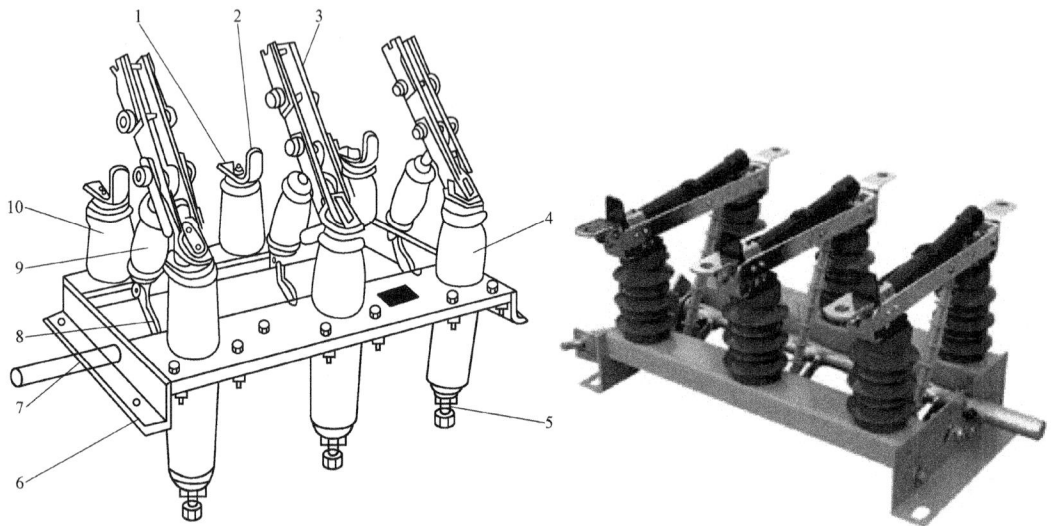

1—上接线端子；2—静触头；3—闸刀；4—套管绝缘子；5—下接线端子；

6—框架；7—转轴；8—拐臂；9—升降绝缘子；10—支柱绝缘子

图 2.10　GN8—10/600 型户内式高压隔离开关

（1）开关电器型号的意义。电器型号及各部分代表的含义如下：

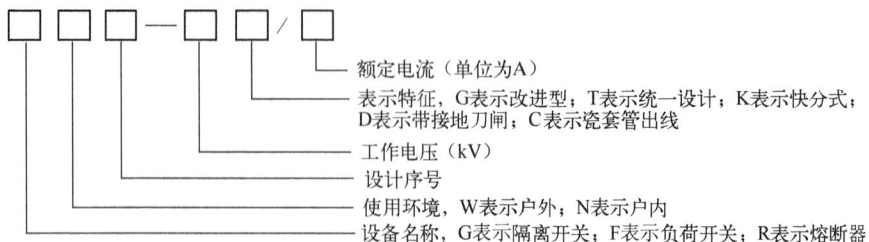

额定电流（单位为A）
表示特征，G表示改进型；T表示统一设计；K表示快分式；
D表示带接地刀闸；C表示带瓷套管出线
工作电压（kV）
设计序号
使用环境，W表示户外；N表示户内
设备名称，G表示隔离开关；F表示负荷开关；R表示熔断器

例如，型号为 GN9—10C/400 的电器，表示高压隔离开关，是户内式的，设计序号为19，工作电压为 10 kV，瓷套管出线，额定电流为 400 A。

（2）高压隔离开关的安装。户外型隔离开关，露天安装时应水平安装，使带有瓷裙的支持瓷瓶确实能起到防雨作用。户内型隔离开关，在垂直安装时，静触头在上方，带有套管的可以倾斜一定角度安装。一般情况下，静触头接电源，动触头接负荷，但安装在受电柜里的隔离开关，采用电缆进线时，则电源在动触头侧，这种接法俗称"倒进火"。隔离开关两侧与母线及电缆地连接应牢固，遇有铜、铝导体接触时，应采用铜铝过渡接头，以防电化腐蚀。

隔离开关的动、静触头应对准，否则合闸时就会出现"旁击"现象，使合闸后动、静触头接触面压力不均匀，造成接触不良。

隔离开关的操作机构、传动机械应调整好，使分、合闸操作能正常进行，没有抗劲现象。还要满足三相同期的要求，即分、合闸时三相动触头同时动作，不同期的偏差应小于 3 mm。此外，处于合闸位置时，动触头要有足够的切入深度，以保证接触面积符合要求，但又不允许合过头，要求动触头距静触头底座有 3～5 mm 的空隙，否则合闸过猛时将敲碎静触头的支持瓷瓶。处于拉开位置时，动、静触头间要有足够的拉开距离，以便有效地隔离带电部分，这个距离应不小于 160 mm，或者动触头与静触头之间拉开角度不应小于 65°。

（3）高压隔离开关的操作和运行。隔离开关都配有手力操动机构，一般采用 CS6—1 型。操作时要先拔出定位销，分、合闸动作要果断、迅速，终止时注意不可用力过猛，操作完毕一定要用定位销销住，并目测其动触头位置是否符合要求。

用绝缘杆操作单极隔离开关时，合闸应先合两边相，后合中相；分闸时，顺序与此相反。

必须强调，不管合闸还是分闸操作，都应在不带负荷或负荷在隔离开关允许的操作范围之内时才能进行。为此，操作隔离开关之前，必须先检查与之串联的断路器，应确实处于断开位置。如果隔离开关带的负荷是规定容量范围内的变压器，则必须先停掉变压器的全部低压负荷，令其空载之后再拉开该隔离开关。送电时，应先检查变压器低压侧主开关确在断开位置，方可合上隔离开关。

如果发生了带负荷分闸或合闸的误操作，则应冷静地避免可能发生的另一种反方向的误操作。即已发现带负荷误合闸后，不得再立即拉开；当发现带负荷分闸时，若已拉开，则不得再合上（若拉开一点，发觉有火花产生时，可立即合上）。

对运行中的隔离开关应进行巡视。在有人值班的配电所中应每班一次；在无人值班的配电所中，每周至少一次。

日常巡视的内容主要是观察有关的电流表，其运行电流应在正常范围内；其次根据隔离开关的结构，检查其导电部分接触良好，无过热变色，绝缘部分应完好，以及无闪络放电痕迹；再就是传动部分应无异常（无扭曲变形，销轴脱落等）。

（4）高压隔离开关的检修：隔离开关连接板的连接点过热变色，说明接触不良，接触电阻大，检修时应打开连接点，将接触面锉平再用砂纸打光（但开关连接板上镀的锌不要去除），然后将螺钉拧紧，并要用弹簧垫片防松。动触头存在"旁击"现象，可旋转固定触头的螺钉，或稍微移动支持绝缘子的位置，以消除"旁击"。三相不同期时，则可调整拉杆绝缘子两端的螺钉，借以改变其有效长度来克服。

触头间的接触压力可通过调整夹紧弹簧来实现，而夹紧的程度可用塞尺来检查。

触头间一般可涂凡士林以减少摩擦阻力，延长使用寿命，还可防止触头氧化。

隔离开关处于断开位置时，触头间拉开的角度或拉开距离不符合规定时，应通过拉杆绝缘子来调整。

2. 高压负荷开关

高压负荷开关可以接通和断开负荷电路，图 2.11 为 FN3—10RT 型高压负荷开关的外形图，图中上半部为负荷开关本身，外形同隔离开关相似，下半部是 RN1 型高压熔断器。其上端绝缘子实际上是一个气压式灭弧装置，它不仅起绝缘子的作用，而且内部是一个汽缸，装有由操动机构主轴传动的活塞，分闸时，喷出的压缩空气从喷嘴往外吹弧，加上断路弹簧，使电弧迅速拉长，再加上电流回路的电磁吹弧作用，使电弧迅速熄灭。

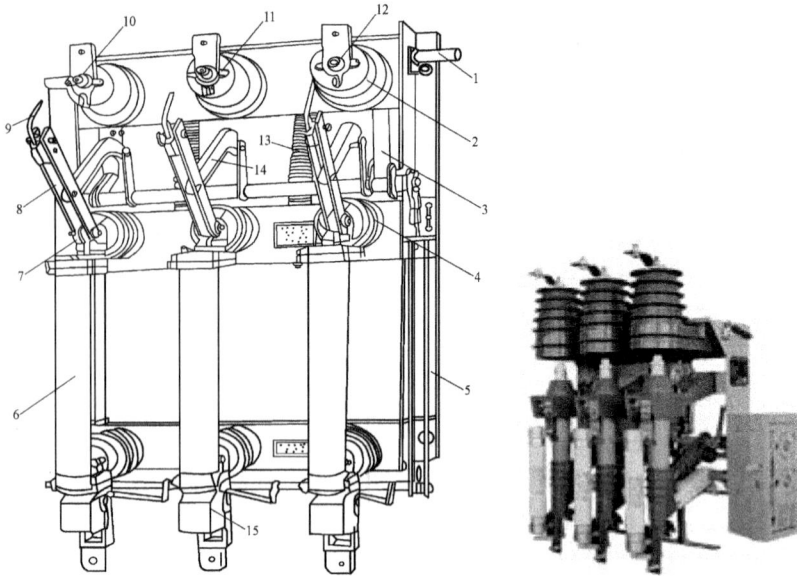

1—主轴；2—上绝缘子兼汽缸；3—连杆；4—下绝缘子；5—框架；6—RN1型高压熔断器；

7—下触座；8—闸刀；9—弧动触头；10—绝缘喷嘴（内有弧静触头）；11—主静触头；

12—上触座；13—断路弹簧；14—绝缘拉杆；15—热脱扣器

图2.11　FN3—10RT型高压负荷开关

高压负荷开关装有热脱扣器，在过负荷情况下可自动跳闸。负荷开关断开后，与隔离开关一样具有明显的断开间隙，因此也可以用来隔离电源，以保证安全检修。高压负荷开关的安装、操作和检修与高压隔离开关相似。

3．高压断路器

高压断路器是供电系统中最重要的一种开关电器之一，由于它具有完善的灭弧装置，因此它不仅能通、断正常负荷电流，而且当线路发生短路、过载、失压故障时，通过保护装置，能自动跳闸，切断故障。高压断路器种类繁多，下面首先介绍断路器的型号意义。

断路器型号及各部分代表的含义如下：

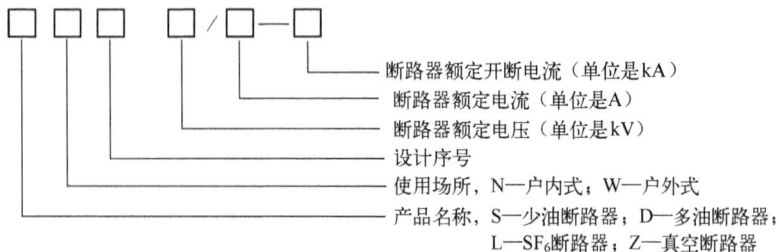

断路器额定开断电流（单位是kA）
断路器额定电流（单位是A）
断路器额定电压（单位是kV）
设计序号
使用场所，N—户内式，W—户外式
产品名称：S—少油断路器；D—多油断路器；
　　　　　L—SF$_6$断路器；Z—真空断路器

例如，型号为LW24 126/2000—31.5的断路器，表示SF$_6$断路器，是户外式的，设计序号为24，额定（或最高工作）电压为126 kV，额定工作电流为2000 A，额定开断电流为31.5 kA。另外，电力系统还对断路器提出四点基本要求：

① 工作可靠。即在额定条件下，应能长期可靠工作。

② 具有足够的断流能力。断路器应具有足够的断流能力，尤其在短路状态时，应能可靠地切断短路电流，并保证具有足够的热稳定性和动稳定性。

③ 尽可能短的切断时间。当发生短路故障时，断路器应尽快地切断故障电路，缩短故障

时间，减轻短路电流对电气设备的危害。

④ 结构简单、价格低廉。断路器在满足安全、可靠的同时，还应力求结构简单、尺寸小、质量轻。用于供配电网的断路器还应尽可能做到无油化、智能化、小型化和免（少）维护。

本章主要介绍工厂供电系统中常用的三种断路器：油断路器、SF$_6$断路器和真空断路器。

（1）油断路器。油断路器有多油和少油之分，我国目前在 6～10 kV 系统中应用较多的是SN10—10/630 型户内少油断路器。图 2.12 为 SN10—10/630 型户内高压少油断路器的外形图。此断路器主要由框架、传动部分和油箱等三部分组成，油箱结构剖面示意图如图 2.13 所示，其中油箱是核心部分，中部装有灭弧器。

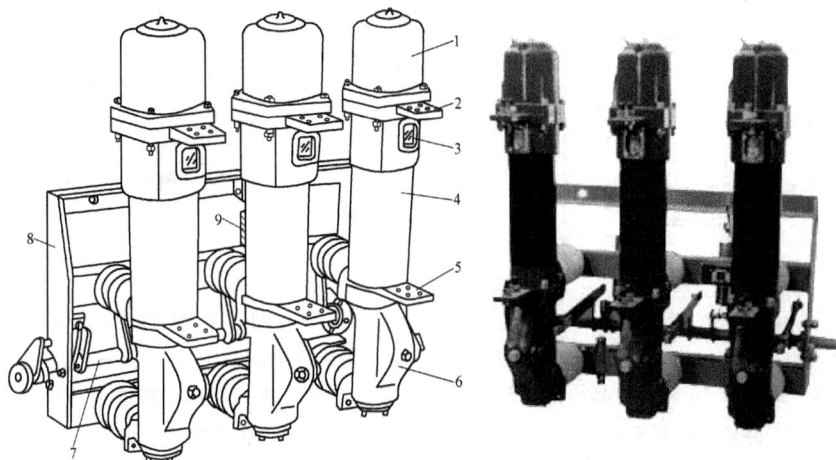

1—铝帽；2—上接线端子；3—油标；4—绝缘筒；5—下接线端子；6—基座；7—主轴；8—框架；9—断路弹簧

图 2.12   SN10—10/630 型户内高压少油断路器的外形图

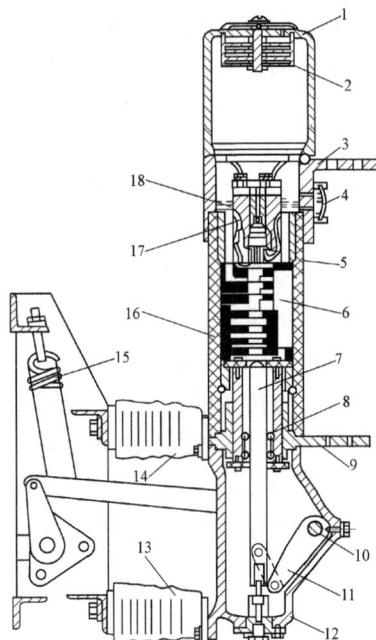

1—铝帽；2—油气分离器；3—上接线端子；4—油标；5—静触头；6—灭弧室；
7—动触头；8—中间滚动触头；9—下接线端子；10—转轴；11—拐臂；12—基座；
13—下支柱绝缘子；14—上支柱绝缘子；15—断路弹簧；16—绝缘筒；17—逆止阀；18—绝缘油

图 2.13   SN10—10/630 型户内高压少油断路器的油箱结构剖面示意图

断路器合闸时，动触头（导电杆）插入静触头，导电路径为：上接线端子→静触头、动触头→中间滚动触头→下接线端子。

断路器的灭弧主要依赖于如图2.14所示的灭弧室，其工作原理如图2.15所示。

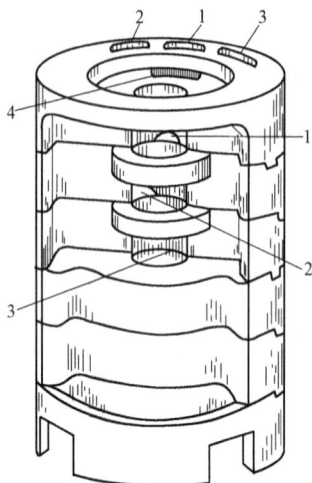

1—第一道灭弧沟；2—第二道灭弧沟；
3—第三道灭弧沟；4—吸弧铁片
图2.14　SN10—10型户内高压少油断
路器的灭弧室

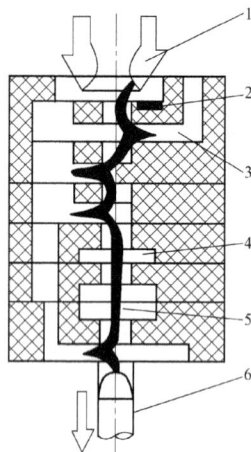

1—静触头；2—吸弧铁片；3—横吹灭弧沟；
4—纵吹灭弧沟；5—电弧；6—动触头
图2.15　SN10—10型户内高压少油断
路器的灭弧室工作原理

断路器分闸时，动静触头分断产生电弧，绝缘油受热分解，形成气泡，导致静触头周围的油压骤增，迫使逆止阀（钢珠）上升堵住中心孔，这时电弧在近似封闭的空间内燃烧，使灭弧室内空气压力急剧增大。当动触头继续向下运动并相继打开一、二、三道横吹沟和下面的纵吹油囊时，油气混合体强烈横吹和纵吹电弧，同时附加油流射向电弧，使电弧迅速熄灭。另外，这种断路器分闸时，动触头是向下运动的，从而使动触头端的弧根部分不断地与下面的新鲜冷油接触，进一步改善了灭弧条件。

SN10—10型少油断路器可配用CS2型手动操动机构或CD10型磁操动机构或CT7型弹簧操动机构。

油断路器虽然价廉、耐用，但由于笨重且维护工作量大，还要经常打扫卫生，因此现在许多条件好的企业均选用下面较先进的断路器。

（2）SF_6断路器。现代的高压及超高压断路器广泛采用SF_6气体作为灭弧和绝缘介质，SF_6气体具有优良的绝缘性能和灭弧性能。与传统的油或空气断路器相比，SF_6断路器具有尺寸小、质量轻、开断电流大、噪声小、检修周期长等明显优点。SF_6气体在1900年被发现后，从20世纪30年代开始用于电气设备，在70年代迅速发展。目前我国已能生产10～500 kV各种规格的SF_6断路器，此类断路器在我国各级电网中广泛应用。

SF_6断路器按外形结构分为两类：

① 地罐式SF_6断路器。

② 柱式SF_6断路器，使用比较普遍。

在工厂供电系统中常用LW(HB)SF_6断路器，它有三个独立的灭弧装置，一般不单独使用，而与弹簧操动机构开关柜构成一体化。

LW(HB)SF_6断路器采用旋弧式灭弧原理，如图2.16所示，当断路器跳闸时，断路器触头6-3

刚一断开，短路电流即被转换到 6-5 通路中，通路中弧环上通过旋弧线圈 2 连接到上接线座 1，当弧触头 6-5 刚断开时，被断开的电流在旋弧线圈中产生磁场，而电弧就在磁场中旋转，加上由于电弧产生的热量，使灭弧室 7 中的气体压力增大，从而产生了一股气流吹向排气室 9，电弧在这股强气流的吹动下被冷却和熄灭。

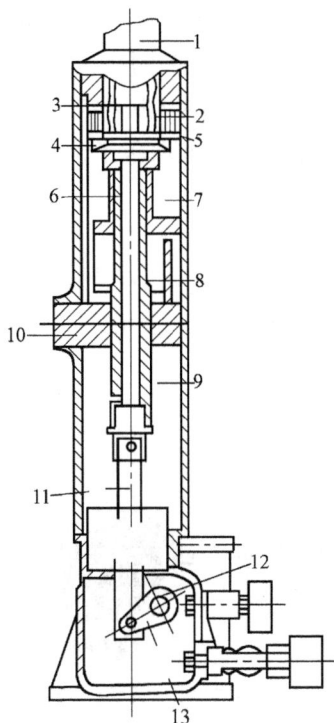

1—上接线座；2—旋弧线圈；3—静主触头；4—弧环；5—静弧触头；6—动触头（上端装有动弧触头）；

7—灭弧室；8—压气活塞；9—排气室；10—下接线座；11—绝缘拉杆；12—轴；13—拐臂

图 2.16　LW(HB)SF$_6$ 断路器灭弧原理

使用 SF$_6$ 断路器时，当压力表指示在红色区域时，说明 SF$_6$ 断路器气体泄漏，这时严禁进行断路器分、合闸操作。被高温分解的 SF$_6$ 气有一种刺激性臭味，这也是气体泄漏的信号，一旦有此信号，一定要采取合理措施，不可盲目操作，应保证安全。图 2.17 是户外型高压 SF$_6$ 断路器的实物图。SF$_6$ 断路器多用在 60 kV 以上供电线路中。

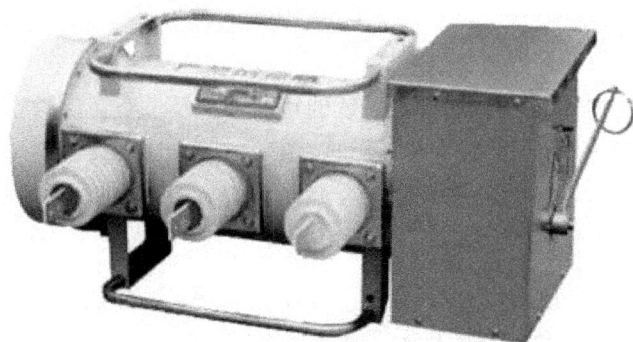

图 2.17　户外型高压 SF$_6$ 断路器

（3）真空断路器。真空断路器是利用"真空"作为绝缘和灭弧介质的，其触头装在真空灭弧室内。由于真空相对来说不存在气体游离的问题，所以这种断路器在触头断开时，产生的电弧仅依靠触头产生的金属蒸气维持燃烧，当电弧电流过零时，触头周围的金属蒸气下降快，而真空的介质强度上升恢复快，此时真空电弧立即熄灭。

目前真空断路器的型号有 ZN12 型、ZN28 型，真空灭弧室的基本结构如图 2.18 所示。真空断路器本身具有很高的灭弧能力，开断时触头的烧蚀轻微，因此可以用于频繁操作的场合。真空断路器具有结构简单、体积小、环保卫生、维护工作量小、无爆炸燃烧的危险等诸多优点。目前，在 10～35 kV 供配电网中已经基本取代了油断路器，实现了"电气开关无油化"的目标。

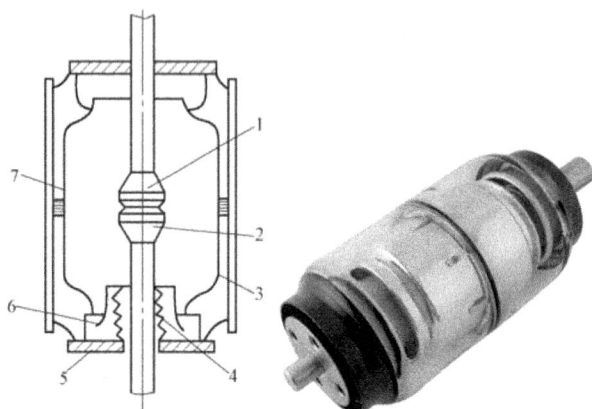

1—静触头；2—动触头；3—屏蔽罩；4—波纹管；5—与外壳封接的法兰盘；6—波纹管屏蔽罩；7—玻壳

图 2.18   真空灭弧室的基本结构

真空断路器的操动机构可以为电磁操动机构和弹簧操动机构。由于真空断路器不宜采用分体式，因此一般采用电磁操动机构。

2.4   低压一次设备

交流电压在 1000 V 以下的设备称为低压设备。供电系统低压一次设备主要有低压熔断器、低压开关设备。

2.4.1   低压熔断器

低压熔断器的作用是实现低压供配电系统的短路保护及过负荷保护。低压熔断器的种类很多，目前广泛使用的有 RC1 系列插入式熔断器、RL1 型螺旋管式、RM10 型无填料密封管式、RT0 型有填料封闭管式，以及引进技术生产的 aM 及 NT 系列。

1．RT0 型低压熔断器

RT0 型低压熔断器结构如图 2.19 所示，它主要由瓷熔管、栅状铜熔体、触头、底座等几部分组成。熔体熔断后，有红色的熔断指示器从一端弹出，便于运行人员检视。

RT0 型低压熔断器熔体采用铜金属，导电性能好，熔断时金属蒸气较小，便于灭弧。熔体采用几根熔丝并联且具有变截面小孔，这样熔丝在熔断时所产生的电弧能分细，能同时分割成几段短弧，便于灭弧。熔管内填满石英砂，冷却散热好，有利于电弧的熄灭。

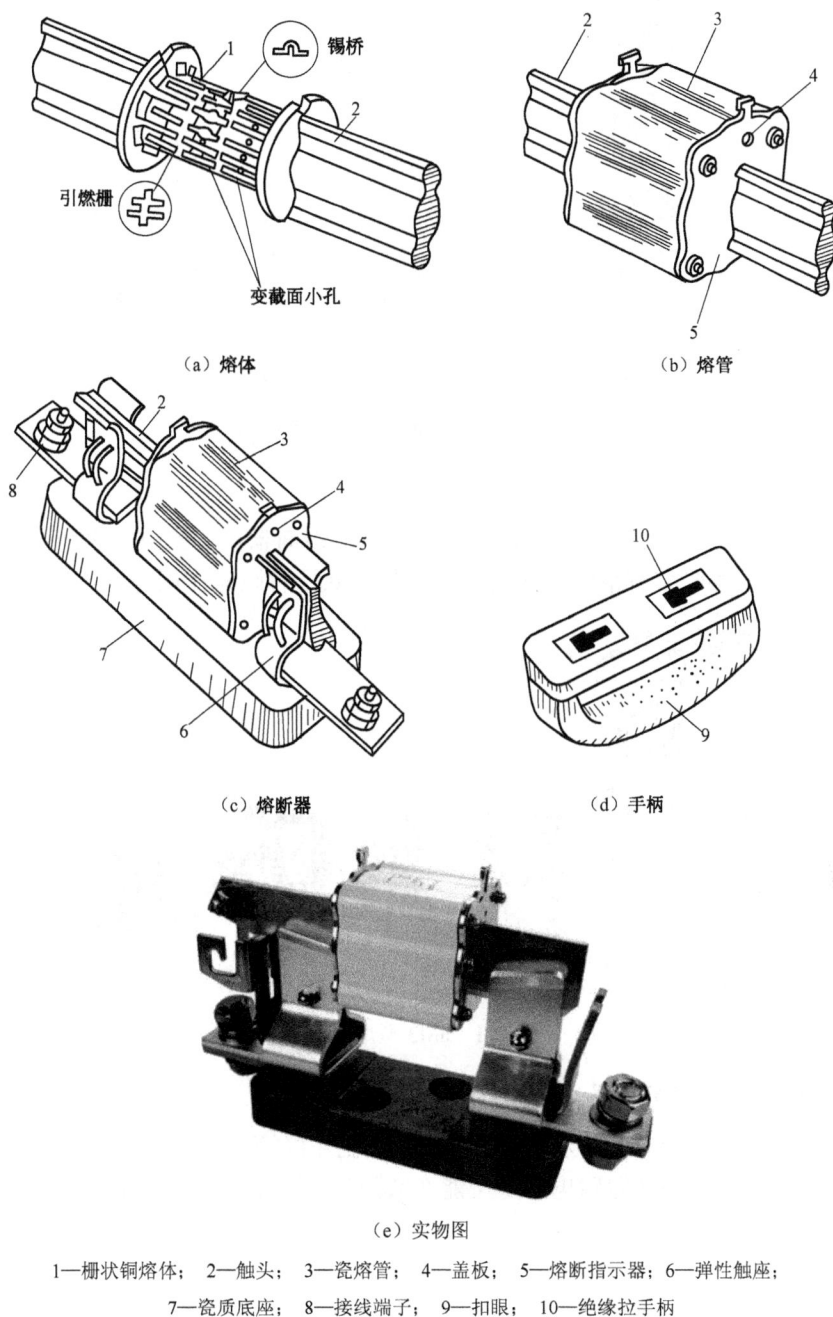

（a）熔体　　　　　　　　　　　　　　　　（b）熔管

（c）熔断器　　　　　　　　　　　　　　　（d）手柄

（e）实物图

1—栅状铜熔体；　2—触头；　3—瓷熔管；　4—盖板；　5—熔断指示器；6—弹性触座；

7—瓷质底座；　8—接线端子；　9—扣眼；　10—绝缘拉手柄

图 2.19　RT0 型低压熔断器结构

2．RL1 型螺旋管式熔断器

RL1 型螺旋管式熔断器结构如图2.20 所示，由于此种熔断器的各个部分均可拆卸，更换熔体方便，所以被广泛应用于各种低压供电系统。

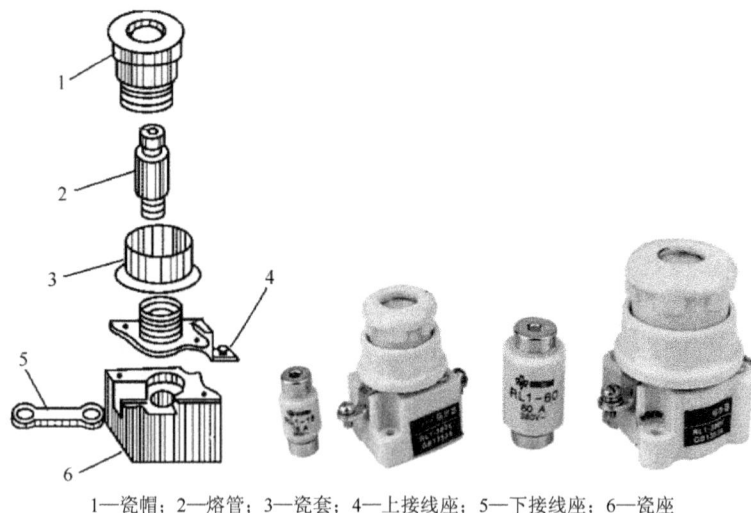

1—瓷帽；2—熔管；3—瓷套；4—上接线座；5—下接线座；6—瓷座

图 2.20　RL1 型螺旋管式熔断器结构

3．aM 系列熔断器

aM 系列熔断器是引进技术生产的具有限流作用的熔断器，主要由底座和熔管等组成，如图 2.21 所示，图中的熔管装有铜熔体和石英砂填料，除了有限流作用外，还有熔断指示作用。

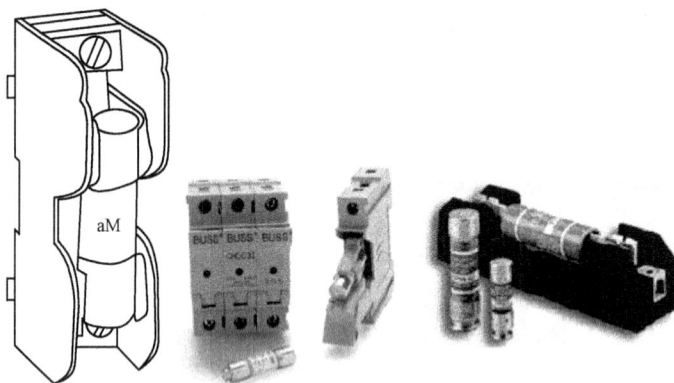

图 2.21　aM3 型熔断器

4．RZ1 型低压自复式熔断器

一般熔断器在熔体熔断后，必须更换熔体，使用上不经济。而 RZ1 型低压自复式熔断器弥补了这一缺陷，它既能够断开短路电流，又能在故障消除后自动恢复供电，无须更换熔体，结构如图 2.22 所示。

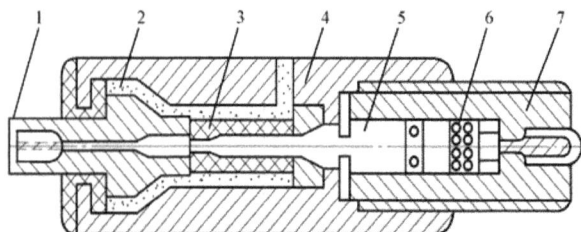

1—接线端子；2—云母玻璃；3—瓷管；4—不锈钢外壳；5—钠熔体；6—氩气；7—接线端子

图 2.22　RZ1 型低压自复式熔断器结构

RZ1 型低压自复式熔断器用金属钠制成熔丝,它在常高温下具有高电导率。短路时,短路电流产生的高能量使钠气化,气压增高,高温高压下气态钠的电阻迅速增大,呈现高电阻状态,从而限制了短路电流。当短路电流消失后,温度下降,气态钠又恢复为固态钠,恢复原来良好的导电性能,故自复式熔断器能多次使用。

由于自复式熔断器只能限流,不能分断电流,故常与断路器串联使用,以提高分断能力。如我国生产的 DZ10—100R 型低压断路器,就是把 DZ—100 型低压断路器与 RZ1—100 型自复式熔断器组合到一起。

2.4.2　低压开关设备

1．低压刀开关、刀熔开关和负荷开关

低压刀开关都是开启式的,常用于不频繁操作的电路中。

低压刀开关按其形式分为单按(HD)和双按(HS)两类;按其极数有单极、双极和三极之分;按其灭弧结构分为不带灭弧罩和带灭弧罩两种。

不带灭弧罩的刀开关不能带负荷操作,只当隔离开关使用,带有灭弧罩的刀开关可以通、断一定的负荷电流。

图 2.23 为 HD 系列刀开关的外形结构图。

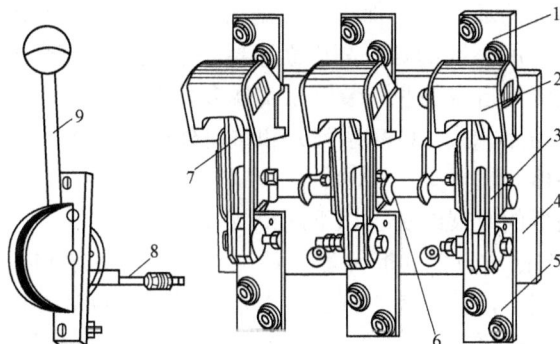

1—上接线端子;2—钢栅片灭弧罩;3—闸刀;5—下接线端子;6—主轴;7—静触头;8—连杆;9—操作手柄

图 2.23　HD 系列刀开关的外形结构图

将刀开关的闸刀换为 RT0 型熔断器的熔管,就构成熔断器式刀开关(HR 型),如图 2.24 所示。它兼有刀开关和熔断器双重功能。采用这种开关电器,可以简化配电装置的结构,它目前被广泛应用于低压配电屏中。

将刀开关与熔断器组合在一起,装在一个封闭式铁壳里,就构成了负荷开关(HH 型),铁壳里装有速断弹簧,以加速灭弧。这种开关既可带负荷操作,又能进行短路保护。

图 2.24　HR 型熔断器式刀开关

2．低压断路器

低压断路器又称自动空气开关。这种开关具有良好的灭弧性能,它既能在正常条件下断开负荷电流,又能依靠电流脱扣器自动切断短路电流;它既能依靠热脱扣器自动断开过载电流,靠失压脱扣器在线路电压严重下降或失压时自动跳闸,还可实现远距离跳闸。这种开关电器被广泛应用于低压配电装置中。图 2.25 为低压断路器的原理和结构图。

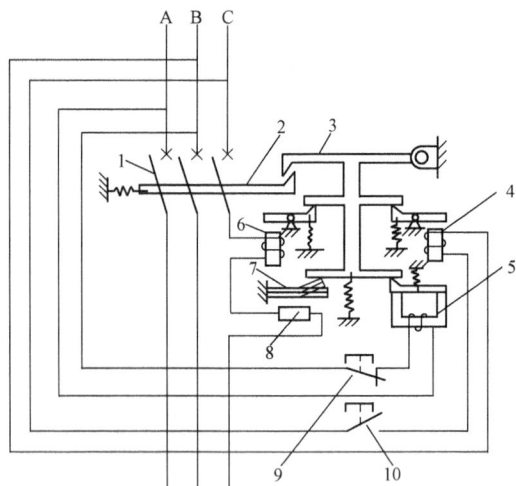

1—主触头；2—跳钩；3—锁扣；4—分励脱扣器；5—失压脱扣器；6—过电流脱扣器；

7—热脱扣器；8—加热电阻；9—脱扣按钮（常闭）；10—脱扣按钮（常开）

图 2.25　低压断路器的原理和结构图

低压断路器的作用同高压断路器一样，也具有控制和保护作用。控制作用就是根据需要，在任何时刻均可以控制电路的通、断。保护作用是指当电路中出现故障时，能及时切断电路，防止电路及设备受到损害。所不同的是，高压断路器必须连接一整套继电保护系统才能实现保护作用，而低压断路器是依靠自身的脱扣装置来实现多种保护功能。

低压断路器按结构分为万能式（DW 系列）和塑料外壳式（DZ 系列）两种。

（1）万能式低压断路器。

我国低压万能式断路器的发展经历了以下两个阶段。

① 采用热磁式技术的低压万能式断路器。特点是：保护方案和操作方式多变，装设地点灵活，可敞开装在金属框架上，又称为"框架式"断路器，如 DW10/DW15 系列。

图 2.26 是 DW10 型万能式低压断路器的外形结构，其操作方式有手柄操作、杠杆操作、电磁操作、电动操作几种方式。

图 2.26　DW10 型万能式低压断路器的外形结构

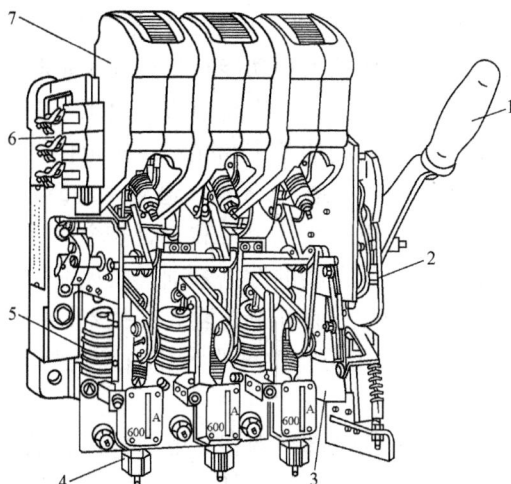

1—操作手柄；2—自由脱扣机构；3—失压脱扣器；
4—过电流脱扣器电流调节螺母；5—过电流脱扣器；6—辅助触点；7—灭弧罩

图 2.26　DW10 型万能式低压断路器的外形结构（续）

图 2.27 是一种典型的 DW 型低压断路器的交直流电磁合闸操作电路，电磁合闸线圈 YO 是按短时大功率设计的，其允许通过时间不超过 1 s，时间继电器延时断开触点 KT$_{1-2}$ 在 YO 通电 1 s 后自动断开，使 KO 断电，保证电磁合闸线圈 YO 通电时间不超过 1 s。时间继电器的常开触点用来防止按钮 SB 不返回或被黏住时，断路器多次跳合于同一故障线路上。低压断路器的联锁触头用于防止电磁合闸线圈在已合闸时，线圈再次误通电。

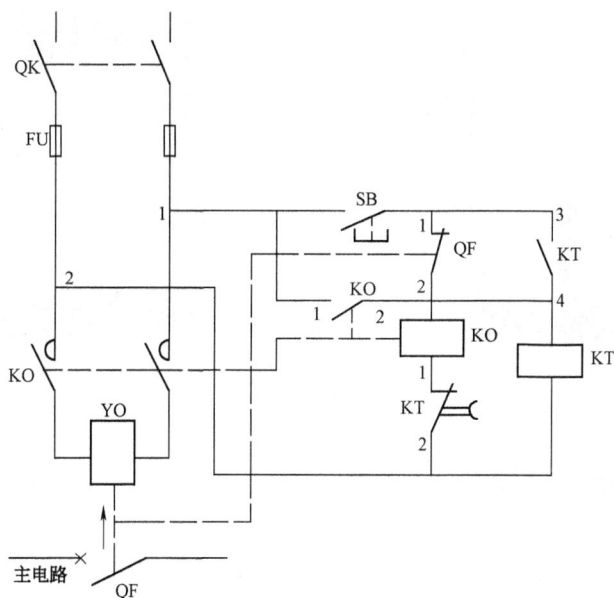

QF—低压断路器；SB—合闸按钮；KT—时间继电器；KO—合闸接触器；YO—电磁合闸线圈

图 2.27　DW 型低压断路器的交直流电磁合闸操作电路

目前应用的万能式断路器有 DW15、DW15X、DW16。

② 智能型万能断路器。低压断路器是配电网络中的重要组成部分，而热磁式断路器主要是依靠热双金属片和磁系统动作来实现各种保护，很难满足配电系统可靠性、准确性、安全性

的要求，而且无法实现通信组网。随着计算机、单片机技术的发展及其在电器制造领域的应用，智能型万能断路器应运而生，其智能化的保护功能具备过载长延时、短路短延时、短路瞬时的三段保护，又有单相接地故障的保护。同时可实现电流、电压、功率因数及其他电气参数的数码显示；额定电流、整定电流、动作时间的整定和显示；热记忆、故障记忆、负载监控、自诊断并装有通信接口，可实现远距离的"四遥"（遥控、遥测、遥调、遥信）功能。智能型万能断路器不仅提高了保护精度，而且使配电网系统更可靠、更安全、更准确，同时能实时浏览和记录电网运行参数，为电力负荷分析提供翔实的数据基础。故现在智能型万能断路器的应用越来越广泛。我国自主研发的 DW45 型万能式低压断路器，其技术性能已达到国际上同类型产品的先进水平。图 2.28 是与 DW45 同等级但略有改进的 NZDO 智能型低压断路器。

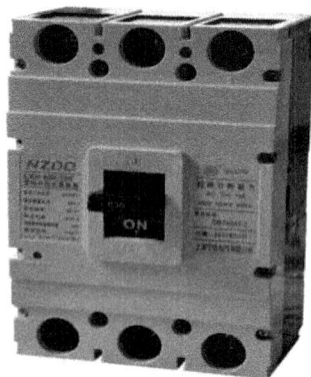

（2）塑料外壳式低压断路器。

DZ 型塑料外壳式低压断路器，其全部结构和导电部分都装设在一个塑料外壳内，仅在外壳中央露出操作手柄，供手动操作之用，通常应用于低压配电分支路上。

低压断路器的操作手柄有下面三个位置。

合闸位置：手柄扳向上边，跳钩被锁扣扣住，触头处于闭合状态。

自由脱扣位置：跳钩被释放，手柄移至中间位置，触头断开。

分闸位置：手柄扳向下边，从自由脱扣位置变为再扣位置，为下次合闸做好准备。

断路器跳闸后，必须将手柄扳向"再扣"位置，然后才能重新合闸。

目前广泛使用的有 DZX10、DZ15、DZ20 类型，引进技术生产的 H、C45N、3VE 等类型，尤其是 C45N 型已在电流为 100 A 以下的工厂配电系统中得到广泛应用。图 2.29 为塑料外壳式低压断路器，其额定电流可达 800 A。

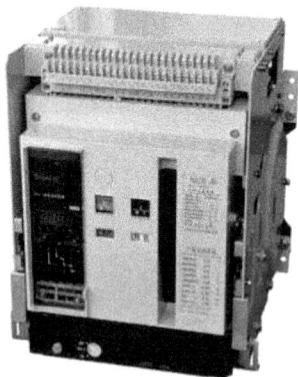

图 2.28　NZDO 智能型低压断路器　　　　图 2.29　塑料外壳式低压断路器

2.5　电流互感器和电压互感器

电流互感器和电压互感器，其实质是一种特殊的变压器，在工厂供电系统中，它们的功能如下：

（1）隔离高压电路。利用互感器可使测量仪表和继电器与主电路隔离，降低仪表及继电器的绝缘强度，简化仪表结构，保证二次设备和人身的安全。

（2）可使测量仪表和继电器标准化。

（3）扩大仪表、继电器等二次设备的应用范围。如一只量程为 5 A 的电流表通过电流互感器就可测很大的电流，一只量程为 100 V 的电压表，通过电压互感器就可测很高的电压。

2.5.1　电流互感器

1．结构原理

电流互感器把大电流变换成小电流，二次绕组的额定电流一般为 5 A，它的基本结构如图 2.30 所示。它的一次绕组匝数少，截面粗，串接在一次线路中；二次绕组匝数多，截面较细，通常与仪表、继电器的电流线圈串联，形成一闭合回路。由于仪表、继电器的电流线圈阻抗小，所以电流互感器工作时，二次绕组接近于短路状态。

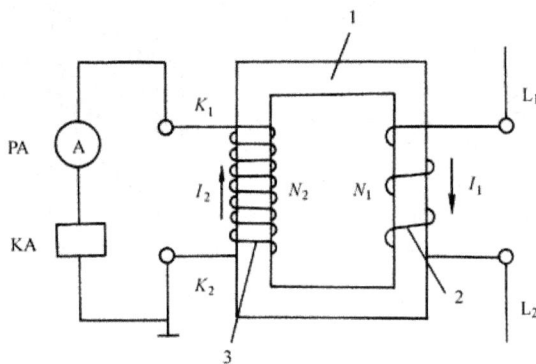

1—铁芯；2—一次绕组；3—二次绕组

图 2.30　电流互感器

根据变压器的变流原理，电流互感器的一、二次绕组电流之间的关系为

$$I_1 = I_2 N_2 / N_1 = K_1 I_2$$

式中，N_1 和 N_2 为一、二次绕组的匝数；K_1 为变流比。

2．电流互感器的类型

电流互感器的类型很多，按一次绕组匝数分为单匝式（包括母线式、柱式、套管式）和多匝式（包括线圈式、绕线式、串心式）；按一次电压分高压和低压两大类；按用途分为测量用和保护用两大类；按准确度等级分，测量用电流互感器有 0.1, 0.2, 0.5, 1, 3, 5 等级，保护用电流互感器有 5 P 和 10 P 两级；按绝缘和冷却方式分为油浸式和干式两大类，油浸式主要用于户外，环氧树脂浇注绝缘的干式电流互感器主要用于户内。图2.31 为户内低压 LMZJ1—0.5 型电流互

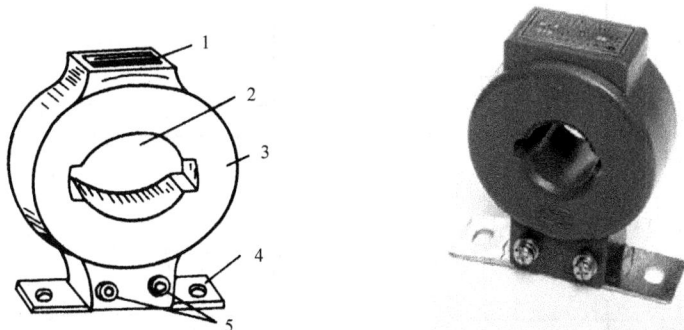

1—铭牌；2—一次母线穿孔；3—铁芯及二次绕组；4—安装板；5—二次接线端子

图 2.31　LMZJ1—0.5 型电流互感器

感器外形图，图 2.32 为 LQJ—10 型电流互感器外形图。以上两种电流互感器都是环氧树脂或不

饱和树脂浇注绝缘的，与老式油浸式或干式电流互感器相比，它们有尺寸小、性能好、安全可靠等优点，被广泛应用于目前的高低压成套配电装置中。

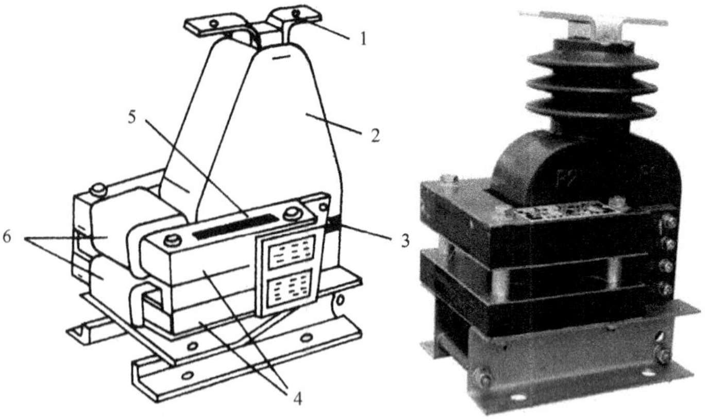

1—一次接线端子；2—一次绕组；3—二次接线端子；4—铁芯；
5—二次绕组；6—警告牌（标注“二次侧不得开路”的字样）

图 2.32　LQJ—10 型电流互感器

3．电流互感器的接线方案

（1）一相式接线。如图2.33（a）所示，这种接线通常用在三相负荷平衡的电路中，供测量电流或在继电保护中作为过负荷保护装置之用。

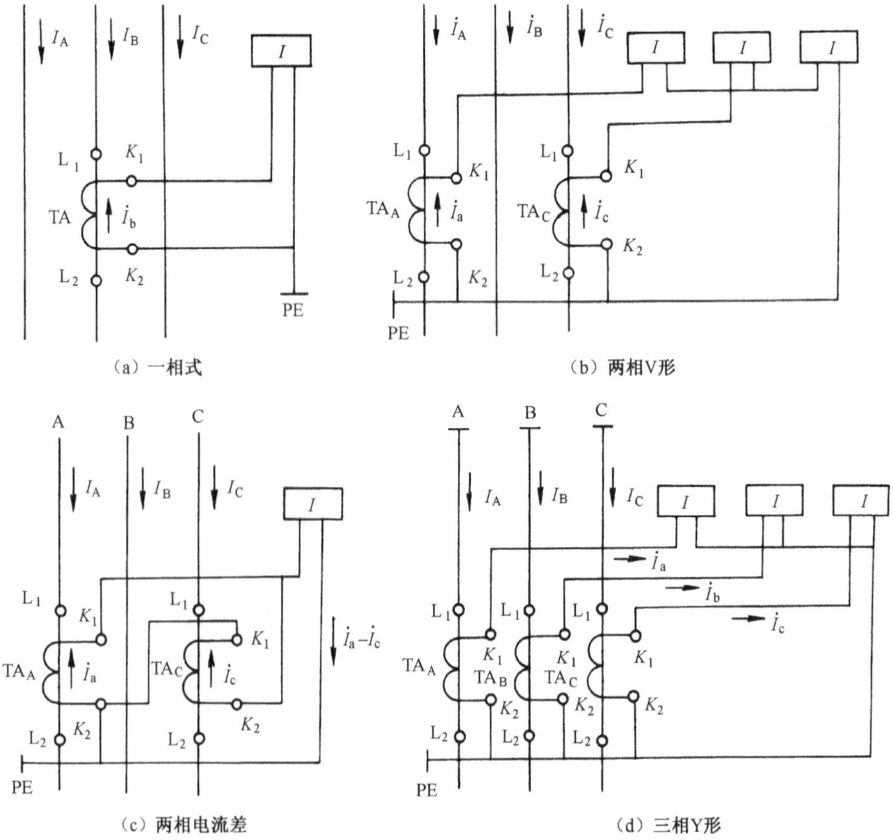

（a）一相式　（b）两相V形　（c）两相电流差　（d）三相Y形

图 2.33　电流互感器的接线方案

（2）两相 V 形接线。如图 2.33（b）所示，这种接线广泛应用于中性点不接地的三相三线制电路中，供测量三个相电流、三相电功率、电能及作为过电流继电保护之用。公共线上电流为 $I_a + I_c = -I_b$，根据电工学理论，这反映的正是未接电流互感器那一相的相电流。

（3）两相电流差接线。如图 2.33（c）所示，适用于在中性点不接地的三相三线制电路中做过电流继电保护之用，二次侧公共线上的电流为 $I_a - I_c$，其有效值为相电流的 $\sqrt{3}$ 倍。

（4）三相 Y 形接线。如图 2.33（d）所示，应用于三相四线制及三相三线制电路中，用于测量三相电流及做过电流继电器保护之用。

4．电流互感器使用注意事项

（1）电流互感器在运行时其二次侧不允许开路。正常运行时，电流互感器二次侧接近于短路，此时电流互感器的磁势平衡方程式为 $I_0 N_1 = I_1 N_1 - I_2 N_2$，其一次电流所建立的磁势 $I_1 N_1$ 的绝大部分被 $I_2 N_2$ 所抵消，这时空载电流 I_0 很小，$I_0 N_1$ 磁势很小。当二次侧开路时，$I_2 = 0$，此时 $I_0 N_1 = I_1 N_1$，这时 I_0 突然增加成为 I_1，$N_1 I_0$ 也随之增大，导致磁通急增，磁路饱和，铁芯发热，甚至烧毁电流互感器，同时由于二次绕组匝数多，将感应出高电压，危及人身和设备安全。因此，电流互感器在工作时，其二次侧不允许开路，在安装时，其二次接线要求牢靠且不允许接入熔断器和开关。

（2）二次绕组一端必须可靠接地。其目的是为防止由于绝缘损坏后，一次侧的高压窜入二次侧而发生人身和设备的安全事故。

（3）电流互感器在连接时要注意其端子的极性。在安装和使用电流互感器时，一定要注意端子的极性，否则其二次侧所接仪表或继电器中流过的电流就不是预想的电流，将影响精确测量，甚至引起事故。

2.5.2 电压互感器

1．结构原理

电压互感器是把高电压转变为低电压，二次绕组的额定电压一般为 100 V，它的基本结构如图 2.34 所示：一次绕组匝数多，并接在一次电路中；二次绕组匝数少，常与仪表、继电器的电压线圈并接，由于电压线圈的阻抗大，所以电压互感器工作时二次回路接近于空载状态。

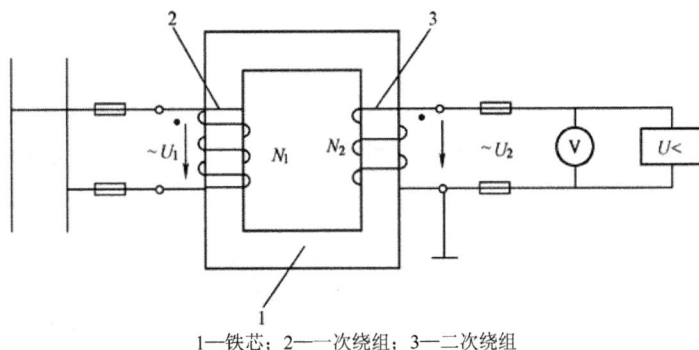

1—铁芯；2——一次绕组；3—二次绕组

图 2.34 电压互感器结构

根据变压器的变压原理，电压互感器一、二次电压之间有下列关系：

$$U_2 = U_1 N_2 / N_1 = K_u U_1$$

式中，N_1，N_2 为电压互感器一、二次绕组的匝数；K_u 为电压互感器的变压比。

2．电压互感器的类型

电压互感器按绝缘的冷却方式分，有干式和油浸、充气式；按相数可分为单相、三相三芯柱、三相五芯柱；按安装地点可分为户内式和户外式。图 2.35 为单相三绕组户内 JDZJ—10 型电压互感器外形图。三个 JDZJ—10 型电压互感器接线按如图2.36（d）所示的 Y_0-Y_0-$\triangle$ 的接线方式，主要用于在小电流接地系统中用做电压、电能测量及绝缘监视之用。

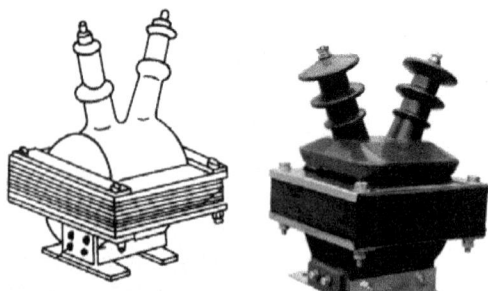

图 2.35　JDZJ—10 型电压互感器

3．电压互感器的接线方案

电压互感器常见接线方案有如图 2.36 所示的四种。

（1）电压互感器的单个接线如图 2.36（a）所示，供仪表、继电器接于一个线电压。

（2）两个单相电压互感器接成 V-V 形，如图 2.36（b）所示，供仪表、继电器接于三相三线制电路的各个线电压，它广泛地应用于6～10 kV 的高压配电装置中。

（3）三个单相电压互感器接成 Y_0-Y_0 形，如图2.36（c）所示，供仪表、继电器测量、监视三相三线制系统中的线电压和相电压。由于小电流接地系统在一次侧发生单相接地时，另两相电压要升高到线电压，所以绝缘监察电压表应按线电压选择，否则在发生单相接地时，电压表可能被烧毁。

（4）三个单相三绕组电压互感器或一个三相五芯柱三绕组电压互感器接成 Y_0-Y_0-$\triangle$（开口三角形）形式，如图 2.36（d）所示，其接成 Y_0 的二次绕组与图 2.36（c）相同。系统正常运行时，由于三个相电压对称，因此开口三角形两端的电压接近于零，当某一相接地时，开口三角形两端将出现近 100 V 的零序电压，使电压继电器 KV 动作，发出单相接地信号。

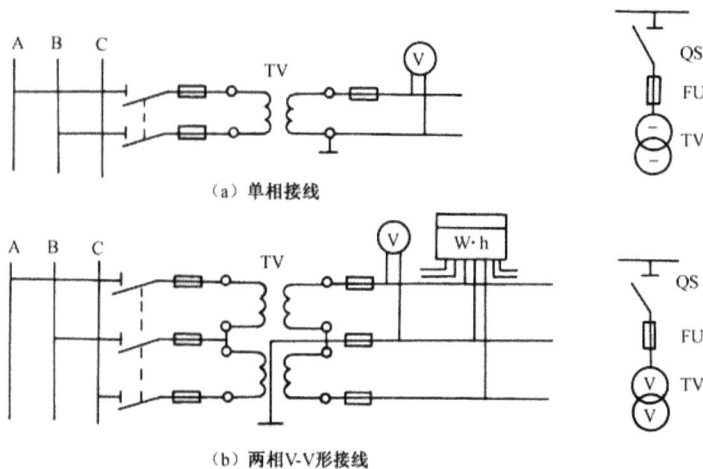

（a）单相接线

（b）两相V-V形接线

图 2.36　电压互感器的接线方案

（c）三相Y₀-Y₀形接线

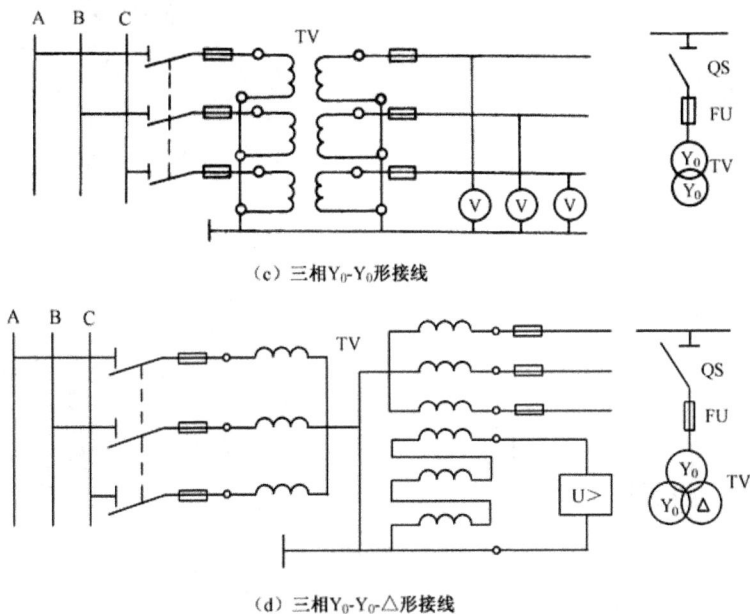

（d）三相Y₀-Y₀-△形接线

图 2.36　电压互感器的接线方案（续）

4．电压互感器使用注意事项

（1）电压互感器在工作时二次绕组不允许短路。因为电压互感器一、二次侧都在并联状态下工作，发生短路时将产生很大的短路电流，有可能烧毁互感器，甚至影响一次电路的安全工作，因此电压互感器一、二次侧必须装设熔断器，进行短路保护。

（2）电压互感器的二次侧有一端必须可靠接地，目的是为了防止电压互感器一、二次绕组绝缘击穿时，一次侧高压窜入到二次侧，危及人身和设备安全。

（3）电压互感器在连接时，也要注意其端子的极性，否则其二次侧所接仪表、继电器中的电压就不是预想的电压，影响精确测量，甚至会引起保护装置的误动作。

2.6　高、低压成套配电装置

在工厂供配电系统中，通常都是将常用一二次设备按一定的接线方案组合到一起，组成高、低压成套配电装置，便于工厂供配电控制、保护和监察测量。常用成套配电装置有高压开关柜、低压配电屏、直流屏、动力和照明配电箱及电力变压器等。

2.6.1　高压开关柜

高压开关柜种类繁多，按断路器的安装方式，可分为固定式开关柜和手推式开关柜；按柜体结构，可分为金属封闭间隔式开关柜、金属封闭铠装式开关柜及金属封闭箱固定式开关柜；按开关柜内部绝缘介质不同，可分为空气绝缘开关柜和 SF_6 气体绝缘开关柜。图 2.37 为 GG—10（F）型高压开关柜（手推式），图 2.38 为 GG—1A（F）—0.7S 型高压开关柜（固定式）。图 2.39 为高压开关柜实物图。

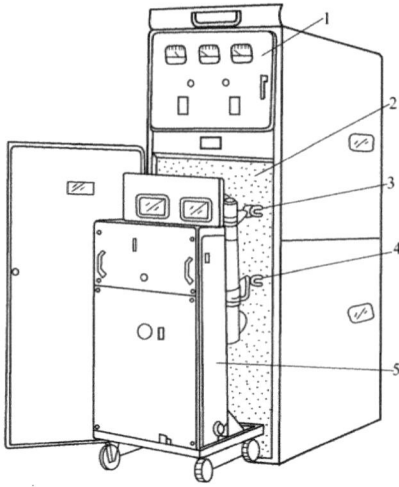

1—仪表屏；2—手车室；3—上触头（兼起隔离
开关作用）；4—下触头（兼起隔离开关作用）；
5—SN10—10型断路器手车

图 2.37　GG—10（F）型高压开关柜

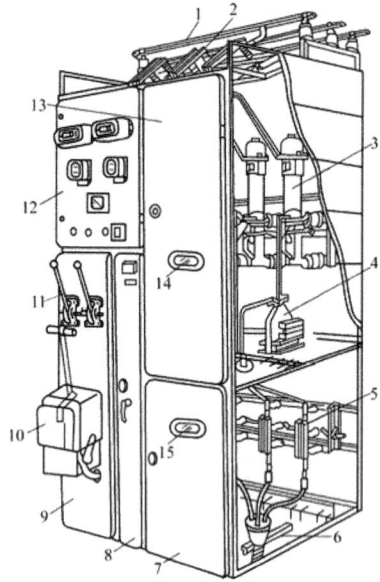

1—母线；2—母线隔离开关；3—少油断路器；4—电流互感器；
5—线路隔离开关；6—电缆头；7—下检修门；8—端子箱门；
9—操作板；10—断路器的手动操作机构；11—隔离开关的操动
机构；12—仪表继电器屏；13—上检修门；14、15—观察窗口

图 2.38　GG—1A（F）—0.7S 型高压开关柜

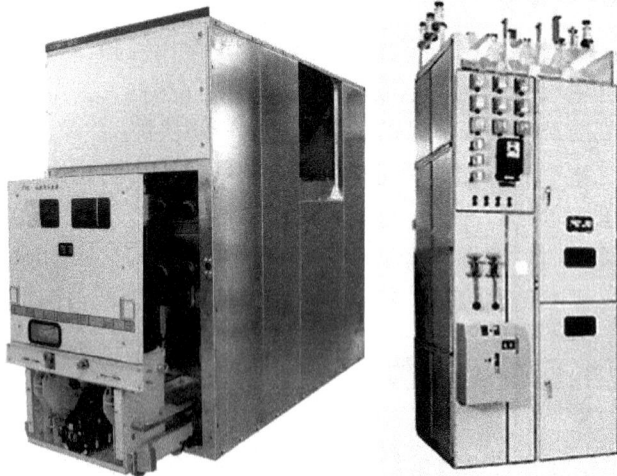

图 2.39　高压开关柜实物图

　　固定式开关柜中的主要电气元件是固定安装的，手推式开关柜里的一些主要设备，如断路器是安装在可移动的手车上面的。固定式开关柜简单、经济，在一般中小型工厂被广泛采用。但固定式开关柜不便检修，检修时隔离措施采用的是断开母线和线路的隔离开关。手推式高压开关柜检修的隔离措施采用的是插入式的插头，拉出断路器进行检修，因而检修安全，供电可靠，但价格较高。

　　C-GIS 开关柜是一种新型的高压开关柜，各主要元器件的绝缘介质都采用 SF$_6$ 气体，断路器采用真空断路器。这种开关柜体积小，占地面积小，内部绝缘在运行中不受环境影响，运行安全可靠。

　　以上三种高压开关柜，为防止电气误操作和保证人身安全，均设置了完善的"五防"措施，这些措施是：

（1）防止误分、误合断路器。

（2）防止带负荷将手车拉出或者推进。

（3）防止带电将接地开关合闸。

（4）防止接地开关在合闸位置时合上断路器。

（5）防止进入带电的开关柜内部。

2.6.2　低压配电屏

　　低压配电屏通常安装在变电所的低压配电室内，有固定式和抽屉式两类。

　　新型固定式配电屏有 PGL、GGD 系列，以取代过去的 BDL、BSL 系列。图 2.40 为 PGL2 型低压配电屏的外形结构。

　　PGL 系列可于工矿企业 500V 以下配电系统中做动力和照明之用，其中 PGL3 型配电柜中采用了 ME、DZ20、DWX15 等新型断路器。该配电屏结构合理，防止触电性能好，屏前有门，屏上方有可开启式仪表板，维护方便，屏间加装了隔板，可减少屏内故障范围的扩大。

　　GGD 系列配电屏设计先进，它采用了新型低压电气元件，具有分断能力高，动热稳定好，电气接线方案灵活，组合方便，结构新颖及防护等级高等优点，但价格较为昂贵。

　　抽屉式配电屏馈电回路多，体积小，占地少，但其结构复杂，加工精度高，因此妨碍了它的推广使用，如图 2.41 所示。

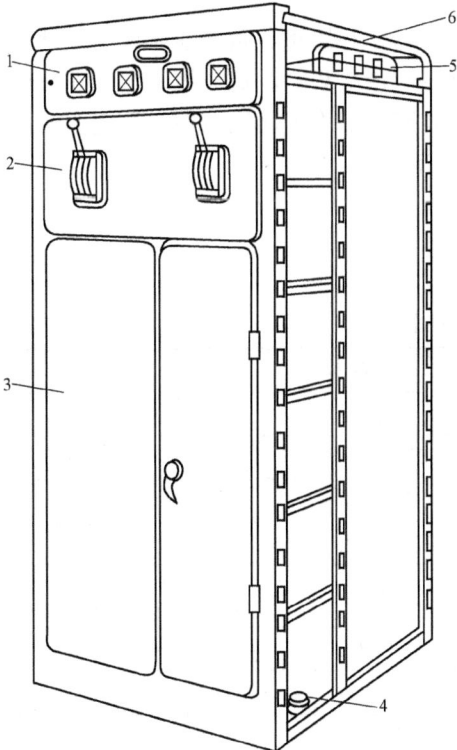

1—仪表板；2—操作板；3—检修门；4—中性母线绝缘子；
5—母线绝缘框；6—母线防护罩

图 2.40　PGL2 型低压配电屏　　　　　图 2.41　抽屉式低压配电屏

2.6.3 直流屏

35 kV 以上供配电系统，其继电保护的二次电路均需要直流操作电源。绝大部分直流电源均是由整流装置加上蓄电池组构成的。新型的直流屏装置不仅构成了直流电源，还极大地丰富了其功能。

1. 直流屏的基本概念

直流屏适宜做阀控铅酸电池、免维护电池及镉镍电池的充电设备，广泛运用于电力、电信、铁路、工矿企业和高层建筑，以及 550～10 kV 不同的电压等级的变电站、电厂、开闭站及其他使用直流电源的设备，包括控制、信号和继电保护、断路器合分闸操作机构所需的操作电源及应急电源等。

高频开关电源的模块采用当今最先进的边缘谐振软开关技术，可带电插拔；模块与模块之间采用隔离设计，防止模块间相互影响；模块内部自带 CPU，模块的所有基准校准和控制全部采用 12 位 D/A 完成，替代了所有电位器，避免了电位器固有的温度系数和机械性所引起的参数漂移；模块控制精度高，模块内还置有 E^2ROM，保证了模块的运行参数永不丢失，即使脱离主监控工作，运行参数也不会有任何改变。

监控系统采用积木式的结构设计分为：中央主监控、交流监控单元、直流监控单元、开关量监控单元，还可根据需要选配电池巡监单元和绝缘监测单元，各单元通过 RS-485 接口与中央监控相连，这种模块化设计使维护工作变得十分简单、快捷；监控系统具有智能化，可实现"四遥"接口。

PM2J1 绝缘监测单元采用非接触式直流微电流传感器，利用正、负母线对地的接地电阻产生的漏电流来测量母线对地电阻的大小，从而判别母线的接地故障。这一技术无须在母线上叠加任何信号，对直流母线供电不会有任何不良影响，能彻底根除由母线对地分布电容所引起的误判与漏判，并能够在复杂接地情况下准确判断接地支路。

2. 直流屏的主要技术指标

直流屏的主要技术指标如表 2.1 所示。

表 2.1 直流屏的主要技术指标

性 能 指 标	参 数	性 能 指 标	参 数
输入电压范围	380（1±15%）V	直流输出	10 A/230 V
输入频率范围	50（1±10%）Hz	电压调节范围	180～320 V
稳压精度	≤±0.2	稳流精度	≤±0.2
纹波系数	≤0.1%	均流不平衡度	≤3%
效率	>90%	绝缘电阻	母线对地≥10 MΩ 二次回路对地≥2 MΩ
绝缘强度	2 kV AC/50 Hz 1 min	噪声	<50 dB
冷却方式	智能风冷/自然风冷	开机浪涌	无

3. 直流屏的系统组成

直流屏的系统组成如表 2.2 所示。

表 2.2　直流屏的系统组成

系统单元/模块	作用/组成
交流配电单元	采用两路 380 V 电源输入，一路工作，二路备用。当一路故障时，二路自动投入；当一路恢复正常时，则交流配电单元会自动切换一路供电
防雷单元	防雷和过电压保护
整流模块	单个模块额定电流可选 5 A，10 A，20 A
主监控模块	通过通信口实现"遥控、遥测、遥信、遥调"
降压单元	降压模块：额定电流 10 A，根据需要可多个并联，直流输入，直流输出，输出电压 220 V，误差≤0.5%。降压装置：五级，每级 7 V；或七级，每级 5 V
充电模块	充电模块是直流屏中最主要的功率器件，它的功能就是将输入的交流电源以开关电源的方式变换成可调直流电源输出
模拟显示单元	该部分由一些模拟表记组成，它可以直观地显示系统的充电电流、电压、母线电流、母线电压等技术参数
绝缘监测	监测母线对地绝缘状况。绝缘监测单元：监测合母、控母及合母控母分支对地监测，将监测的信息通过 RS-485 串行口由主监控 RS-485 设置接地报警和作为处理故障的依据绝缘监察装置：监测母线+、−对地绝缘状况
输入/输出单元	该部分由一些转换开关和断路器组成，它包括交流电源输入回路、直流控制电源馈出回路和直流合闸电源馈出回路。 合闸回路：2～6 路设置 20～100 A 直流断路器。 控制回路：5～20 路设置 10～32 A 直流断路器
蓄电池组	铅酸免维护蓄电池、镉镍电池。蓄电池组充电按照强充（恒流）—均充（恒压）—浮充（恒压）的三阶段方式充电，既保证了电池满容量工作，又保证了电池的使用寿命。由于电池长期浮充电会造成电池组单体电池的不均衡性，因此每隔 3～6 个月应均充电一次

4．GZDW 系列直流屏工作原理

工频交流电经过交流配电单元之后给整流模块供电，正常情况下一组整流模块给蓄电池充电，同时经降压单元或降压硅堆给控制负载供电。另一组整流模块给控制负载供电。供电中断时由蓄电池给动力及控制负载供电，系统同时发出声光报警。供电恢复时，系统自动恢复正常，如图 2.42 所示。

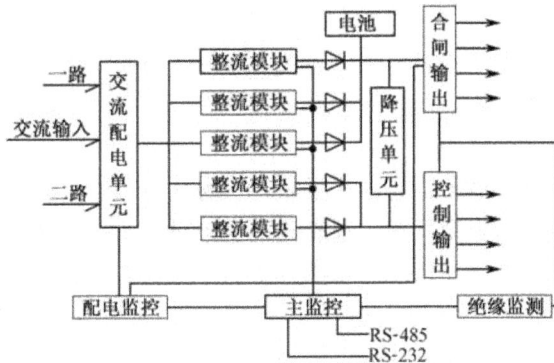

图 2.42　GZDW 系列直流屏原理框图

5．GZDW 系列直流屏的外形

GZDW 系列直流屏外形如图 2.43 所示。

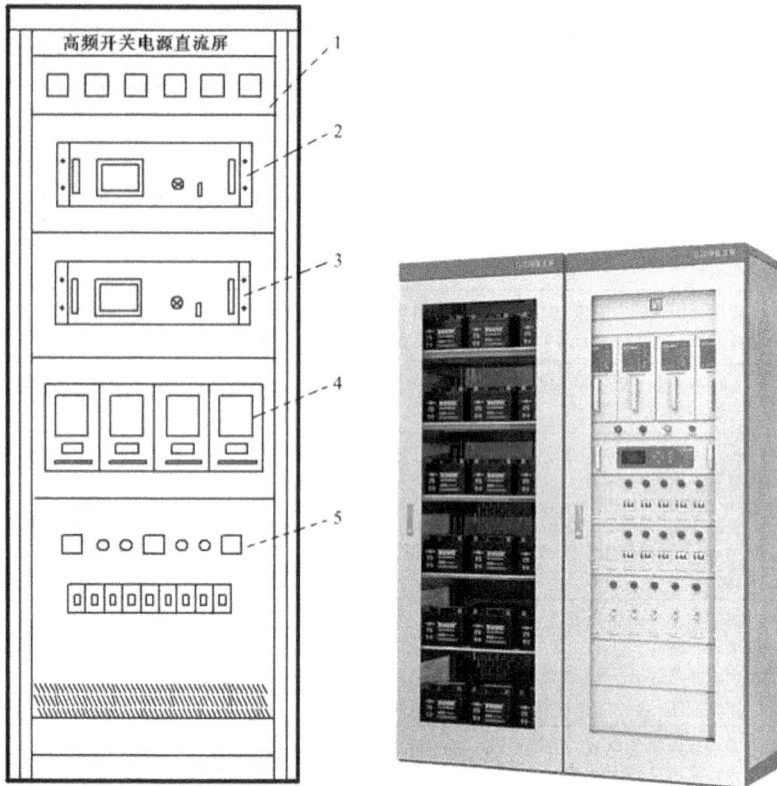

1—模拟显示单元；2—监控模块；3—绝缘监测；4—充电模块；5—输入/输出单元

图 2.43   GZDW 系列直流屏外形图

2.6.4   动力和照明配电箱

动力和照明配电箱通常装设在各车间建筑内。动力配电箱主要用于动力设备配电，也可兼做照明配电箱，而照明配电箱主要用于照明配电。动力和照明配电箱的种类很多，有靠墙式、悬挂式和嵌入式。

2.7   电力变压器

电力变压器是变配电所中最关键的一次设备，又称主变压器。电力变压器按相数分，有单相和三相两种；按其冷却介质分为干式、油浸式两类。油浸式变压器按其冷却方式，又有油浸自冷式、油浸风冷式及强迫油循环风冷或水冷式等。一般工厂变配电所采用的中小型变压器多为油浸自冷式。

2.7.1   油浸式电力变压器的结构

油浸式电力变压器的基本组成为铁芯和绕组，它是利用互感原理来升高或降低电压的，图 2.44 为三相油浸式电力变压器的结构图，其铁芯多采用具有高磁导率的硅钢片叠成，绕组一般采用铜钱或铝线绕制成，它对电气、耐热、机械等性能都有严格要求。油箱与变压器容量有关，小容量采用平板式，中等容量油箱外装有散热管，容量大的采用风冷散热器。

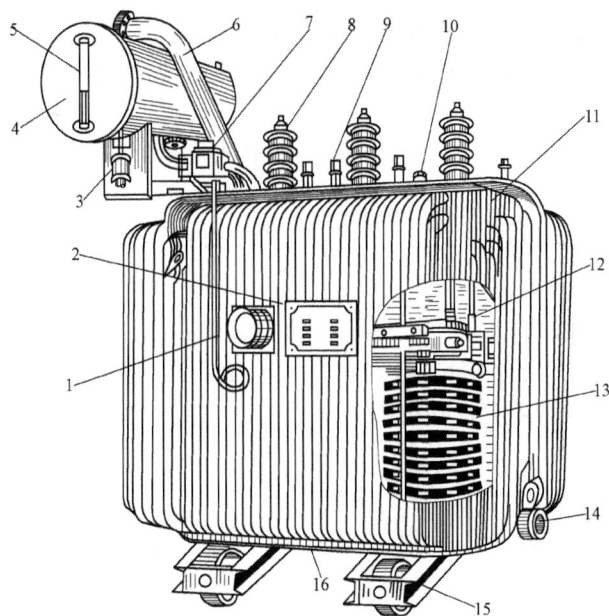

1—信号温度计；2—铭牌；3—吸湿器；4—油枕；5—油标；6—防爆管；7—瓦斯继电器；8—高压套管；9—低压套管；
10—分接开关；11—油箱；12—铁芯；13—绕组及绝缘；14—放油阀；15—小车；16—接地端子

图 2.44　三相油浸式电力变压器

油枕的作用可以大大地减少变压器油与空气的接触面积，从而减少油的氧化和水分的侵入。

气体（瓦斯）继电器的作用是当变压器发生故障或内部绝缘物气化时，使继电器动作，发出故障信号或自动使开关跳闸。

安全气道即防爆管，其管口使用 3～5 mm 厚的玻璃封盖，当继电器失灵时，箱内气体便冲破玻璃封盖，以防止油箱变形或爆炸。

高低压绝缘套管用以保证带电引线与接地的油箱间的绝缘。

2.7.2　干式变压器的结构和特点

与油浸式电力变压器相比，干式变压器以其洁净、环保、阻燃、维护保养方便等优势，在现代变配电系统中日益得到广泛的应用。

1. 空气绝缘干式变压器

SG（B）10 型 H 级绝缘干式变压器（如图 2.45 所示）采用 NOMEX 纸（芳香聚酰胺聚合物）作为绝缘材料。该材料具有优越的化学、机械、电气及物理等性能，机械强度高，耐热性好，介电强度高，且化学性能稳定，具有低介电常数，是理想的绝缘材料。

（1）NOMEX 纸的技术性能。

① 电气性能：NOMEX 纸无论在工频还是冲击下均具有较高的耐压强度，其短时击穿场强为 18～40 kV/mm。

② 耐热温度：NOMEX 纸属于 C 级绝缘材料，在 220℃的温度下，可以保持长期稳定运行；另外，即使温度达到 250℃，它也不会熔融、流动和助燃，其电气性能仍可达到额定值的 95%，其

图 2.45　SG（B）10 型 H 级绝缘干式变压器

至当温度达到 350℃时，它仍可承受短期运行，它的相应过载能力较强。

③ 机械性能：NOMEX 纸具有很高的抗张强度与抗撕裂强度，且具有很高的抗摩擦和抗割穿性能，它在压力作用下的变形很小且柔韧性很好。

④ 防潮性能：NOMEX 纸不吸水，具有很好的防潮性能，即使在相对湿度 95%的状态下，仍可保持 90%的完全干燥时的介质强度。

⑤ 阻燃性能好：NOMEX 纸的限氧指数最高，在 220℃时，其 LOI＞20.8%，因此其阻燃性能要优越于环氧树脂与 PET 薄膜。

⑥ 化学稳定好：NOMEX 纸与各种油、树脂、浸渍漆、氟碳化合物的相容性极好，耐受电离辐射，可以经受酸、碱等的腐蚀，不受大部分化学溶剂的影响，不会受到真菌或霉菌的侵袭，对人和动物不会产生有毒反应。即使在 750℃温度下，它也不会释放有毒或腐蚀性的气体，产生的烟雾浓度很低且无有害气体。

（2）H 级空气绝缘开敞通风式干式变压器（OVDT）技术特点。

① 过载能力强：因其绝缘层较薄，通风散热较好，采用C 级材料（220℃的 NOMEX 纸）作为变压器主绝缘制造产品，利用了 C 级材料（220℃）到 H 级（180℃）之间的绝缘温升，变压器有很强的过负荷能力，一般允许在 120%过负荷的情况下长期连续运行。

② 绝缘耐热等级高：H 级 180℃的绝缘系统，即辅助绝缘材料耐热温度为 180℃，其主要绝缘材料如导线匝绝缘达到 C 级（220℃），能有效防止绝缘材料的热击穿，承受热冲击的性能好。

③ 抗短路能力强：因采用的 NOMEX 纸具有很高的机械强度、耐热性能，故其抗短路能力强。

④ 制造方便、维护简单：产品制造无须浇注设备与模具；产品的设计不受模具尺寸的限制，具有较好的灵活性；绕组的修理、更换方便，易操作，质量轻，安装方便。

⑤ 安全性、可靠性高：具有优良的防潮性能、阻燃性能、热化学稳定性能，使该种变压器在户内，尤其是人口密度较大，通风不良的高层建筑、地下室中得到广泛应用，产品不易老化。

⑥ 环保性能优越，对使用环境不敏感：具备三防能力（防潮、防盐雾、防霉），对灰尘、污秽不敏感。

2．树脂绝缘干式变压器

（1）树脂绝缘干式变压器结构。

① 线圈：高压线圈用铜线绕制，玻璃丝纤维增强，采用进口优质环氧树脂，在真空状态下实现了无气泡浇注。低压线圈按变压器容量大小分别采用铜线、铜箔绕制，端部采用环氧树脂端封。绝缘层热膨胀系数十分接近铜导体，并且具有良好的导热性能，线圈运行时具有优越的抗冲击，抗温度变化和抗裂性能。铜箔两边缘成圆弧形，完全消除了由于边缘毛刺破坏线圈层间绝缘的危险，使线圈匝间的绝缘更可靠。

② 铁芯：铁芯采用优质高导磁、低损耗的冷轧晶粒硅钢片制造，45°全斜接缝，步进叠装结构，空载损耗降低约 20%，励磁电流小。铁芯柱采用高强度绝缘带绑扎，紧实牢固，噪声比国内同类产品低 10～15 dB。

③ 器身：高低压线圈与铁芯组装时，均有弹性胶垫支承（如图 2.46 所示），整体具有减振功能和很好的抗短路冲击性能。

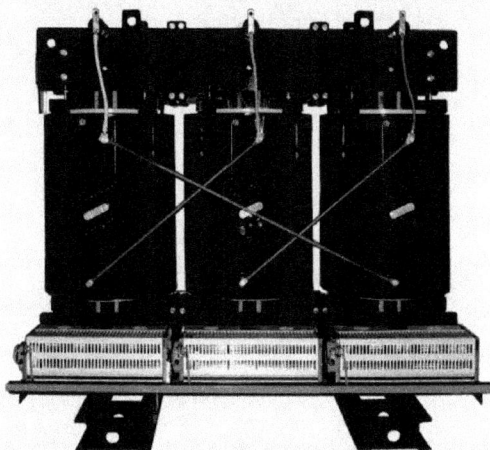

图 2.46　树脂绝缘干式变压器

（2）树脂绝缘干式变压器特点。阻燃对环境有良好的适应性；占地少，安装简单；低噪声；过载能力强；抗短路能力强；过电压时具有很强的绝缘能力；可安装在环境恶劣的场合；强迫风冷时，可使额定容量提高近 50%。

与油浸式变压器相比，干式变压器不具有价格优势，但随着科学技术的发展，绝缘材料质量的提高，成本的下降，大部分油浸式变压器将被干式变压器取代，实现"电器无油化"，使人们工作、生活的环境更洁净。

2.7.3　电力变压器的连接组别

以前的工矿企业广泛使用的 6～10 kV 配电变压器，其连接组别多为 Y，yn0（即 Y/Y$_0$-12），如图 2.47 所示，后来 D，yn11（即△/Y$_0$-11）连接的配电变压器开始得到推广使用，如图 2.48 所示。与 Y，yn0 连接的变压器相比，D，yn11 连接的变压器有以下优点：

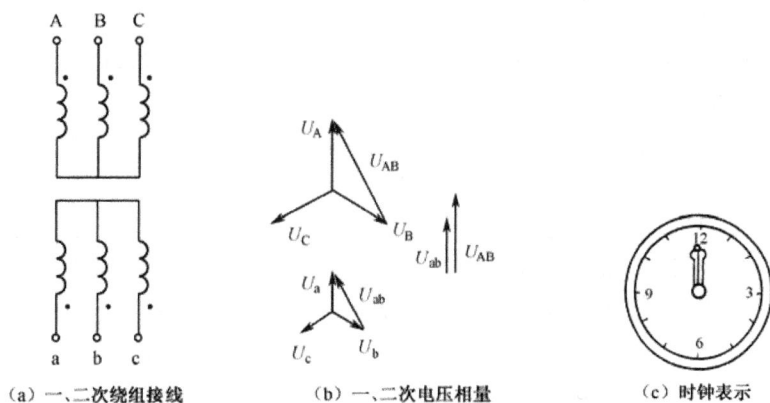

（a）一、二次绕组接线　　　　（b）一、二次电压相量　　　　（c）时钟表示

图 2.47　变压器 Y，yn0 连接组

（1）对 D，yn11 连接的变压器来说，其 $3n$ 次（n 为正整数）谐波励磁电流仅在三角形接线的一次绕组内形成环流，不会注入公共的高压电网中，因而更有利于抑制高次谐波电流。

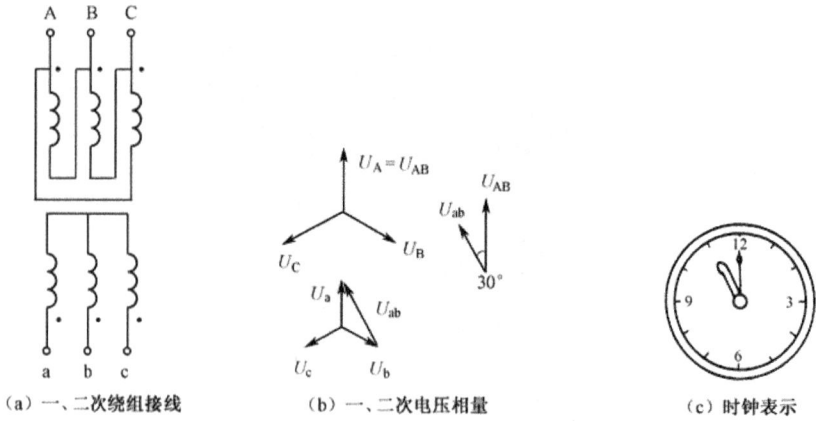

图 2.48　变压器 D，yn11 连接组

（2）D，yn11 连接的变压器的零序阻抗较 Y，yn0 连接的变压器小得多，从而更有利于低压单相接地短路故障的切除。

（3）D，yn11 连接的变压器不平衡负荷能力远大于Y，yn0 连接的变压器。Y，yn0 连接的变压器要求中性线电流不超过二次绕组额定电流的 25%，而 D，yn11 连接的变压器低压侧中性线电流允许达到相电流的75%以上，因此对负荷不平衡的供电系统，应优先选用 D，yn11 连接的变压器。

思考题与习题

1．填空

（1）一次设备按其在电路中的作用又分为＿＿＿＿＿＿、＿＿＿＿＿＿、＿＿＿＿＿＿和＿＿＿＿＿＿四类。

（2）使电弧尽快熄灭，就是要破坏维持＿＿＿燃烧的条件，关键的措施是：降低触头间的＿＿＿和＿＿＿，使已导电的气体恢复其绝缘性。

（3）高压隔离开关断开后有明显的＿＿＿＿，很容易识别，因此能保证电气维修人员在检修时的安全，它没有专门的＿＿＿＿装置，不允许＿＿＿＿操作。

（4）工厂中常用的高压断路器有＿＿＿＿、＿＿＿＿和＿＿＿＿三种。

（5）RL1 型螺旋熔断器，电源进线端必须接在＿＿＿＿接线座上，才能保证更换熔芯时的安全。

（6）万能式低压断路器是依靠自身的＿＿＿＿，来实现各种保护功能。

（7）与油浸式电力变压器相比，干式变压器以其＿＿＿＿、＿＿＿＿、＿＿＿＿和＿＿＿＿等优势，在现代配电系统中日益得到广泛的应用。

2．判断（正确的用√，错误的用×表示）

（1）一次电路的设备中只有高压设备。（　　）

（2）隔离开关不能带负荷操作。（　　）

（3）高压断路器可以依靠自身实现短路、过载等保护功能。（　　）

（4）电流互感器的一次绕组匝数少、截面粗、串接在一次线路中。（　　）

（5）电压互感器的一次绕组匝数少，并接在一次线路中。（　　）

（6）电流互感器工作时，二次绕组不允许短路。　　　　　　　　　　　　（　　）

（7）电压互感器工作时，二次绕组不允许开路。　　　　　　　　　　　　（　　）

（8）10 kV 供配电系统一般不需要直流屏。　　　　　　　　　　　　　　（　　）

（9）尽管干式电力变压器比油浸式电力变压器贵一些，但是它清洁、维护量小，综合效益仍高于油浸式电力变压器。　　　　　　　　　　　　　　　　　　　　　　　　　　（　　）

3．选择（把正确答案的选项符号填到括号中）

（1）拉、合刀开关时，为有效灭弧，应该（　　）。

　　A．稳当、稍慢　　　　　　　　　B．准确、迅速　　　　　　　　C．随意

（2）在 10～35 kV 供配电系统中，高压断路器应首选（　　）。

　　A．真空断路器　　　　　　　　　B．SF_6 断路器　　　　　　　　C．油断路器

（3）在隔离开关和断路器串联的控制电路中，电路上带有额定的电力负荷，断电时应该（　　）。

　　A．先断隔离开关，后断断路器　　B．先断断路器、后断隔离开关　　C．可以随意

（4）在一条载有"谐波源"负荷的电路上，供配电变压器的连接组别应采用（　　）。

　　A．Y/Y_0-12　　　　　　　　　B．$Y/\triangle$-1　　　　　　　　C．$\triangle/Y_0$-11

4．问答

（1）开关电器中有哪些常用的灭弧方法？

（2）智能型低压断路器与热磁式低压断路器相比，有哪些先进的地方？

（3）电流互感器有哪些功能？常用接线方案有哪几种？为什么电流互感器的二次侧在运行时不可开路？

（4）电压互感器有哪些功能？常用接线方案有哪几种？为什么其二次侧必须可靠接地？

（5）高压开关柜有哪两大类型？一般常用的固定式开关柜是什么型号？什么是"五防"？

（6）低压配电屏有哪两大类型？一般推广应用的低压配电屏是什么型号？

（7）H 级空气绝缘开敞通风干式变压器（OVDT）有哪些技术特点？

（8）6～10/0.4 kV 的电力变压器有哪两种连接组别？哪些场合适宜应用 D，yn11 连接的电力变压器？

第3章 工厂供配电系统的接线和结构

【课程内容及要求】

内容：（1）讲述工厂变配电所的主接线方案及一些典型的主电路；

（2）介绍国家电力设备安全规程所要求的工厂变配电所的结构及总体布置方案；

（3）介绍高、低压线路的接线方式及架空线路和电缆的敷设。

要求：（1）熟悉工厂变配电所一些典型的主接线方案；

（2）了解规范化的工厂变配电所的结构及布置方案；

（3）了解电力线路敷设的方式和要求。

3.1 工厂变配电所的主接线方案

3.1.1 简述

用规定的符号和文字表示电气设备的元件及其相互之间连接顺序的图叫接线图，也可称为电路图。通常以单线图的形式表示（即用一根线表示三相对称电路），个别情况下，如三相电路不对称时，则用三线图表示。

工厂变配电系统的接线图按其在变配电所中的作用可分为一次接线图和二次接线图。一次接线图又称主电路图、主接线图、一次系统图，表示电能接受和分配路线（即电从哪里来，配到哪里去）的系统图。用来表示控制、指示、测量和保护一次电路及其设备运行的电路图，叫二次接线图，又称二次电路图、二次回路图、二次系统图。二次电路通常是通过电压互感器和电流互感器与主电路相联系的。

一次接线是变配电所电气部分的主体，对系统运行、变配电所的结构、电气设备选择及布置、电能质量等起决定性作用，因此对工厂变配电所有下列基本要求：

（1）安全性。符合有关技术规范的要求，能充分保证人身和设备的安全。

（2）可靠性。满足电力负荷特别是一、二级负荷对供电可靠性的要求。

（3）灵活性。能适应供电系统所需要的各种运行方式，便于切换和维修，且为负荷的发展留有余地。

（4）经济性。在满足安全、可靠、灵活的前提下，力求使主接线简单、投资少、运行费用低、减少有色金属的消耗量。

3.1.2 主接线方案的设计原则

变配电所主接线是由变压器、母线、隔离开关、断路器和电抗器等电气设备及其线路连接而成的。主接线应按不同等级的负荷对供电可靠性的要求、允许停电时间及用电单位规模、性质和负荷大小，并结合地区供电条件综合选定。

1. 工厂 35～110 kV/6～10 kV 主接线的特点

（1）根据负荷等级，电源进线一般为 1～2 回路，特殊的大型重要工业企业还设有自备热力发电厂。

（2）主变压器台数一般不超过两台。

（3）6～10 kV 侧母线采用单母线分段连接，分段母线的段数一般和电源数目相等，这有利于提高供电的灵活性和可靠性。1 回路电源则采用单母线不分段连接，为使电路简单，一般不采用双母线制。

2. 变配电所主要电气设备图形符号

电气主接线图应按国家标准的图形和文字符号绘制，为了阅读方便，常在图上标明主要电气设备的型号和技术参数。表 3.1 为工厂变配电所主要电气设备的图形符号，该表所采用的是和国际电工协会（IEC）标准接轨的国家新标准。

表 3.1　变配电所主要电气设备图形符号

电气设备名称	文字符号	图形符号	电气设备名称	文字符号	图形符号
隔离开关	QS		三根导线		
断路器	QF		电缆		
负荷开关	QL		电抗器	X	
刀开关	QK		电容器	C	
熔断器	FU		发电机	G	
跌落式熔断器	QDF	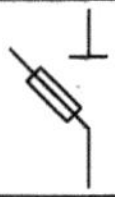	电动机	M	
避雷器	F		变压器	T	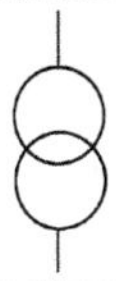
母线	W（WB）		电压互感器	TV	
导线、线路	WL		电流互感器	TA	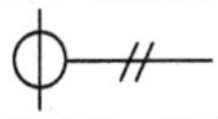

3.1.3　工厂变配电所常用的主接线方案

（一）工厂总降压变电所的主接线

对于电源进线电压为 35～110 kV 的大中型工厂，电压通常是先经工厂总降压变电所降为

$6\sim10\,kV$ 的高压配电电压，然后经车间变电所降为一般低压用电设备所需的220/380 V 电压。

电气主接线的基本形式有单母线接线、双母线接线、桥式接线三种。下面介绍工厂总降压变电所常用的几种主接线方案。

1. 单母线接线

（1）单母线不分段主接线。图 3.1 为单母线不分段主接线，此种接线方式适合有一路电源进线和一台主变压器的变电所。隔离开关（QS）按其作用分为两种：靠近电源侧的称为电源隔离开关（如 QS_1、QS_2、QS_4），用来隔离电源；靠近负荷侧的称为线路隔离开关（如 QS_3、QS_5），用来防止在检修断路器时从负荷侧反向送电或防止雷电过电压沿线路入侵，以保证检修人员的安全。$6\sim10\,kV$ 的引出线路的有关设计规范规定，对于有电压反馈可能的出线回路，应装设线路隔离开关。断路器（QF）的作用是用来切断负荷电流和故障（如短路）电流。

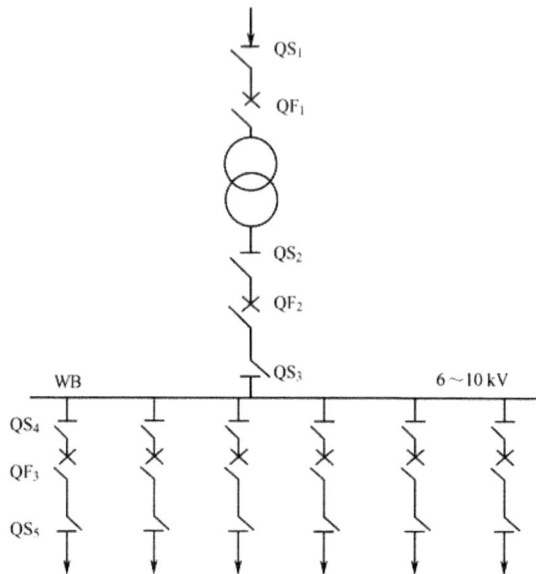

图 3.1 单母线不分段主接线

单母线不分段主接线的优点是电路简单，使用设备少，配电装置的建造费用低，缺点是可靠性和灵活性较差。当母线和隔离开关发生故障或检修时，必须断开所有回路的电源，造成全部用户停电，这种接线方式只适用于容量小且对供电可靠性要求不高的三级负荷的工厂。

（2）单母线分段主接线。图 3.2 为单母线分段主接线，这种接线方式提高了供电的可靠性和灵活性，不仅便于分段检修母线，而且可以减小母线故障影响范围，这种接线在实际中应用最多。单母线分段是根据电源的数目、功率大小和电网的接线情况来确定的。通常一段母线接一个电源，引出线分别接到各段上，使各段母线上的负荷和电源功率相平衡，尽量减少各段母线之间的功率变换。

母线与母线之间用联络开关连接。当供电可靠性要求不高时，可用隔离开关（QS_{01}）连接，母线检修时可分段进行，当母线发生故障时，经过倒闸操作可切除故障段，保证另一段继续运行。当可靠性要求较高时，用分段断路器（QF_{01}）连接。分段断路器除具有分段隔离开关的作用外，一般还装有继电保护，能切断负荷电流或故障电流，还能自动分、合闸。也可以用高压开关柜作为母线。母线检修时不会引起正常母线段的停电，可直接操作分段断路器 QF_{01}，拉开隔离开关 QS_{01}、QS_{02} 进行检修，其余各段母线继续运行。在母线出故障时，QF_{01} 的继电保护动作，自动切除故障段母线，提高了供电的可靠性。

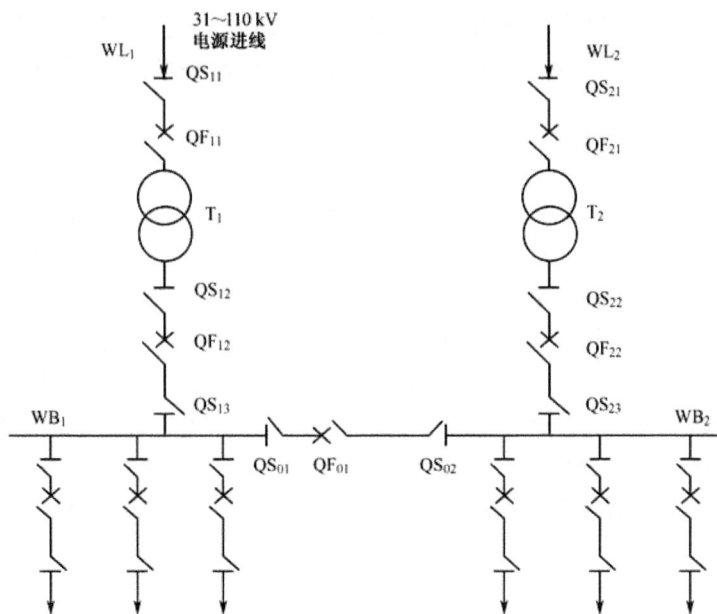

图 3.2　单母线分段主接线

2．双母线接线

当工厂负荷大而且重要，进出线回路多时，如地方变电所、大型工厂变电所要求总降压变电所的供电可靠性和运行灵活性都比较高时，可考虑采用双母线制。图3.3为双母线接线，WB_1为工作母线，WB_2为备用母线。与母线 WB_1 相连的所有隔离开关均处于闭合状态，与母线 WB_2相连的所有隔离开关均处于断开状态。通常情况下，两组母线之间装有母线切换断路器 QF_{01}，它是断开的，其两侧的隔离开关 QS_{01}、QS_{02} 是闭合的。

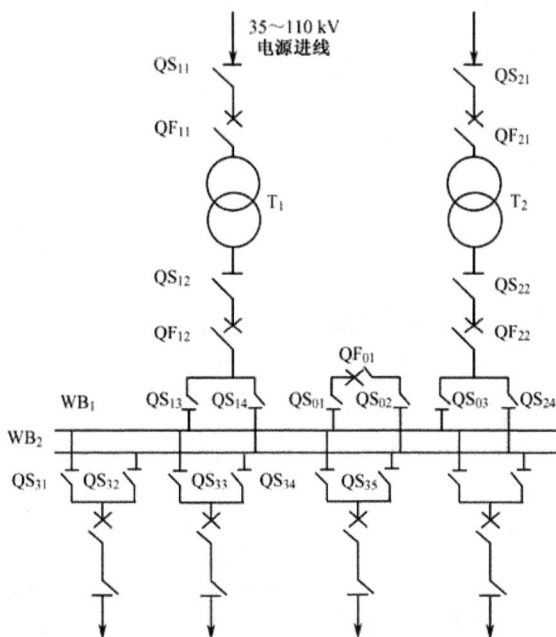

图 3.3　双母线接线

双母线供电的优点是提高了供电的可靠性和灵活性，缺点是增加了工程造价，使接线变得复杂，维护量增大。它主要用于电力系统的枢纽变电站，在工厂变电所中用得较少。

3. 桥式接线

对于具有两条电源进线、两台变压器的工厂总降压变电所可采用桥式接线，其特点是在两条电源进线之间有一条横跨的"桥"。根据"桥"的位置不同，分为以下三种情况：

（1）内桥。如图 3.4 所示，由 QS_{01}、QF_{01}、QS_{02} 构成的"桥"靠近变压器，在线路断路器 QF_{11}、QF_{21} 的内侧。采用内桥接线可提高变电所供电和线路运行的灵活性。例如，当线路 WL_1 检修时，断路器 QF_{11} 断开，变压器 T_1 可由线路 WL_2 经断路器 QF_{21} 和桥接断路器 QF_{01} 继续供电，不致使线路停电。同理，通过"桥"也可将 WL_1 线路上的电供到 T_2 上，保证了供电的可靠性。将 QF_{01} 断开，WL_1、WL_2 两条线路可分别运行，保证了供电的灵活性。内桥接线多用于电源线路较长，发生故障和停电检修的机会较多，并且变压器不需要经常切换的总降压变电所。

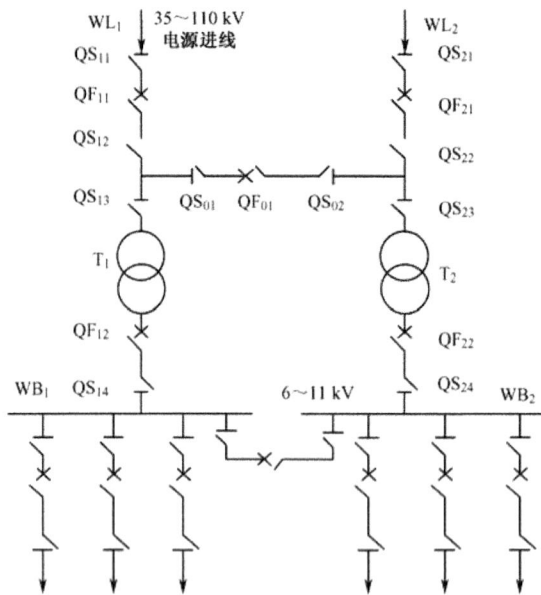

图 3.4　内桥式接线

（2）外桥。如图 3.5 所示，由 QS_{01}、QF_{01}、QS_{02} 构成的"桥"位于线路断路器 QF_{11}、QF_{21} 之间靠近线路侧，进线回路只装设隔离开关 QS_{11}、QS_{21}，不装设断路器。这种接线方式适用于电源线路较短而变电所负荷变动较大、变压器需要经常切换的总降压变电所。例如，当 T_1 发生故障或停电检修时，先断开 QF_{11}，投入 QF_{01}（其两侧 QS_{01}、QS_{02} 先闭合），再合上 QS_{22}、QF_{21}，则将电源 WL_1 切换到 T_2 上。

（3）全桥。如图 3.6 所示，线路侧和变压器侧分别装设断路器（如 QF_{11}、QF_{12}），"桥"横跨在 QF_{11}、QF_{12} 与 QF_{21}、QF_{22} 之间。全桥接线综合了内、外桥的优点，适用于电源进线线路较长且需经常检修，变压器经常切换的一、二级负荷的变电所，其缺点是投资增加，占地面积增大。

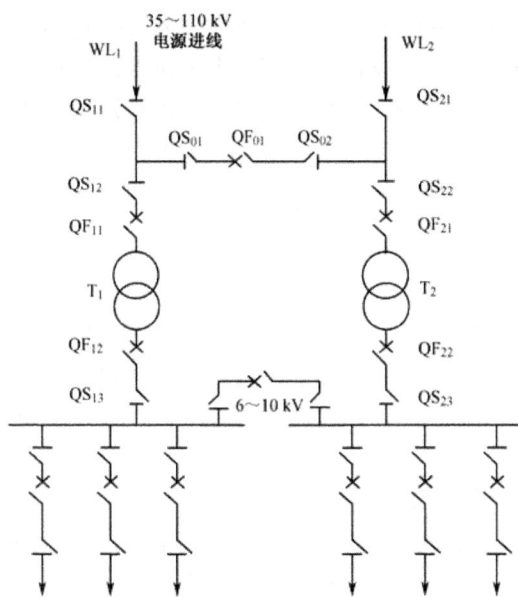

图 3.5　外桥式接线

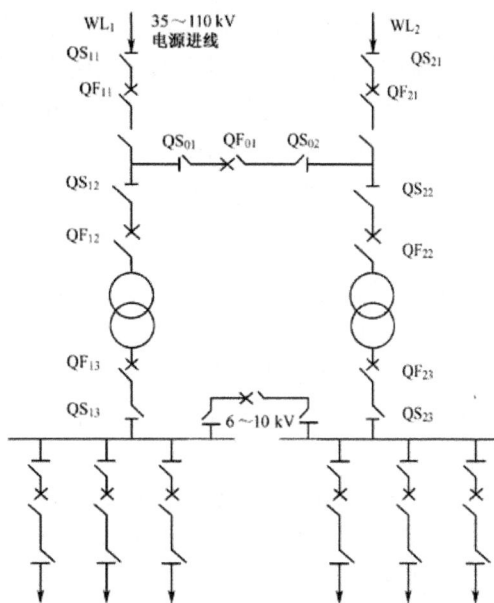

图 3.6　全桥式接线

（二）车间（或小型工厂）变电所的主接线

车间变电所及小型工厂变电所是供电系统中将高压（6～10 kV）降为一般用电设备所需低压（220/380 V）的终端变电所。它们的主接线比较简单，分为两种情况。

1. 有工厂总降压变电所或高压配电所的车间变电所

这种车间变电所，其高压侧的开关电器、保护装置和测量仪表等一般都安装在配电线路的首端，即总变配电所的高压配电室内。车间变电所内只设变压器室（室外为变压器台）和低压配电室，其高压侧多数只装简单的隔离开关、熔断器（室外为跌开式熔断器）、避雷器等，电源进线线路较短，可不装开关，如图 3.7 所示。

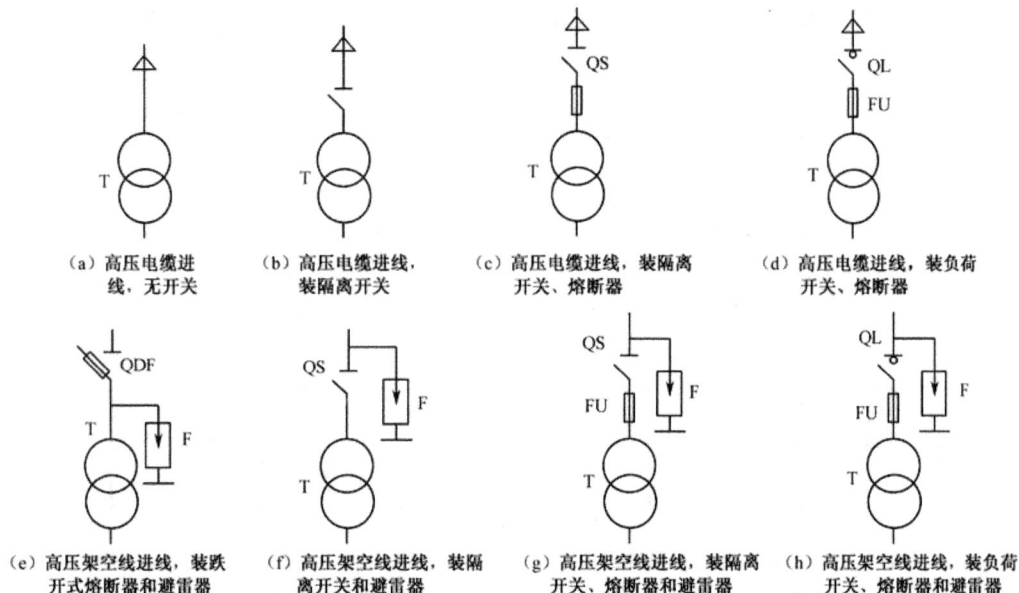

（a）高压电缆进线，无开关　　　（b）高压电缆进线，装隔离开关　　　（c）高压电缆进线，装隔离开关、熔断器　　　（d）高压电缆进线，装负荷开关、熔断器

（e）高压架空线进线，装跌开式熔断器和避雷器　　　（f）高压架空线进线，装隔离开关和避雷器　　　（g）高压架空线进线，装隔离开关、熔断器和避雷器　　　（h）高压架空线进线，装负荷开关、熔断器和避雷器

图 3.7　车间变电所高压侧主接线方案（示例）

从图 3.7 中可以看出，凡是高压架空线进线，无论变电所是户内式还是户外式，均需装设避雷器以防雷电波沿架空线侵入变电所击穿变压器及其他主设备。而高压电缆进线时，避雷器是装设在电缆的首端（总降压变电所的 6～10 kV 二次母线侧），且避雷器的接地端连同电缆的铅（铝）包一起接地，因而变压器进线侧不再装设避雷器。当变压器高压侧为架空线加一段引入电缆的进线方式时，变压器高压侧仍应装设避雷器。

2．工厂内无总变配电所的车间变电所

工厂内无总变配电所的车间变电所往往就是工厂的降压变电所，其高压侧的开关电器、保护装置、测量仪表等都必须配备齐全，因此要建高压配电室，设置高压开关柜。在变压器容量较小、供电可靠性要求不高的情况下，也可以不设高压配电室，其高压熔断器、隔离开关、负荷开关或跌开式熔断器等就装设在变压器室（室外为变压器台）的墙上或杆上，而在低压侧计量电能。

下面介绍车间（或小型工厂）变电所几种较常见的主接线方案。

（1）装有一台主变压器的小型变电所主接线。只有一台主变压器的小型变电所，高压侧一般采用无母线的接线方式，根据其高压侧采用的开关电器不同，有以下三种比较典型的主接线方案。

① 高压侧采用隔离开关、熔断器或户外跌开式熔断器的变电所主接线，如图 3.8 所示。这种主接线受隔离开关或跌开式熔断器切断变压器空载电流的限制，一般只用于 500 kVA 及以下容量的变电所中。这种方案简单经济，但供电可靠性不高，当主变压器或高压侧停电检修或发生故障时，整个变电所都要停电。由于隔离开关和跌开式熔断器不能带负荷操作，因此在进行高压停送电前，必须先断开所有低压负荷，稍有不慎，还容易发生带负荷拉闸的严重事故。对于三级负荷的小容量变电所，这种主接线是相当适宜的。

② 高压侧采用负荷开关、熔断器的变电所主接线，如图 3.9 所示。由于负荷开关能带负荷操作，从而使变电所停送电操作比图 3.8 的方案要简便灵活得多，也不存在带负荷拉闸的危险。电路过负荷时，负荷开关中的热脱扣器动作，使开关跳闸；电路发生短路故障时，高压熔断器熔断，但更换熔体需要一定时间，因而排除短路故障后恢复供电的时间较长。这种主接线也比较简单经济，虽然能带负荷操作，但供电可靠性仍然不高，一般也只用于三级负荷的变电所。

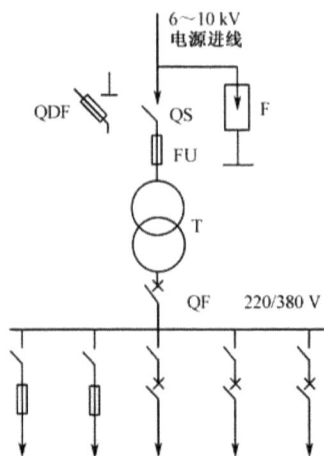

图 3.8　高压侧采用隔离开关、熔断器或户外
　　　　跌开式熔断器的变电所主接线

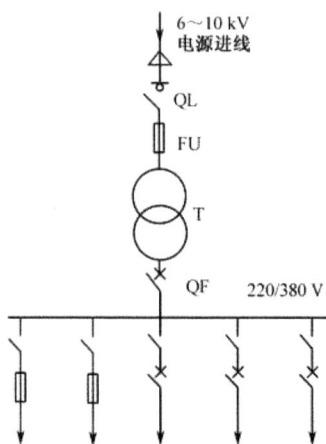

图 3.9　高压侧采用负荷开关、熔断
　　　　器的变电所主接线

③ 高压侧采用隔离开关、断路器的变电所主接线，如图 3.10 所示。这种主接线采用了高压断路器，因此停送电操作十分灵活方便，同时高压断路器都装有继电保护装置，在变电所发生短路和过载故障时均能自动跳闸，而且在故障消除后可以直接迅速合闸，从而使恢复供电的时间大大缩短。这种接线方式较之前两种方案，灵活性、可靠性都有所提高，但由于变电所只有一路电源进线，因此也只用于三级负荷。

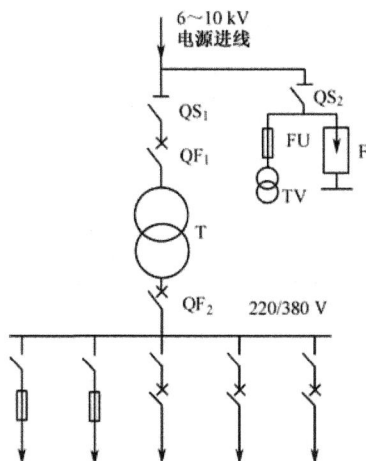

图 3.10　高压侧采用隔离开关、断路器的变电所主接线

（2）装有两台主变压器的小型变电所主接线。根据电源数目、负荷等级和用电量大小的不同，有以下三种比较典型的主接线方案。

① 高压侧无母线，低压侧单母线分段的变电所主接线，如图 3.11 所示。这种主接线的供电可靠性较高。当任一台主变压器或任一路电源线路停电检修或发生故障时，该变电所通过闭合低压母线分段开关（QK_{01}、QF_{01}、QK_{02}），即可迅速恢复对整个变电所的供电。如果两台主变压器低压侧主开关（采用电磁或电动合闸操作的万能式低压断路器），都装设互为备用的备用电源自动投入装置（APD），则任一个主变压器低压主开关因电源断电（失压）而跳闸时，另一个主变压器低压侧的主开关和低压母线开关将在APD的作用下自动合闸，恢复整个变电所的正常供电。这种主接线可用于一、二级负荷。

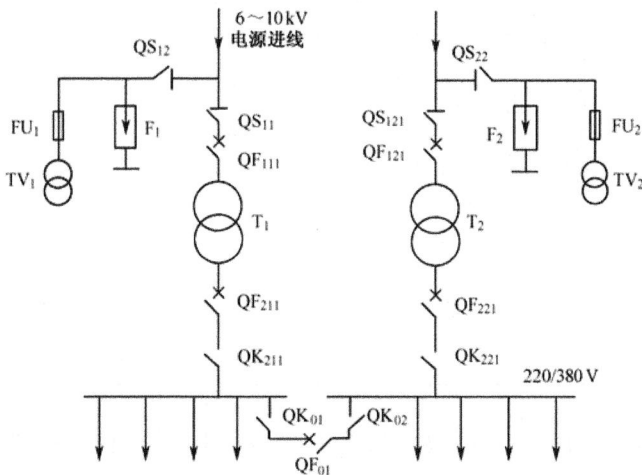

图 3.11　高压侧无母线，低压侧单母线分段的变电所主接线

② 高压侧采用单母线，低压侧单母线分段的变电所主接线，如图 3.12 所示。这种主接线适用于装有两台以上主变压器或多路高压出线的变电所，供电可靠性较高。任一台主变压器检修或发生故障时，通过切换操作，能很快恢复整个变电所的供电。如果电源进线检修或发生故障，则整个变电所都要停电，解决这一问题的办法是通过联络线从邻近变电所引一回路电至高压母线，即可大大提高供电可靠性。

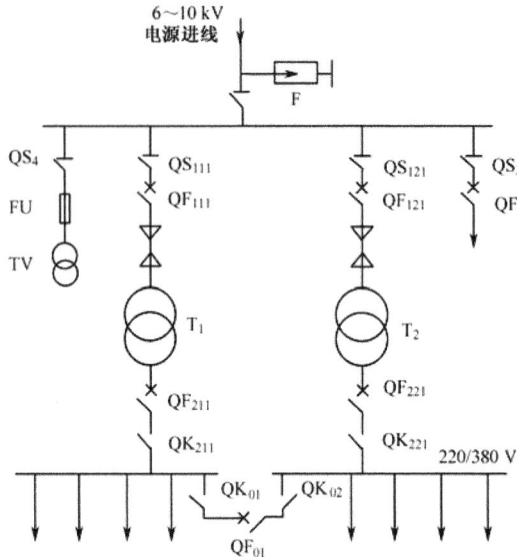

图 3.12　高压侧采用单母线，低压侧单母线分段的变电所主接线

③ 高、低压侧均为单母线分段的变电所主接线，如图 3.13 所示。这种变电所的两段高低压母线可并列运行，也可分列运行。一台主变压器或一路电源进线发生故障或停电检修时，通过操作互联开关，可迅速恢复整个变电所的供电，因此供电可靠性很高，可用于一、二级负荷。

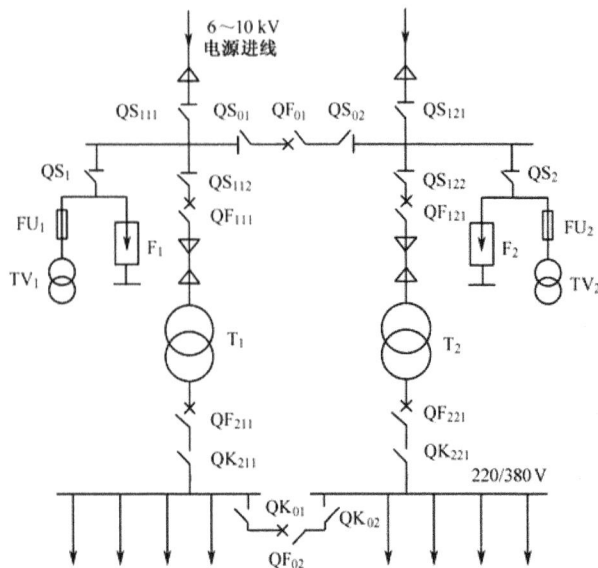

图 3.13　高、低压侧均为单母线分段的变电所主接线

3.1.4　变电所典型主接线举例

图3.14 是某中型工厂供电系统中高压配电所及其附设 2 号车间变电所的系统主接线，具有一定的代表性。下面按进线和出线顺序做简要分析，也是将前面所学的知识做一次整合。

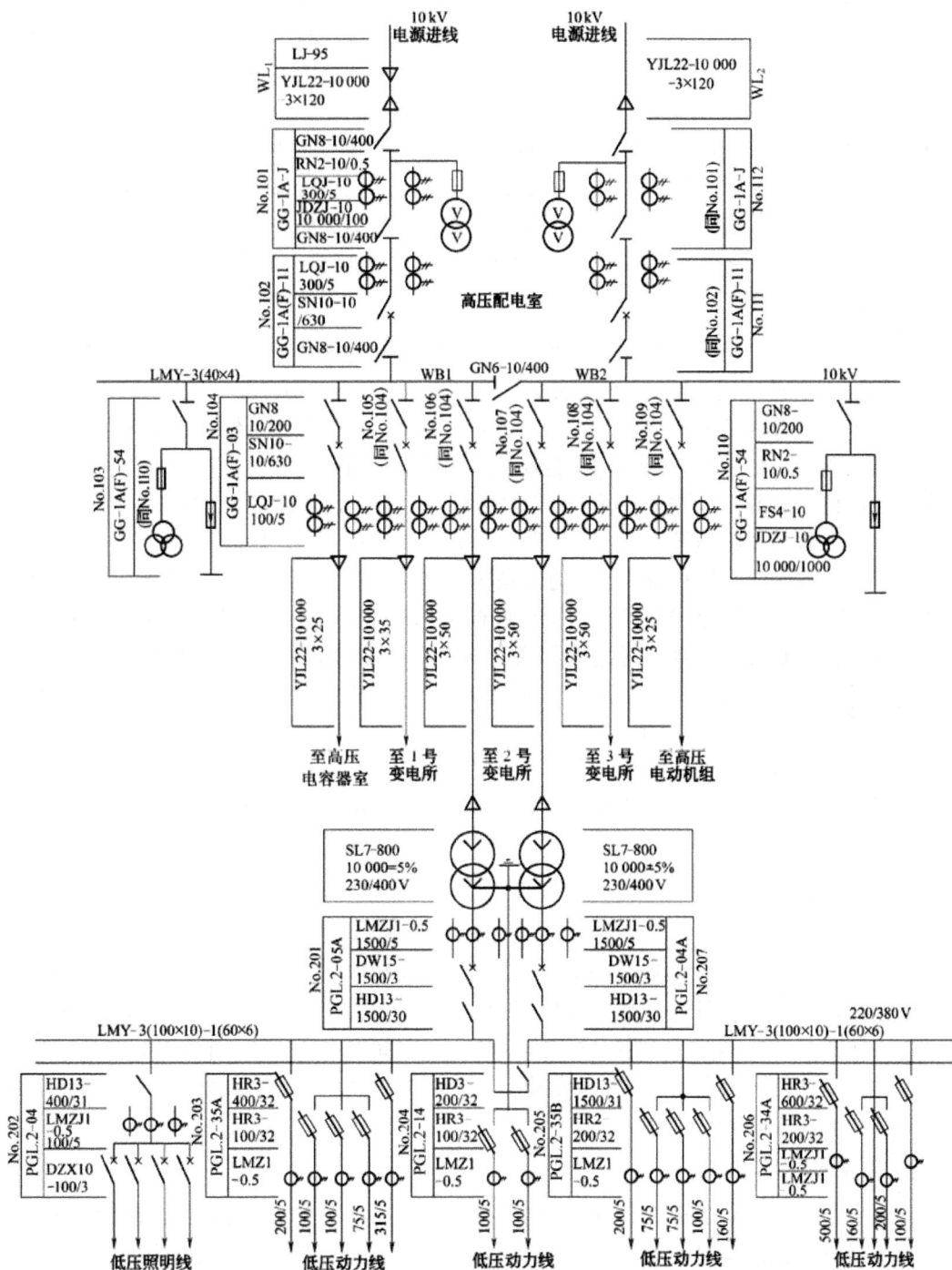

图 3.14　高压配电所及其附设 2 号车间变电所的系统主接线

1. 电源进线

该高压配电所有两路 10 kV 电源进线，一路是架空线 WL_1，根据规定装设了避雷器；另一路是电缆进线 WL_2。最常见的进线方案是一路电源来自电网或发电厂，作为正常电源；另一路电源则来自邻近单位的高压联络线，作为备用电源。

根据电力设计规范的有关规定，在电源进线处各装设一台 GG-1A-J 型高压电能计量柜（No.101 和 No.112），柜内所装的电压互感器 TV 和电流互感器 TA，其一次侧接在主电路上，二次侧接在柜中的电度表上，电度表上的用电数字乘以电压和电流互感器的倍数，即为高压用户的实际用电量。

作为电源进线的主控制柜（No.102 和 No.111），因与计量柜相连，因此采用 GG-1A（F）-11 型。该开关采用上、下两组刀闸，上一组是隔离电源，下一组是隔离负荷，防止在检修开关柜时从负荷侧反向馈电而造成人身伤害。进线采用高压断路器（如少油、真空）控制，所以切换操作灵活方便。开关柜还配有继电保护和断路器自动动作装置，使供电的可靠性大大提高。

2. 母线

母线又叫汇流排，是配电装置中用来汇集和分配电能的导体，材料大多为铝或铜，做成扁平的矩形截面（少量是圆截面），在其表面涂有黄（A）、绿（B）、红（C）三种颜色的油漆。

高压配电所的母线通常采用单母线制。如果是两路以上的电源进线时，则采用单母线分段制。这里高低压母线均采用单母线分段连接，高压母线采用隔离开关分段，分段隔离开关单独安装在墙上，也可采用专门的分段柜（也称联络柜，如 GG-1A（F）-119 型）。

图3.14 通常采用一路电源工作，另一路电源备用的运行方式，因此母线分段开关通常是闭合的。当工作电源进线发生故障或检修时，按操作程序进行倒闸，投入备用电源即可使整个高压配电所恢复供电。如果进线断路器的操动机构是电磁式（CD）或弹簧式（CT）的，可采用备用电源自动投入装置（APD），使电源切换时间缩短，供电可靠性进一步提高。为了测量、监视、保护和控制一次电路设备的需要，每段母线上都接有电压互感器（TV），进线、出线上均串接有电流互感器（TA）。图 3.14 中的高压电流互感器均有两个二次绕组，其中一个接电流表或电度表，另一个接继电保护装置，进行过流保护。为防止雷电波侵入高压配电所时击毁其中的电气设备，各段母线上都装设了阀型避雷器。避雷器和电压互感器装在同一个高压柜中，并共用一组高压隔离开关。

3. 高压配电出线

高压配电所共有六路高压配电出线。第一路由左段母线 WB_1 经隔离开关、断路器，给进行高压集中无功补偿的电容器组供电；第二路由左段母线 WB_1 经隔离开关、断路器，给 1 号车间变电所供电；第三路、第四路分别由两段母线经隔离开关、断路器，给 2 号车间变电所供电；第五路由右段母线 WB_2 经隔离开关、断路器，给 3 号车间变电所供电；第六路由右段母线 WB_2 经隔离开关、断路器，给高压电动机组供电。由于配电出线侧装设了隔离开关，因此可以保证断路器和出线的检修安全。

4. 2 号车间变电所

该变电所是将 10 kV 降至 220/380 V 的终端变电所。由于有高压配电所，因此该车间的高压侧的开关电器、保护装置、测量仪表等安装在高压配出线的首端，即装在高压配电所的高压开关柜内。车间变电所采用两路进线、两台主变压器，说明一、二级负荷较多。220/380 V 低压母线采用单母线分段连接。两台变压器的出线用 PGL2 型低压配电屏（No.201 和 No.207）作为总控，两段母线上分别接有五台 PGL2 型低压配电柜，分别给动力和照明配电，No.204 还起联络柜的作用。从图 3.14 中可以看出，照明线路采用刀开关、断路器（常用空气断路器）控制，低压动力线路采用刀熔开关控制，低压配出线上电流互感器的二次绕组均为一个绕组，供测量和继电保护使用。

*3.2　工厂变配电所的结构与安全要求

变配电所的主要任务是将系统输送的电能进行数值变换并分配，且连续可靠地向所有用电设备供电，为此必须保证变配电所的安全运行。

3.2.1　变配电所的总体布置

1. 变配电所总体布置要求

为了操作和检修的方便、安全，变配电所的总体布置应满足以下要求。

（1）各部位尺寸应满足安全净距的要求。

（2）室内电气设备裸带电体最低部位距地面小于 2.3 m 时，应装设固定遮栏，室外配电装置的周围宜围上高度不低于1.7 m 的围栏，并挂上"止步，高压危险！"的标志牌。围栏的门应上锁，以防外人任意进入。

（3）便于运行维护和检修。主变压器室应靠近道路侧，便于变压器的运输和安装。有人值班的变电所应单独设置值班室，值班室应尽量靠近高低压配电室，且有门直通。当值班室靠近高压配电室有困难时，值班室可经走廊与配电室相通。

（4）保证运行安全。变电所各室的大门都应朝外开，以利于紧急情况时，人员外出和处理事故。变压器室的大门应避免朝向露天仓库。炎热地区为防西晒，应避免朝西开门。值班室内不得有高压设备。所有带电部分离墙和离地的尺寸及各室维护操作通道的宽度，均应符合有关规程要求，以确保运行安全。

（5）便于进出线。如果是架空线，则高压配电室宜位于进线侧；变压器低压出线一般采用矩形硬铝裸母线，因此变压器室的位置（变压器安装位置）宜靠近低压配电室。

（6）注意节约用地和建筑费用。变电所有低压配电室时，值班室可与低压配电室合并。高压开关柜的数量不多于 6 台时，可与低压配电屏设置在同一房间内，但高压柜与低压柜之间的距离不得小于 2 m。高压电力电容器组应装设在单独的高压电容器室内，该室一般与高压配电室相邻，如果高压电容器柜数量较少时，可装设在高压配电室内，而低压电力电容器柜则装设在低压配电室内。在周围环境正常条件下（没有易燃、易爆气体，以及易腐蚀的化学物品和气体），可采用露天或半露天变电所。

（7）留有发展余地。变压器室应考虑到更换大一级容量变压器的可能，高低压配电室要有备用开关柜的位置，在不妨碍工厂发展规划的前提下，给变电所扩建留有余地。

2. 变配电所总体布置方案

变配电所总体布置方案要因地制宜，合理设计。要做几个预案，经过经济和技术的比较论证，确定最后方案。

图 3.15 是如图 3.14 所示高压配电所及其附设 2 号车间变电所的平面图和剖面图。该变电所由高压配电室、低压配电室、值班室、高压电容器室组成。高压配电室中的开关柜为双面布置，按规定通道宽度不得小于 2 m，为操作维护安全方便，这里设计宽度为 2.5 m。变压器室的尺寸，

按所装设的变压器容量增大一级来考虑，以适应负荷增大后变电所更换大一级容量变压器的要求。高低压配电室都留有一定的余地，为将来增设高低压开关柜用。

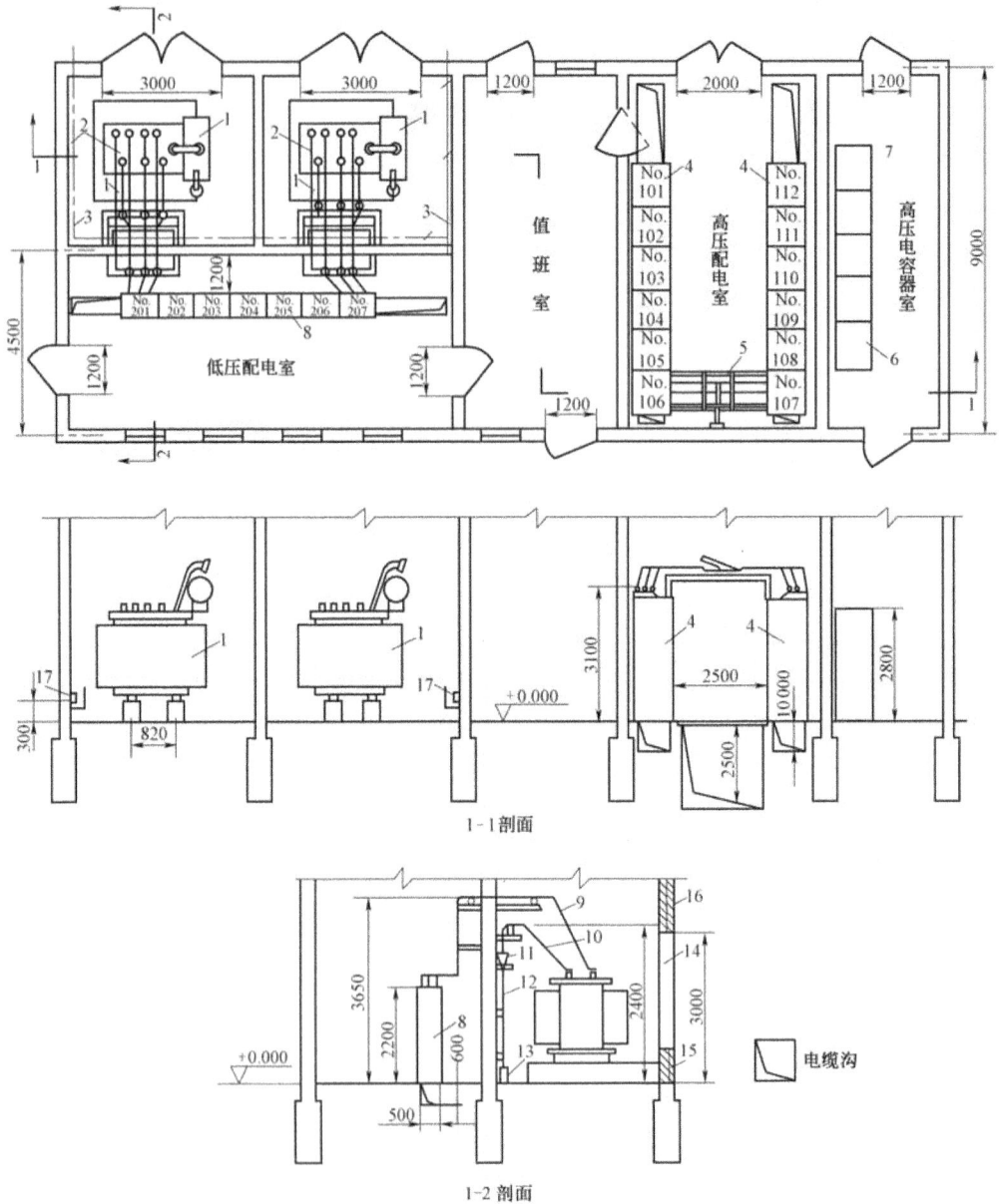

1—SL7-800/10 型变压器；2—PEN 线；3—接地线；4—GG-1A（F）型高压开关柜；5—GN6 型高压隔离开关；
6—GR-1 型高压电容器柜；7—GR-1 型高压电容的放电互感器柜；8—PGL2 型低压配电柜；9—低压母线及支架；
10—高压母线及支架；11—电缆头；12—电缆；13—电缆保护管；14—大门；15—进风口（百叶窗）；
16—出风口（百叶窗）；17—接地线及其固定钩

图 3.15　图 3.14 高压配电所及其附设 2 号车间变电所的平面图和剖面图

由图 3.15 可以看出：值班室紧靠高低压配电室，而且有门直通，便于运行维护；高低压配电室和变压器的进出线都比较方便，各室的大门都朝外开，墙上都开了进风口和出风口，便于散热；高压电容器室和高压配电室分开，只一墙之隔，既安全又方便配线；各室均留有一定的余地，以适应以后发展的需求。

图 3.16 是工厂高压配电所与附设车间变电所合建的另外几种平面布置方案。在实际中采取什么方案，要综合考虑负荷大小、性质及其重要性，变电所地理位置和环境，工程造价等因素。

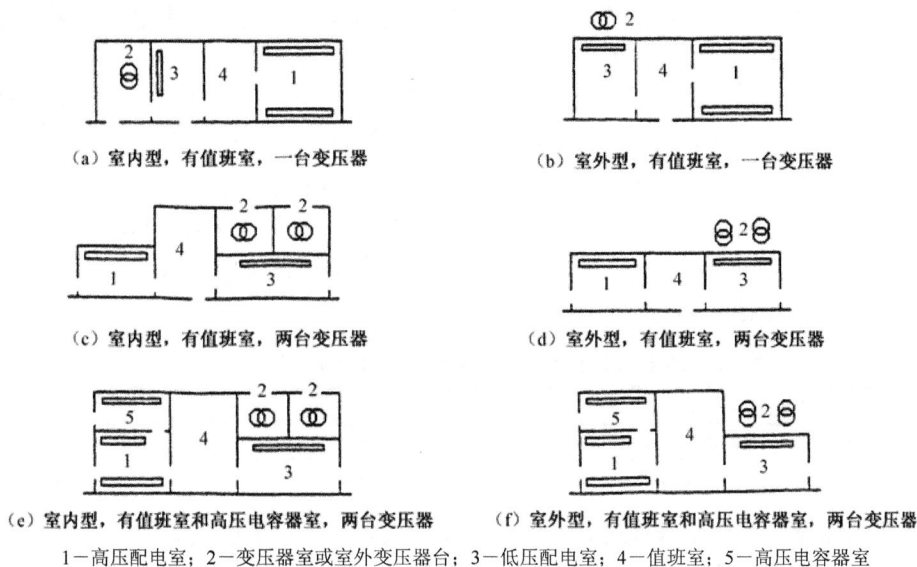

（a）室内型，有值班室，一台变压器　　　　　（b）室外型，有值班室，一台变压器

（c）室内型，有值班室，两台变压器　　　　　（d）室外型，有值班室，两台变压器

（e）室内型，有值班室和高压电容器室，两台变压器　　（f）室外型，有值班室和高压电容器室，两台变压器

1—高压配电室；2—变压器室或室外变压器台；3—低压配电室；4—值班室；5—高压电容器室

图 3.16　工厂高压配电所与附设车间变电所合建的另外几种平面布置方案

对于不设高压配电所和总降压变电所的工厂（或车间）变电所，其布置方案也与如图 3.15 和图 3.16 所示的方案基本相同，只是高压开关柜的数量较少，高压配电室相应小一些。如果不设高压配电室和高压电容器室，则不建高压配电室。

对于既无高压配电室又无值班室的车间变电所，其平面布置方案更简单，如图3.17 所示。其高压进线开关（如刀闸、负荷开关）和保护（如熔断器、避雷器）电器装在墙上或电线杆上。

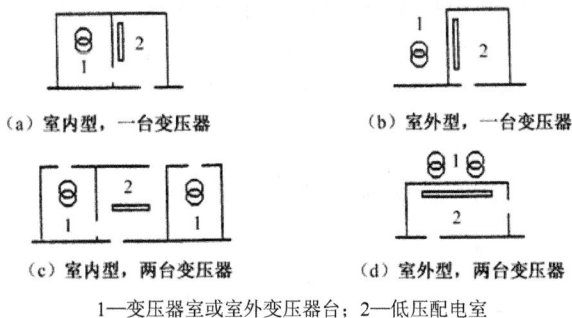

（a）室内型，一台变压器　　　　　　　　（b）室外型，一台变压器

（c）室内型，两台变压器　　　　　　　　（d）室外型，两台变压器

1—变压器室或室外变压器台；2—低压配电室

图 3.17　无高压配电室和值班室的车间变电所平面布置方案

需要指出的是，图 3.16 和图 3.17 只是参考方案，绝非不可改变。例如，图 3.17（c）也可只建一个变压器室，放两台变压器。

3.2.2　变配电所的结构

（一）变压器室和室外变压器台的结构

变压器的放置可分为室内放置和室外放置，室外放置又分地面变压器台和杆上变压器台放置两种情况。

1．变压器室的结构

变压器室的结构形式，取决于变压器的型式、容量、放置方式、主接线方案、进出线的方向和方式等因素，并考虑运行维护安全、通风、防火等问题，同时还要考虑到发展，即变压器室要有更换大一级容量变压器的可能性。

变压器室的建筑属于一级耐火等级，其门窗材料应该是阻燃的。变压器室门的大小，一般按变压器推进面的外壳尺寸外加 0.5 m 来考虑，且门要朝外开；室内只设通风窗，不设采光窗；进风窗应设在变压器室前门的下方，出风窗设在变压器室的上方，这样可以形成空气对流，实现自然通风。窗户要做成百叶窗，以防止雨雪和小动物进入。通风窗的面积应根据变压器的容量、进风温度、变压器中心标高至出风窗中心标高的距离等因素确定。油浸式变压器外廓与变压器室内墙和门的最小净距如表 3.2 所示。

表 3.2　油浸式变压器外廓与变压器室内墙和门的最小净距

变压器容量（kV·A）	100～1000	≥1250
变压器外廓与后墙净距（mm）	600	800
变压器外廓与门净距（mm）	800	1000

变压器室的布置，按变压器推进方向分为宽面推进式和窄面推进式两种。

变压器室的地坪，按变压器的通风要求，分为地坪抬高和不抬高两种形式。变压器室地坪抬高时，通风散热好，但建筑费用高一些，因此容量在 800 kV·A 及以下的变压器室，地坪一般不抬高。若油浸式变压器周围存放有易燃性物质，为防止变压器油溢出引起火灾，变压器底座周边要砌一个挡油池，其容量为 100%变压器油量，并在池内放 0.25 m 厚的卵石或石块。

2．室外变压器台的结构

露天或半露天变电所的变压器四周应设不低于 1.7 m 高的围墙或栅栏。变压器外廓与围墙（栅栏）的净距不应小于0.8 m，变压器底座要高出地面 0.3 m，相邻变压器外廓之间的净距不应小于1.5 m。室外变压器给一级负荷供电时，相邻的油浸式变压器的防火净距不应小于 5 m；若小于 5 m 时，应设置防火墙。防火墙应高出油枕顶部，且墙两端应大于挡油池各 0.5 m。

当变压器容量在 315 kV·A 以下，环境条件正常且符合供电可靠性要求时，可考虑采用杆上变压器台的形式。

（二）高低压配电室、电容器室和值班室的结构

1．高低压配电室的结构形式

高低压配电室的结构主要取决于高低压开关柜的形式和数量，同时要充分考虑运行维修的安全和方便，留有足够的维护通道，另外要为今后的发展预留适当数量的备用开关柜（屏）位置，但是占地面积不宜过大。高压配电室内各种通道的最小宽度如表 3.3 所示。

表 3.3　高压配电室内各种通道的最小宽度（mm）

开关柜的布置方式	柜后维护通道	柜前操作通道	
		固定式柜	手车式柜
单列布置	800	1500	单车长度+1200
双列面对面布置	800	2000	双车长度+900
双列背对背布置	1000	1500	单车长度+1200

注：1. 固定式开关柜为靠墙布置时，柜后与墙净距大于 50 mm，侧面与墙净距应大于 200 mm。

　　2. 通道宽度在建筑物的墙面遇有柱类局部凸出时，凸出部位的通道宽度可减少 200 mm。

图 3.18 装有 GG-1A（F）型高压开关柜，采用电缆进出线的高压配电室的两种布置方案剖面图。由图可知，如采用电缆进出线，则装设 GG-1A（F）型开关柜（其柜高 3.1 m）的高压配电室建筑高度为 4 m；如果采用架空进出线，则其建筑高度应在 4.2 m 以上；如采用电缆进出线，而开关柜为手车式（一般高度为 2.2 m）时，高压配电室高度可降为 3.5 m。为了布线和检修的需要，高压开关柜下面应设电缆沟。

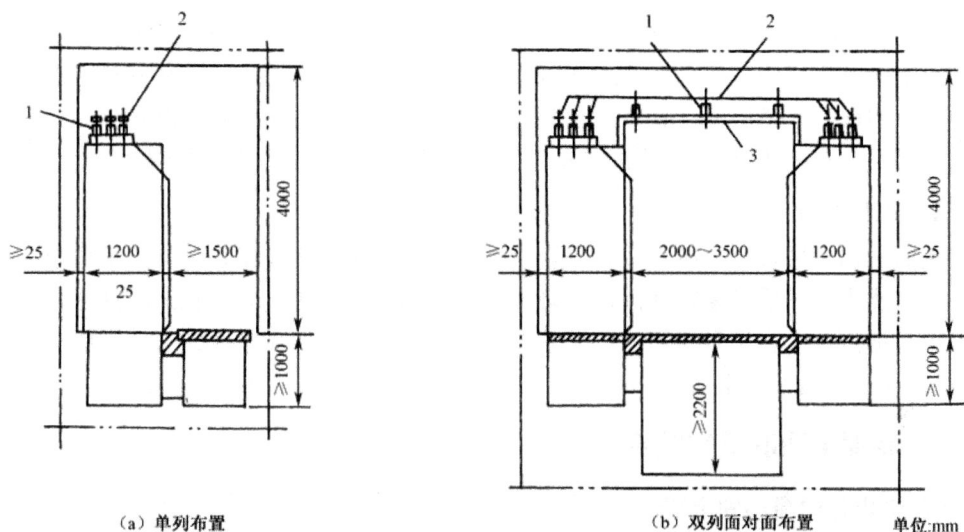

（a）单列布置　　　　　　　　　　（b）双列面对面布置　　　　单位:mm

1—高压支柱绝缘子（上有母线夹具）；2—高压母线；3—母线桥

图 3.18　装有高压开关柜的高压配电室的两种布置方案

根据国家标准，低压配电室内成列布置的配电屏，其屏前、屏后的通道最小宽度，如表 3.4 所示。

表 3.4　低压配电室配电屏前、后通道的最小宽度（mm）

配电屏型式	配电屏布置方式	屏 前 通 道	屏 后 通 道
固定式	单列布置	1500	1000
	双列面对面布置	2000	1000
	双列背对背布置	1500	1500
抽屉式	单列布置	1800	1000
	双列面对面布置	2300	1000
	双列背对背布置	1800	1000

注：1. 当建筑物墙面遇有柱类局部凸出时，凸出部位的通道宽度可减少 200 mm。

　　2. 当低压屏背面墙上另设有开关和手动操作机构时，屏后通道净宽不应小于 1.5m；屏背面的防护等级为 IP2X 时，可减为 1.3 m。

低压配电室的高度，应与变压器室综合考虑，以便变压器低压出线。当配电室与抬高地坪的变压器室相邻时，配电室高度不应小于 4 m；当配电室与不抬高地坪的变压器室相邻时，配电室高度不小于 3.5 m。为了布线、检修和美观的需要，低压配电屏下面也应设电缆沟。高压配电室建筑的耐火等级不应低于二级。当高压配电室的长度大于 7 m 时，应设两个门，并宜设在室的两端，门要向外开。

低压配电室建筑的耐火等级不应低于三级。当低压配电室的长度大于 8 m 时，应设两个门，也宜设在室的两端，门要向外开。相邻配电室之间有门时，其门要装蝴蝶铰链，能双向开启。

高低压配电室都应考虑通风和自然采光。高压配电室宜设不能开启的自然采光窗，窗台距室外地坪不宜低于1.8 m；低压配电室可设能开启的自然采光窗。配电室临街的一面不宜开窗，配电室门窗应设保护设施，以防止小动物（如蛇、鼠）窜入，造成电气事故。

2．电容器室的结构

电容器室内采用的电容器柜通常都是成套的。根据规定，成套电容器柜单列布置时，柜正面与墙面距离不应小于 1.5 m；双列布置时，柜面之间距离不应小于 2 m。

高压电容器室的耐火等级不应低于二级，低压电容器室的耐火等级不应低于三级。

电容器室应有良好的自然通风，通风量应根据电容器允许的温度，按夏季排风温度不超过电容器所允许的最高环境温度计算。当自然通风不能满足排热要求时，可增设机械排风。电容器室的大门应朝外开，其门窗应设防止小动物进入的设施，以免造成电气事故。

3．值班室的结构

值班室的结构要结合变电所总体布置全盘考虑，要有利于运行维护，并保证安全。值班室应有良好的自然采光，采光窗宜朝南，值班室总面积不宜小于 12 m^2。在采暖地区，值班室应有采暖设施，室内设计温度为18℃；在夏季炎热地区，可配备空调；在蚊虫较多的地区，值班室应装纱门、纱窗。值班室除通向高低压配电室的门外，其余门均应向外开。

3.2.3 变配电所的安全要求

1．人与带电体的最小安全距离

规定如下：

电压为 0.4 kV 时，人与带电体的最小距离不小于 0.4 m。

电压为 10 kV 时，人与带电体的最小距离不小于 0.7 m。

电压为 35 kV 时，人与带电体的最小距离不小于 1 m。

2．对变电所安全运行的基本要求

（1）变电所（室）等作业场所必须设安全遮栏，挂警告标志，并配置有效的灭火器材。

（2）企事业单位须为电气作业人员提供符合电压等级的绝缘用具和防护用品。

（3）变配电所（室）的电气设备，应定期进行预防性试验。

（4）变配电所（室）内的绝缘靴、绝缘手套、拉杆、验电器、绝缘垫等的绝缘性能必须经检测单位定期检验。经检验合格的安全防护用具，应整齐放在干燥明显的地方。

（5）非运行值班人员禁止在变配电所（室）逗留。

（6）无人值班的变配电所（室）必须加锁。

3．变配电装置（所、室）的防火间距

合理安装装置，保持必要的安全间距，也是防火、防爆的一项重要措施。

（1）室外变配电装置与建筑物的距离应不小于12～40 m，与爆炸危险场所间距应不小于30 m，与易燃和可燃液体储罐的间距应不小于25～90 m，与液化石油罐的距离应不小于40～90 m。

（2）10 kV 级以上的变配电所不应设在易爆炸的危险场所的正上方或正下方。10 kV 级以下的变配电所不应设在易发生火灾的危险场所的正上方或正下方，但可以与这种危险场所隔墙毗连。变配电所允许通过的走廊、套间的门应由非燃性材料制成，且门应有自动关闭装置。

变配电所与危险场所毗连时，隔墙应用非燃性材料。与此类场所的公共墙上不应有任何管子、沟道穿过；与场所公共的墙上只允许穿过与配电有关的管子和沟道，孔洞应用非燃性材料堵严。毗连变配电所的门窗应向外开，通向没有火灾和爆炸危险的场所。

3.3　电力线路的接线方式

供电线路是工厂供电系统的重要组成部分,担负着输送和分配电能的重要任务。

供电线路按电压高低分为高压线路(1 kV 以上线路)和低压线路(1 kV 以下线路);按线路结构形式分为架空线路、电缆线路和户内配电线路。

3.3.1　高压线路的接线方式

工厂的高压线路有放射式、树干式、环形等基本接线方式。

1. 放射式接线

高压放射式接线如图3.19 所示。这种供电方式适用于各路负荷离高压配电所的位置远近相当且负荷相互独立的情况。它的优点是线路之间互不影响,因此供电可靠性较高,可根据不同负荷的要求配置不同的高压开关设备;缺点是高压开关设备用得多,使投资增加,而且当线路发生故障或检修时,整条线路都要停电。因此这种供电方式只适用于三级负荷和个别二级负荷。

2. 树干式接线

高压树干式接线如图3.20 所示,这种供电方式适用于负荷相互邻近且负荷离电源较远的情况。它的优点是一条干线到负荷中心,从而减少了线路的有色金属消耗量,高压开关数量少,投资较省。缺点是供电可靠性较低,干线故障或检修停电时要停一大片。这种供电方式只适用于三级负荷。为提高供电可靠性,可采用双干线供电或两端供电的接线方式,如图 3.21 所示。

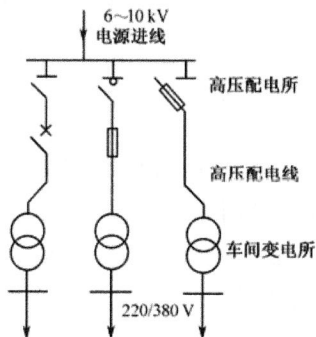

图 3.19　高压放射式接线

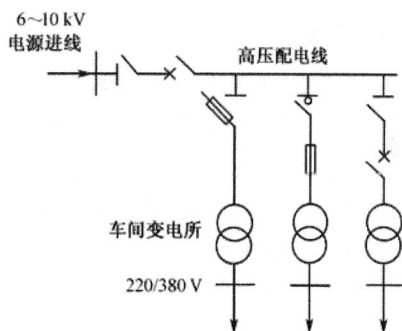

图 3.20　高压树干式接线

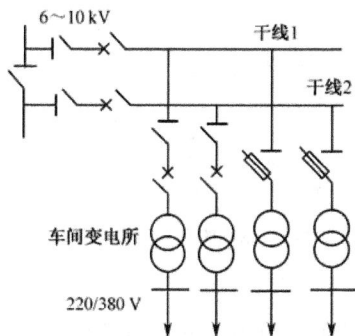

(a) 双干线供电

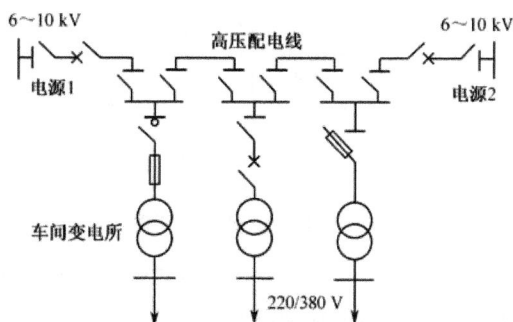

(b) 两端供电

图 3.21　双干线供电和两端供电的接线方式

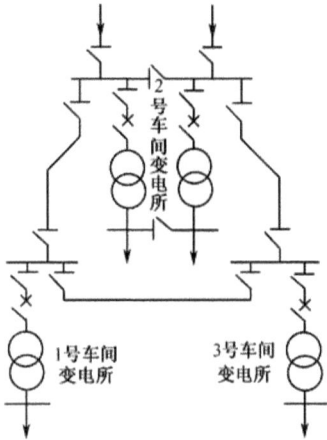

图 3.22　高压环形接线

3．环形接线

环形接线如图3.22 所示。环形供电方式实质上是两端供电的树干式。多数环形供电方式采用"开口"运行方式，即环形线路联络开关是断开的，两条干线分开运行，当任何一段线路有故障或检修时，只需经短时间的停电切换后即可恢复供电。环形供电方式适用于允许短时间停电的二、三级负荷。

工厂高压线路的接线应力求简单可靠，同一电压供电系统的变配电级数不宜多于两级。运行经验证明，供电线路如果接线复杂，层次过多，因误操作和设备故障而产生的事故也随之增多，同时处理事故和恢复供电的操作也比较麻烦，从而延长了停电时间。由于环节较多，继电保护装置相应复杂，动作的时限相应延长，灵敏度降低，对供电系统的继电保护十分不利。

3.3.2　低压线路的接线方式

工厂低压线路也有放射式、树干式和环形等几种基本接线方式。

1．放射式接线

低压放射式接线如图 3.23 所示。它的特点是：发生故障时互不影响，供电可靠性较高，但在一般情况下，其有色金属消耗量较多，采用的开关设备也较多。这种线路多用于供电可靠性要求较高的车间，特别适用于对大型设备供电。

2．树干式接线

低压树干式接线如图 3.24 所示。树干式的特点正好与放射式相反，供电系统灵活性好，采用开关设备少，一般情况下有色金属消耗

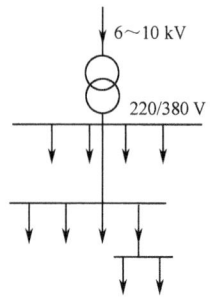

图 3.23　低压放射式接线

量较少。缺点是干线有故障时停电范围大，所以供电可靠性较低。低压树干式接线在工厂机械加工车间、机修车间和工具车间中应用相当普遍，因为它比较适用于供电容量小，且分布较均匀的用电设备组，如图 3.24（a）所示。图 3.24（b）为"变压器—干线式接线"，这种接线因省去了整套低压配电装置，使变电所的结构大为简化，也节省了投资。

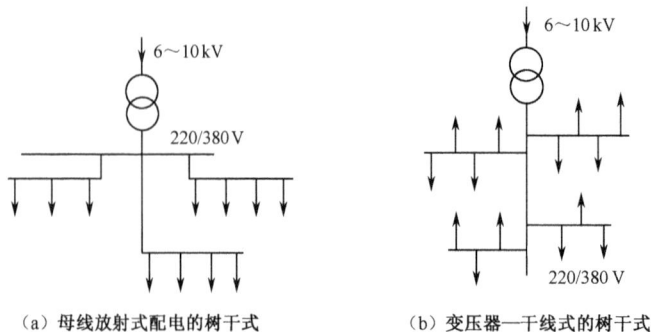

（a）母线放射式配电的树干式　　　　　　　（b）变压器—干线式的树干式

图 3.24　低压树干式接线

图 3.25 是一种变形的树干式接线，即链式接线，它适用于用电设备距供电点较远而彼此相距很近，容量很小的次要用电设备。链式相连的设备一般不宜超过 5 台，链式相连的配电箱不宜超过 3 台，且总容量不宜超过 10 kW。

（a）连接配电箱　　　　　　　　（b）连接电动机

图 3.25　低压链式接线

3．环形接线

低压环形接线如图 3.26 所示。一个工厂内的相关车间变电所的低压侧可以通过低压联络线相互连接成环形。

环形接线的可靠性高，任一段线路发生故障或检修时，都不至于使供电中断或暂时中断供电，只要完成倒换电源的操作，就能恢复供电。环形供电可使电能损耗和电压损耗减少，既节约电能，又可保证电压质量。但它的保护装置及其整体配合相当复杂，如果配合不当，容易发生误动作，反而扩大了故障停电范围。实际上，低压环形方式和高压环形方式一样，大多数采取"开口"运行。

在工厂的高压配电系统中，往往是几种接线方式的有机结合，依具体情况而定。不过在正常环境的车间或建筑内，当大部分用电设备容量不大且无特殊要求时，采用树干式配电比放射式配电经济，且有成熟的运行经验。此外，高低压配电线路都应尽可能深入负荷中心，以减少线路电能损耗和电压损失，减少电力设备，节约有色金属。

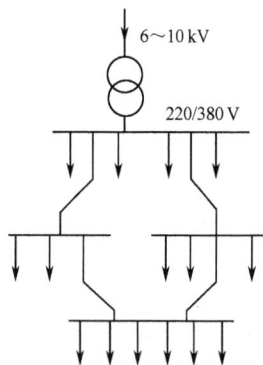

图 3.26　低压环形接线

*3.4　电力线路的结构与敷设

3.4.1　架空线路的结构与敷设

架设在户外电杆上的电力线路称为架空线路，如图 3.27 所示。架空线路由导线、电杆、绝缘子、线路金具、横担及拉线等组成。为防雷击，有的架空线路（35 kV 以上）还要装设避雷线（架空地线）。

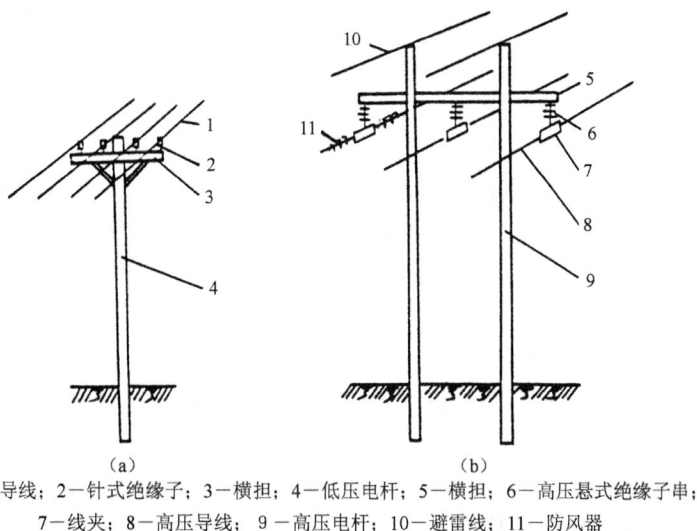

（a）　　　　　　　　　　　　（b）

1—低压导线；2—针式绝缘子；3—横担；4—低压电杆；5—横担；6—高压悬式绝缘子串；
7—线夹；8—高压导线；9—高压电杆；10—避雷线；11—防风器

图 3.27　架空线路的结构

架空线路的优点是成本低，投资少，安装容易，维护和检修方便，易于发现和排除故障等，因此在工厂中应用相当广泛。其缺点是占空间，造成视觉污染，遇恶劣天气或人为因素时线路易损坏等。

（一）架空线路的结构

1. 导线

导线是架空线路的主体，担负着输送电能的作用。导线架设在电杆上，要长期承受自重和外力的作用，并受到大气中各种有害物质的侵蚀。因此，要求导线材料的电阻率小，机械强度高，质量轻，耐腐蚀，价格便宜，运行费用低等。

架空线路一般采用裸导线。截面在 $10\ mm^2$ 以上的导线都是绞线，一方面，绞线比较柔软，不易折断；另一方面，交流电有"集肤效应"，绞线每一股的线芯半径小，电荷近似于均匀分布，由多股单线构成的整个线芯截面可以看成电荷均匀分布，克服了"集肤效应"，使线芯截面得到充分利用。

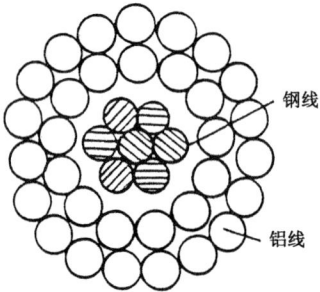

绞线有铜绞线（TJ）、铝绞线（LJ）、钢芯铝绞线（LGJ）3种。铜绞线（镀锌）一般只作为高压架空线路的避雷线；铝绞线在工厂中应用非常广泛，LJ 型铝绞线的技术数据可参见表 5.4；对于 35 kV 及以上的架空线路，机械强度要求高，则多采用钢芯铝绞线，钢线用以增加导线的抗拉强度，铝线用于载流，其结构如图 3.28 所示。LGJ 型钢芯铝绞线的技术数据可查阅相关技术手册。

图 3.28　钢芯铝绞线的截面

2. 电杆

电杆是导线的支柱，是架空线路的重要组成部分。对电杆的要求是要有足够的机械强度，并保证导线对地有足够的距离。常用的电杆有金属杆（铁杆、铁塔）和水泥杆两种。金属杆多用在高压输电线路上，大量使用的水泥杆则广泛应用在高压和低压输电线路上，节约了大量的钢材和木材。

选用水泥电杆时，其表面应光洁平整，壁厚均匀，无外露钢筋，横向裂纹宽度不超过 0.2 mm，裂纹长度不超过 1/3 周长，杆身弯曲不超过杆长的 2%。电杆立起前，应将顶端封堵，防止杆的积水侵蚀钢筋。

电杆按其在架空线路中的作用分为直线杆、耐张杆、转角杆、分支杆、终端杆、跨越杆等。图 3.29 是上述各种杆型在架空线路上应用的示意图。

直线杆又叫中间杆，使用数量最多。正常情况下，直线杆只承受垂直负荷（导线自重及覆冰质量）和水平的风压。只有在出现断线时，才承受导线的不平衡拉力。

耐张杆又叫分段杆，它用在电力线路的分段承力处，以加强线路的机械强度。耐张杆均采用拉线加强，当杆的一侧发生断线时，可以承受另一侧很大的平衡拉力，使电杆不至于倾倒。两个耐张杆之间的距离，称为耐张档距。

在线路转角处，为了承受不平衡拉力，必须采用转角杆。转角有30°、60°、90°之分，在承受力的反方向上用拉线加固。

终端杆是装设在进入变配电所线路末端的电杆，由它来承受最后一个耐张段中的导线拉力，其稳定性和机械强度要求都较高。

分支杆用在线路的分支处，以便引出分支线。

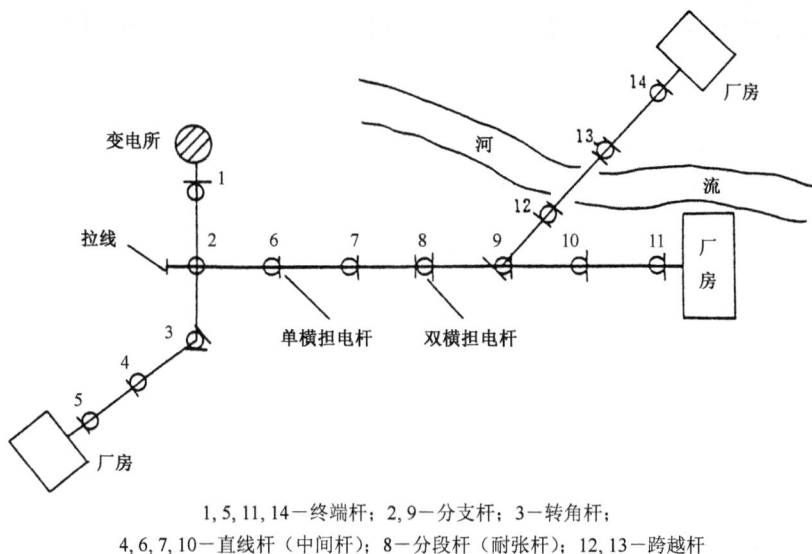

1, 5, 11, 14—终端杆；2, 9—分支杆；3—转角杆；
4, 6, 7, 10—直线杆（中间杆）；8—分段杆（耐张杆）；12, 13—跨越杆

图 3.29　各种电杆在架空线路上应用的示意图

跨越杆用在铁路、公路、河流两侧支撑跨越导线。

3. 绝缘子

线路绝缘子俗称瓷瓶，其作用是将导线固定在电杆上，并使导线与电杆绝缘。图 3.30 是几种常见的高压线路绝缘子。6～10 kV 架空线路的直线杆多采用针式绝缘子；终端杆多采用悬垂式绝缘子；35 kV 及以上线路多采用悬垂式绝缘子串，电压越高，所串绝缘子越多；低压 380 V 架空线路多采用蝶式（因它的剖面像蝴蝶而得名）绝缘子。

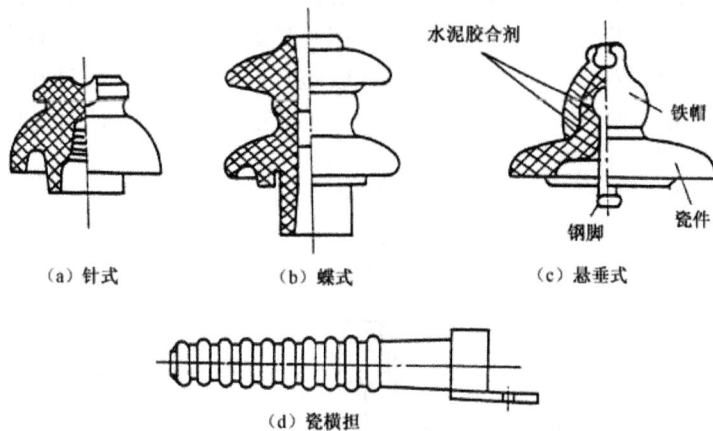

（a）针式　　　（b）蝶式　　　（c）悬垂式

（d）瓷横担

图 3.30　高压线路绝缘子

绝缘子在安装前应进行外观检查，瓷件与铁杆应结合紧密，铁件镀锌良好，瓷釉光滑，无裂纹、烧痕、气泡或烧坏等缺陷，严禁使用硫黄烧灌的绝缘子，以保证安全运行。瓷件在安装时应清除表面灰垢，以保证在投入运行时达到电气性能的要求。

4. 线路金具

线路金具是用来连接导线，安装横担和绝缘子的金属附件，如图 3.31 所示。其种类包括安装针式绝缘子的直脚和弯脚，安装蝶式绝缘子的穿心螺钉，将横担或拉线固定在电杆上的 U 形

抱箍，调节松紧的花篮螺钉，以及悬垂式绝缘子的挂环、挂板、线夹、防风器等。

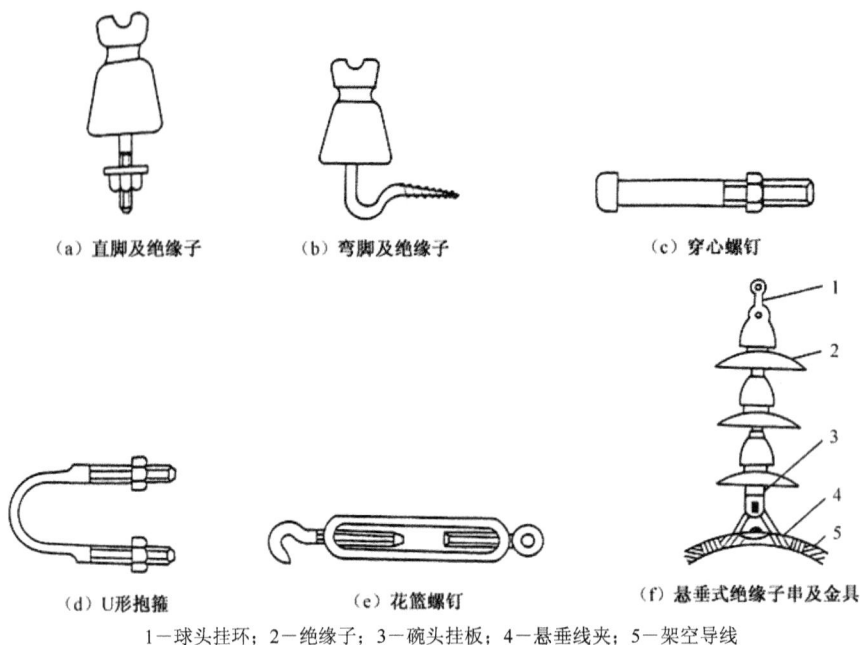

（a）直脚及绝缘子　　　（b）弯脚及绝缘子　　　　　（c）穿心螺钉

（d）U形抱箍　　　　　　（e）花篮螺钉　　　　（f）悬垂式绝缘子串及金具

1—球头挂环；2—绝缘子；3—碗头挂板；4—悬垂线夹；5—架空导线

图 3.31　线路金具

5．横担

横担用来固定绝缘子以支承导线，并保持各相导线间的距离。常用的横担有铁横担和瓷横担。铁横担由角钢制成，10 kV 线路多采用 63×5 的角钢；380 V 线路一般采用 50×5 的角钢，由于铁横担机械强度高，因此得到广泛应用。瓷横担是我国独创的产品，具有良好的电气绝缘性能，兼有绝缘子和横担的双重作用。但瓷横担比较脆，机械强度低，安装和使用中必须注意。瓷横担现广泛用于导线截面较小的高压架空线路上。图3.32 为高压电杆上安装的瓷横担。

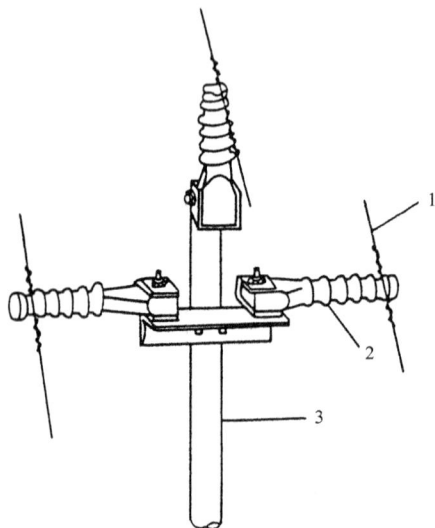

1—高压导线；2—瓷横担；3—电杆

图 3.32　高压电杆上安装的瓷横担

横担安装应平整，安装偏差不应超过下列规定数值：

（1）横担端部上下歪斜不应超过 20 mm。

（2）横担端部左右扭斜不应超过 20 mm。

瓷横担安装应符合下列规定数值：

● 垂直安装时，顶端顺线路歪斜不应大于 10 mm。

● 水平安装时，顶端应向上翘起 5°～10°，顶端顺线路歪斜不应大于 20 mm。

● 瓷横担的固定处应加软垫。

6．拉线

拉线用于架空线路的耐张杆、转角杆、分支杆及终端杆，以平衡电杆的受力，防止电杆倾倒，如图3.33 所示。拉线要拉在不在一个方向的导线合力的反方向上，其材料为镀锌钢绞线，依靠花篮螺钉来调节拉力。

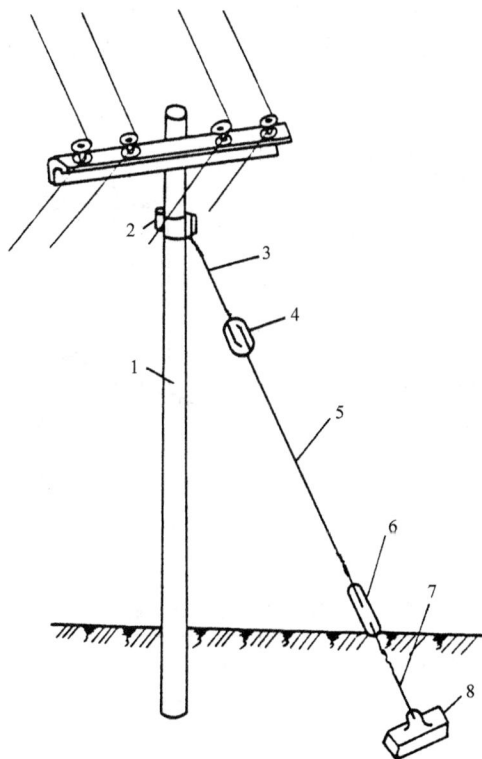

1—电杆；2—拉线的抱箍；3—上把；4—拉线绝缘子；5—腰把；6—花篮螺钉；7—底把；8—拉线底盘

图 3.33　拉线的结构

（二）架空线路的敷设

1．敷设的要求和路径的选择

敷设架空线路要严格遵守有关技术规程的规定。整个施工过程中，要重视安全教育，采取有效的安全措施，特别是立杆、组装和架线时。高空作业更要注意人身安全，防止事故发生。竣工以后，要按照规定的手续和要求组织验收，确保工程质量。

选择架空线路时，应考虑以下原则：

（1）路径要短，转角要少。

（2）交通运输方便，便于施工和维护。

（3）尽量避开河洼和雨水冲刷地带及易撞、易燃、易爆等危险场所。

（4）不应引起交通和人行困难。

（5）应与建筑物保持一定的安全距离。

（6）应与工厂和城镇的建设规划协调配合，并适当考虑今后的发展。

2．架空线路的档距与弧垂

档距（又称跨距）是同一线路上相邻两根电杆之间的水平距离。导线的弧垂（又称弛垂）是架空线路一个档距内导线最低点与两端电杆上导线悬挂点间的垂直距离。导线的弧垂是由于导线自重所形成的。弧垂不宜过大，也不宜过小。过大则在导线摆动时容易引起相间短路，而且可能造成导线对地或对其他物体的安全距离不够；过小则使导线内应力增大，天冷时可能收缩绷断。架空线路的档距和弧垂如图 3.34 所示。为防止架空线路导线之间相碰短路，线与线之间必须满足最小线间距离要求，如表 3.5 所示。档距越大，线间距离也越大。

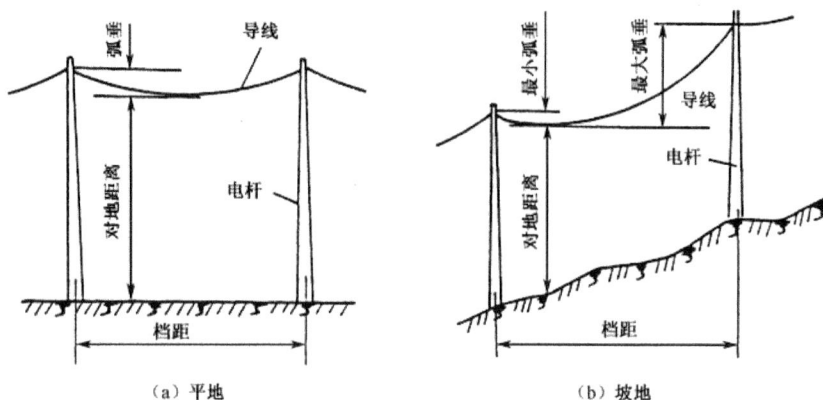

图 3.34　架空线路的档距和弧垂

表 3.5　架空电力线路最小线间距离（m）

线路电压 ＼ 档距	≤40	50	60	70
≤1 kV	0.3	0.4	0.45	0.5
3～10 kV	0.6	0.65	0.7	0.75

3．导线的排列方式与要求

三相四线制的低压线路，一般都采用水平排列，如图 3.35（a）所示。由于中性线上的电流比火线上的电流小（三相负荷对称时为零），因此导线截面较小，机械强度小，所以中性线一般架设在靠近电杆的位置。

三相三线制的导线，可采用三角形排列，如图 3.35（b）、（c）所示；也可采用水平排列，如图 3.35（f）所示。

多回路导线同杆架设时，可采用三角、水平和混合排列，如图 3.35（d）所示；也可采用垂直排列，如图 3.35（e）所示。电压不同的线路同杆架设时，电压高的线路应架设在上面，电压较低的线路则架设在下面。架空线路上、下横担间也要满足最小垂直距离要求，如表 3.6 所示。

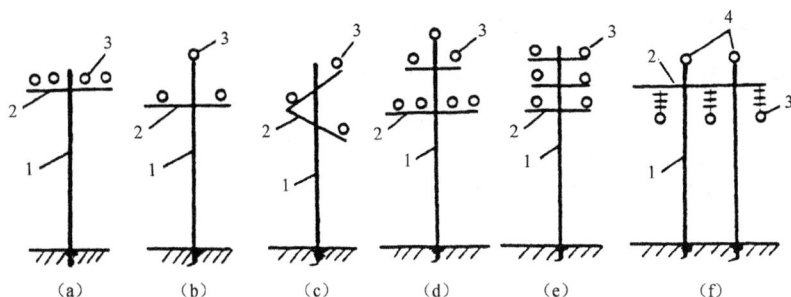

1—电杆；2—横担；3—导线；4—避雷线

图 3.35　导线在电杆上的排列方式

表 3.6　横担间最小垂直距离（m）

导线排列方式	直 线 杆	分支或转角杆
高压与高压	0.8	0.6
高压与低压	1.2	1.0
低压与低压	0.6	0.3

（三）室外线路的一般要求

1．导线架设要求

（1）导线在架设过程中，应防止发生磨伤、断股、扭、弯等损伤情况。导线的支撑点要可靠固定。

（2）导线受损伤后，会影响其机械强度。同一截面内，损伤面积超过导电部分截面积的 17% 时，应锯断后重接。

（3）同一档距内，同一根导线的接头不得超过 1 个，导线接头位置与导线固定处的距离应大于 0.5 m。

（4）不同金属、不同规格、不同绞向的导线严禁在档距内对接。

（5）1～10 kV 的导线与拉线、电杆或构架之间的净空距离，不应小于 200 mm；1 kV 以下的配电线路，该值不应小于 50 mm。

1～10 kV 以下线路与 1 kV 以下线路间的距离不应小于 20 mm。

2．导线对地距离及交叉跨越要求

（1）低压架空线路导线间最小距离。

● 水平排列：档距在 40 m 以内时为 30 cm，档距在 40 m 以外时为 40 cm。

● 垂直多层排列时为 40 cm。

● 导线为多层排列时，上、下层之间和接近电杆的相邻导线间水平距离为 60 cm。

● 高、低压导线同杆架设时，高、低压导线间最小距离不小于 1.2 m。

● 路灯线路不应高于低压线路的相线和零线。

● 不同线路同杆架设时，应使高压线路在低压动力线路的上端，弱电线路在低压动力线路的下端。

（2）架空线路与建筑物的垂直距离。1～10 kV 线路不应小于 3 m，1 kV 以下线路不应小于 2.5 m。

（3）架空线路与建筑物之间的水平距离在最大风偏情况下，1～10 kV 线路不应小于 1.5 m，1 kV 以下线路不应小于 1 m。

（4）架空线路零线应位于最近电杆处，且不高于相线的位置。

（5）架空线路与山坡、峭壁、岩石之间的最小距离。

● 步行可以到达的山坡，1～10 kV 线路为 4.5 m；1 kV 以下线路为 3 m。

● 步行不能到达的山坡、峭壁和岩石，1～10 kV 线路为 1.5 m；1 kV 以下线路为 1 m。

（6）低压架空线路与各种设施的最小距离如表 3.7 所示。

表 3.7　低压架空线路与各种设施的最小距离

1	导线距凉台、台阶、屋顶的最小垂直距离	2.5 m
2	导线边线距建筑物的凸出部分和无门窗的墙	1 m
3	导线距铁路的轨顶	7.5 m
4	导线距铁路车厢、货物外廓	1 m
5	导线距交通要道的垂直距离	6 m
6	导线距一般人行道、地面的垂直距离	5 m
7	导线经过树木时，裸导线在最大弧垂和最大偏移时的最小距离	1 m
8	导线通过管道上方的垂直距离	3 m
9	导线通过管道下方的垂直距离	1.5 m
10	导线与弱电线路交叉不小于 0.25 m 的平行间距	1 m
11	导线沿墙布线经过里巷、院内人行道时的距地面垂直距离	3.5 m
12	导线距路灯线路	1.2 m

（7）沿墙敷设。沿墙敷设的绝缘电线应水平或垂直敷设，导线对地面距离不应低于 3 m，跨越人行道时不应低于 3.5 m。跨越通车道路时，导线距地面不低于 6 m。水平敷设时，零线在最外层，垂直敷设时零线在最下端。沿墙敷设的导线间距离为 20～30 cm。

3.4.2　室内电气线路敷设

室内配线可分为明敷和暗敷两种，明敷即沿墙壁、天花板表面、梁、屋柱等处敷设。此种方式造价低，易施工，便于维护，但容易受损，也有碍美观，所以只是在重型机械车间或对整洁度要求不高的场所采用。对于办公场所，民居及比较现代化的车间来说多采用暗敷方式。暗敷就是在抹灰层下面、天花板内、地板内及墙壁内等处暗管敷设。

无论采用哪一种敷设方式，室内的电气安装和配线施工，应做到安全、可靠、经济、便利和美观。

1. 瓷珠（柱）和瓷瓶配线

（1）固定绝缘电线的绑扎线应有绝缘层，绑扎时不得损伤导线的绝缘层。

（2）室内沿墙壁、顶棚敷设时，其固定点的距离，如表 3.8 所示。

表 3.8　室内沿墙壁、顶棚敷设线路时固定点的距离

导　　　线　　　　　　　允许最大距离（mm）　　　　配　线　方　式	线芯截面（mm²）				
	1～4	6～10	16～25	35～70	95～120
瓷珠配线	1500	2000	3000	—	—
瓷瓶配线	2000	2500	3000	6000	6000

（3）用瓷珠（柱）和瓷瓶配线的绝缘电线最小线间距离，如表 3.9 所示。

表 3.9　用瓷珠（柱）和瓷瓶配线的绝缘电线最小线间距离

固定点间距	与导线最小间距（mm）	
	室内配线	室外配线
1.5 m 以下	35	100
1.5～3 m	50	100
3～6 m	70	100
6 m 以上	100	100

（4）瓷珠（柱）配线时，在转弯、分支和进入电气器具处加设瓷珠固定，与转弯中心、分支点和电气器具边缘的距离为 60～100 mm。

2．裸导体配线（如铜、铝排，天车滑线）

（1）无遮护的裸导体至地面的距离不应小于 3.5 m；采用网状遮栏时，不应小于 2.5 m。

（2）裸导体与需要经常维护的管道在同一侧敷设时，裸导体应敷设在管道的上面，且净距不应小于 1 m（不包括可燃气体及易燃、可燃液体管道）；与生产设备的净距不应小于 1.5 m。

（3）裸导体的线间及裸导体至建筑物表面的最小距离：

● 固定点的距离在 2 m 以内时，为 5 cm。
● 固定点的距离在 2～4 m 时，为 10 cm。
● 固定点的距离在 4～6 m 时，为 15 cm。
● 固定点的距离在 6 m 以上时，为 20 cm。

裸导体固定点的距离，应符合通过最大短路电流时的稳态要求。

（4）天车上方的裸导体至天车铺板的净距不应小于 2.2 m，否则应在天车上或裸导体下方装设遮栏防护。

3．管配线

（1）钢管敷设。钢管布线一般适用于室内、室外场所，但对钢管有严重腐蚀的地方不宜采用明敷。

① 明敷置于潮湿场所、防爆环境和埋于地下的钢管时，均应使用厚壁钢管，并做好防腐处理。

② 交流回路中不允许将单根导线单独穿于钢管内，以免产生涡流发热。所以，同一交流回路中的电线，必须穿于同一钢管内。

③ 钢管必须可靠地接地（接零）保护。钢管与钢管、钢管与配电箱及接线盒等应连接成电气整体。

④ 钢管不应有折扁和裂缝，管内无铁屑及毛刺，管口应平整光滑，避免导线穿管时损伤绝缘层。

⑤ 为了防止钢管口磨损电线，同时也防止杂物落入管内，管口应加护口。

⑥ 室外或潮湿的场所内，明管管口应装防水弯头，由防水弯头引出的电线应套绝缘保护管，经过弯成防水弧度后再引入设备。

⑦ 埋地线管出地面时，管口距地面高度不宜低于 200 mm。

⑧ 金属软管（蛇皮管）敷设要求：

● 金属软管与钢管或设备连接时，应使用软管接头连接，不得使用绑扎方法连接，以免脱落损坏导线，发生事故。

- 金属软管应用管卡固定，固定点的距离不应小于 1 m。
- 由于金属软管的管壁薄，易折断，而且经常拆卸，所以不能利用其做接地（接零）导线。

（2）硬塑料管敷设。

① 硬塑料管耐腐蚀，适用于室内有酸、碱等腐蚀介质的场所，但怕阳光直射，容易老化破碎，在高温场所易变形，故不得在高温和易受机械损伤的场所敷设。

② 硬塑料管的连接处应用胶合剂黏接，接口必须牢固、密封。

③ 硬塑料管连接方法：套接法连接，用酒精或汽油擦净，涂上胶合剂，迅速插入套管中，也可以用成型塑料管接头连接。

④ 硬塑料管沿建筑物的表面敷设时，在直线段上每隔 30 m 应装设补偿装置，防止因温度变化硬塑料管发生伸缩时，造成连接处脱开或管子弯曲。

⑤ 硬塑料管在穿过楼板易受机械损伤的地方处应用钢管保护，保护高度距楼板面不低于500 mm。埋于地面内的硬塑料管，露出地面易受机械损伤的一段，也应有保护措施。

⑥ 明配硬塑料管应排列整齐，固定点的距离应均匀，管卡与终端、转弯中点、电气器具或接线盒边缘的距离为 50～150 mm。中间管卡的距离与管径粗细有关，一般为 1～2 m。

（3）半硬塑料管敷设。

① 半硬塑料管的材质柔软，并容易燃烧，受外力易损坏，在顶棚内使用时易被老鼠咬破而发生事故。因此，不得在高温场所和顶棚内敷设，只适用于一般办公室及民用建筑的照明工程暗配敷设。

② 半硬塑料管应使用套管黏接法连接，套管的长度不应小于连接管外径的 2 倍，否则易使连接脱落。

③ 半硬塑料管的弯曲半径不应小于管外径的 6 倍。弯曲半径太小，穿线时会发生困难。

④ 为了便于穿线，敷设半硬塑料管时宜减少弯曲，当线路直线段长度超过 15 m 或直角超过 3 个时，均应装设线盒。

⑤ 半硬塑料管敷设于现浇的混凝土中时，应有预防机械损伤的措施。

（4）管内穿线的一般要求。

① 穿在管内的导线的额定绝缘电压不应低于 500 V。

② 导线在管内不许有接头和扭结，其接头应在接线盒内。

③ 管内导线的总截面积（包括外护层），不应超过管子截面积的 40%。

④ 不同回路、不同电压的交流与直流的导线不得穿入同一根管子内，防止由于发生短路而引起重大事故。

⑤ 敷设在多尘和潮湿场所的电线管路，管口、管子连接处均应做密封处理，防止导电的灰尘和水汽进入管内。

⑥ 进入落地式配电箱的导线管路、管口应高出基础面 50 mm。

⑦ 电线管的弯曲处，不应有褶皱、凹穴和裂缝等现象，弯扁程度不应大于管外径的 10%，弯曲半径应符合下列要求：

- 明配管一般不小于管外径的 6 倍，只有一个弯时，不小于管外径的 4 倍。
- 暗配时不应小于管外径的 6 倍，埋设于地下或混凝土楼板时，不应小于管外径的 10 倍，防止穿入导线时发生困难。

⑧ 电线管太长或弯头太多，为了防止穿线不便，电线管超过下列长度时，中间应加装接

线盒或拉线盒，其位置应便于穿线：

- 线管长度超过 30 m，无弯曲时。
- 线管长度超过 25 m，有一个弯时。
- 线管长度超过 20 m，有两个弯时。
- 线管长度超过 12 m，有三个弯时。

4．塑料护套线敷设

塑料护套线是具有塑料保护层的双芯或三芯绝缘导线，可防潮、防腐蚀，安装方便，可用钢钉固定。电气照明和插座线路广泛采用塑料护套线明敷设。

（1）塑料护套线不得在室外露天场所明配敷设。

（2）塑料护套线不得直接埋入抹灰层内暗配敷设。

（3）塑料护套线明配时，电线固定点距离应根据导线截面而定，一般为 150～200 mm。

（4）塑料护套线与接地体及不发热的管道紧密交叉时，应加绝缘管保护；敷设在易受机械损伤的场所时，应用钢管保护。

（5）塑料护套线明配时，在中间接头和分支连接处应装设接线盒，并安装牢固。多尘和潮湿场所应用密闭式接线盒。

（6）塑料护套线进入接线盒或电气器具时，护套层应引入盒内或器具内。

5．槽板配线

槽板配线是把绝缘电线敷设在槽板的线槽内，上面用盖把电线盖住。这种配线方式，只适用室内干燥的场所内，槽板用 PVC 塑料压制而成，老式办公室用的木槽板已淘汰。

（1）使用的绝缘导线额定绝缘电压不应低于 500 V。

（2）导线在槽板内必须接头时，应在接（分）线盒内完成，槽内导线不准有接头，不准互相交叉。

（3）槽板布线应横平竖直，槽内导线不准受到槽盖挤压。

（4）塑料槽板距暖气管道距离为：干管 30 cm，支管 20 cm。

（5）槽板与墙壁或梁固定时应用塑料胀管，不许用铁胀管。

3.4.3　电缆线路的结构与敷设

电缆线路与架空线路相比，虽然具有造价高，投资大，维修不方便等缺点，但是它具有运行可靠，不易受外界影响，不占地面，无碍观瞻等优点，特别是在有腐蚀性气体和有易燃易爆危险、不宜架设架空线路的场所，只能敷设电缆线路。在城市供电和现代化工厂中，电缆线路得到越来越广泛的应用。

（一）电力电缆的分类、结构

电力电缆按缆芯材料可分为铜芯电缆和铝芯电缆，按其采用的绝缘介质分为油浸纸绝缘和塑料绝缘、橡胶绝缘三大类。下面分别介绍。

1．油浸纸绝缘电力电缆

图 3.36 为三芯油浸纸绝缘电力电缆的断面图，图 3.37 为其结构图。这种电缆的缆芯相间绝缘和统包绝缘用的是多层 0.12 mm 左右的牛皮纸，先进行真空干燥，然后浸渍高耐压强度的绝缘油；铅（铝）包的作用一是防止水分侵入，二是作为接地线；外层的铠装分钢丝和钢带两种；线芯截面做成扇形一是便于捆扎，二是有利于改善电场分布。

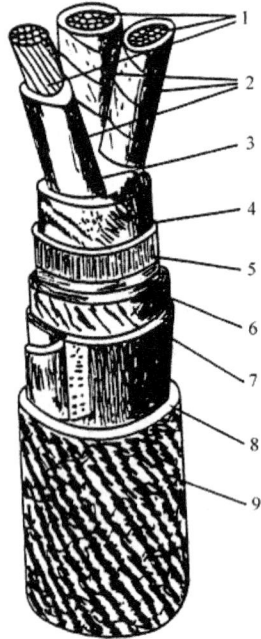

1—线芯；2—油浸纸（相间绝缘）；3—油浸纸（统包层）；
4—铅包（铝包）；5—内黄麻层；6—铠装钢带；
7—外黄麻层；8—黄麻填料

图 3.36　三芯油浸纸绝缘电力电缆的断面图

1—缆芯（铜芯或铝芯）；2—油浸纸绝缘层；3—麻筋
（填料）；4—油浸纸（统包绝缘）；5—铅包；6—涂
沥青的纸带（内护层）；7—浸沥青的麻被（内护层）；
8—钢铠（外护层）；9—麻被（外护层）

图 3.37　油浸纸绝缘电力电缆的结构图

　　油浸纸绝缘电力电缆具有耐压强度高，机械强度高，造价低，使用年限长等优点，因此在不需要经常移动的场所应用较为普遍。其缺点是敷设高度差受到限制。因为工作时电缆的浸渍油会流动，电缆低的一端可能因油压过大而使端头胀裂漏油，而高的一端则可能因油下坠而使绝缘干枯，耐压强度下降，甚至击穿。此外，铠装电缆在寒带地区冬季施工也很困难。

2．塑料绝缘电力电缆

　　塑料绝缘电力电缆由于制造工艺简单，具有抗酸碱、耐腐蚀、防潮性能好、质量轻、敷设高度差不受限制、封端容易、维护方便和运行可靠等优点，应用越来越广泛，有逐渐取代油浸纸绝缘电力电缆的趋势。

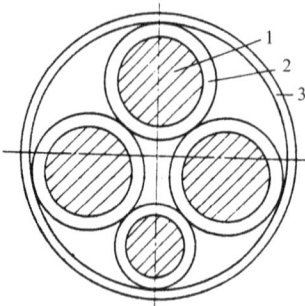

1—线芯；2—聚氯乙烯绝缘层；3—聚氯乙烯保护层

图 3.38　四芯聚氯乙烯绝缘电力电缆的断面图

　　塑料绝缘电力电缆又分为聚氯乙烯绝缘电力电缆和交联聚乙烯绝缘电力电缆两种。
　　图 3.38 是 1 kV 以下的四芯聚氯乙烯绝缘电力电缆的断面图。这种电缆制造工艺简单，不吸潮、运行可靠、价格低廉，在工厂中得到了广泛应用。现已生产至 10 kV 电压等级。图 3.39 和图 3.40 分别为三芯交联聚乙烯绝缘电力电缆的结构图和断面图，其结构比聚氯乙烯绝缘电力电缆复杂一些。其主绝缘层采用交联聚氯乙烯，保护层采用聚乙烯。为了加强塑料电缆机械保护的功能，大多在外护套里加一层钢丝或钢带，这种电缆称为铠装电缆。交联聚乙烯绝缘电力电缆具有优良的介电性和耐热性，现已生产至 110 kV 电压等级。

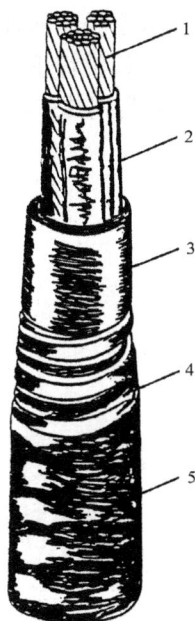

1—缆芯（铜芯或铝芯）；2—交联聚乙烯绝缘层；
3—聚氯乙烯护套（内护层）；4—钢铠或铝铠（外护层）；
5—聚氯乙烯外套（外护层）

图 3.39　三芯交联聚乙烯绝缘电力电缆的结构图

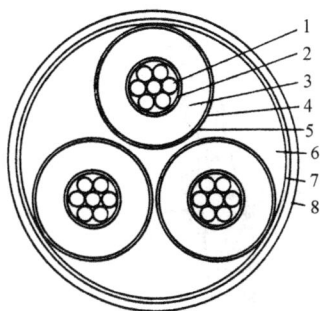

1—线芯；2—内半导体电层；3—交联聚乙烯绝缘；
4—外半导体电层；5—屏蔽钢带；6—填料；
7—扎紧布带；8—聚氯乙烯外套

图 3.40　三芯交联聚乙烯绝缘电力电缆的断面图

3．橡胶绝缘电缆

这种电缆的特点是柔韧性好、易弯曲，适宜作为多次拆装的线路，耐寒性能好，且有较好的电气性能。但其耐热和耐电弧能力较差，只能作为低压电缆使用。

（二）电力电缆的接头

两根电力电缆怎么对接？电缆与电气设备怎么连接？这是电缆线路中最头痛的问题，必须要有专门的接头和专门的工艺。图 3.41 为环氧树脂中间接头，图 3.42 为户内式环氧树脂终端接头（封端接头），户外式终端接头市面上也有成品出售。环氧树脂浇注的电缆接头具有工艺简便，绝缘和密封性能好，体积小，质量轻，成本低等优点，在 10 kV 及以下电缆线路中应用广泛。

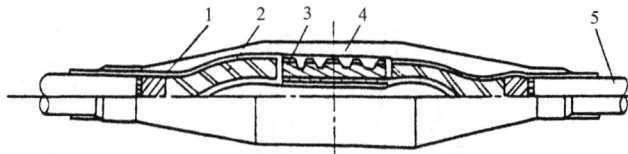

1—统包绝缘层；2—缆芯绝缘；3—扎锁管（管内两线芯对接）；4—扎锁管涂包层；5—铅包

图 3.41　10 kV 及以下电缆环氧树脂中间接头

运行经验证明，电缆接头是电缆线路的薄弱环节，大部分故障都发生在电缆接头处。由于电缆接头本身的缺陷或者安装质量上的问题，往往会造成短路故障，引起电缆接头爆炸（俗称"放炮"）。为保证电缆正常运行，施工中要切实注重质量，运行前要做耐压试验。

（三）电缆的敷设

1．电缆的敷设方式

工厂常用的电缆敷设方式有直埋式、电缆沟敷设和电缆桥架等几种。

（1）直埋式如图3.43所示。这种方式散热好，投资省，施工进度快，但查找故障和检修不方便。为防止某一段受外来机械损伤和水土侵蚀，常在电缆外套一根镀锌钢管或塑料（PVC）管。这种敷设方式适用于户外且电缆根数不多的场合，所选电缆应为铠装式。

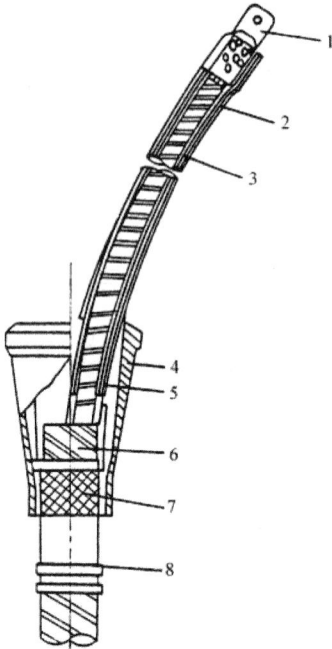

1—引线鼻子；2—缆芯绝缘；3—缆芯（外包绝缘层）；
4—预制环氧外壳（可代以铁皮模具）；5—环氧树脂胶
（现场浇注）；6—统包绝缘；7—铅包；8—接地线卡子

图 3.42　户内式环氧树脂终端接头（封端接头）

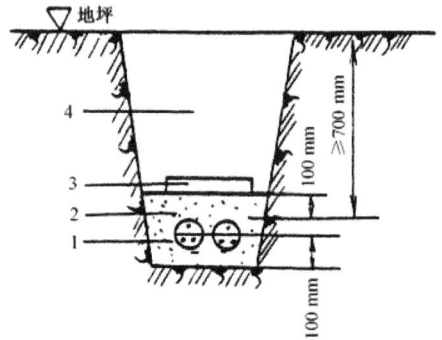

1—电力电缆；2—沙；3—保护盖板；4—填土

图 3.43　电缆直埋式敷设示意图

（2）电缆沟敷设如图3.44所示。沟内两侧设有电缆支架，沟面有盖板。沟内可敷设多根电缆，占地少，走向较灵活。缺点是工程费用较高，沟内容易积水。

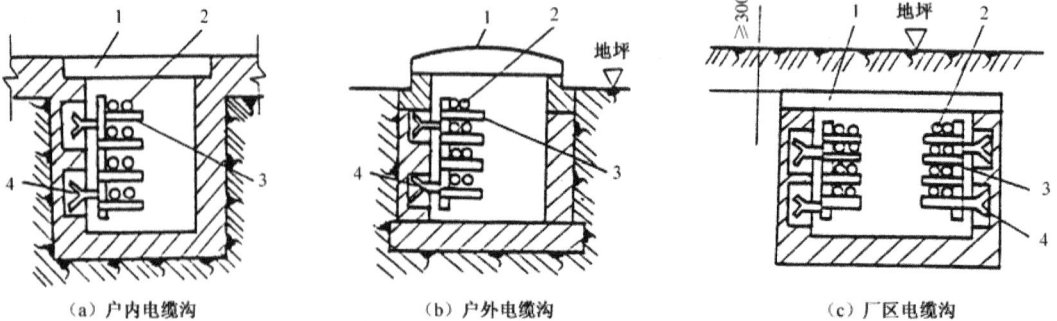

（a）户内电缆沟　　　　（b）户外电缆沟　　　　（c）厂区电缆沟

1—盖板；2—电缆；3—电缆支架；4—预埋铁牛

图 3.44　电缆沟敷设示意图

（3）电缆桥架在户内、户外均可采用，如图3.45所示。这种方式整齐美观，维护方便，有利于防火防爆。由于桥架高于地面，所以不存在积水问题，提高了电缆运行的可靠性，而且避免了与地面管沟的交叉碰撞，桥架内可以敷设价廉的无铠装全塑料电缆。近年来，一些建筑内部的信号（如网络、防火报警系统）电缆也采用桥架敷设。

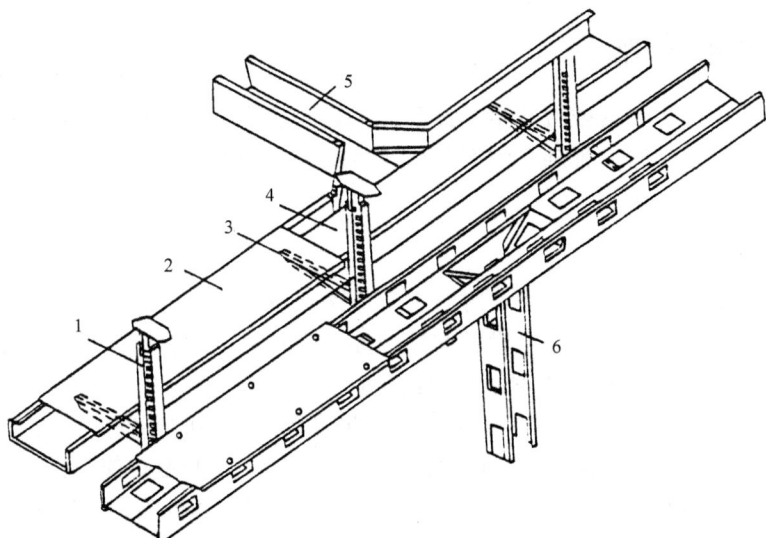

1—支架；2—盖板；3—支臂；4—线槽；5—水平分支线槽；6—垂直分支线槽

图 3.45　电缆桥架示意图

2．电缆敷设的一般要求

敷设电缆，一定要严格遵守有关技术规程和设计要求。竣工以后，要按规定的手续和要求进行检查验收，确保线路的质量。

（1）电缆长度宜按实际线路长度考虑 5%～10%的裕量，以作为安装、检修时的备用。为减少热胀冷缩的影响，直埋电缆应做波浪形埋设。

（2）下列场合的非铠装电缆应采取套管保护：电缆引入或引出建筑物或构筑物；电缆穿墙或穿楼板；从电缆沟引出至电杆；沿墙敷设的电缆距地面 2 m 高度及埋入地下小于 0.3 m 深度的一段；电缆与道路、铁路交叉的一段。所用套管的内径不得小于电缆外径或多根电缆包络径的 1.5 倍。

（3）多根电缆敷设在同一通道中位于同侧的多层支架上时，应符合下列要求：

① 应按电压等级由高至低及由强电至弱电的电力电缆、控制和信号电缆、通信电缆的顺序排列。

② 支架层数受通道空间限制时，35 kV 及以下相邻电压等级的电力电缆，可排列于同一层支架上；1 kV 及以下的电力电缆也可与控制和信号电缆配置在同一层支架上。

③ 同一重要回路的工作与备用电缆实行耐火分隔时，宜适当配置在不同层次的支架上。

（4）电缆与不同管道一起敷设时，应满足下述要求：不允许在敷设煤气管、天然气管和液体燃料管路的沟槽中敷设电缆；少数电缆允许敷设在水管或通风管道的明沟或隧道中，或与这些沟道交叉；明敷的电缆不宜平行敷设于热力管道上部。

（5）直埋敷设于非冻土地区的电缆，其外皮距地下构筑物基础的距离不得小于 0.3 m；距地面的距离不得小于 0.7 m；当其位于车行道或耕地的下方时，不得小于 1 m。电缆直埋于冻土地区时，宜埋入冻土层以下。直埋敷设的电缆严禁位于地下管道的正上方或正下方。有化学腐蚀的土壤中，不宜直埋电缆。

（6）电缆的金属外皮、金属电缆接头及保护钢管和金属支架等，均应可靠接地。

（7）电缆沟的结构应考虑到防火和防水。电缆沟从户外进入户内处及遂道连接处，应设置防火隔板。电缆沟的排水坡度不得小于 5‰，且不能排向厂房内侧。

3.4.4　临时供电线路

在工厂中，常常因为新增或改造生产设备，在其调试阶段或新建基础建筑时需要架设临时供电线路，对临时供电线路的管理一定要严格、规范。大量事实证明，安全事故往往会发生在这些不引人注意的临时线路上。

1．安装使用要求

（1）临时用电的安全管理。因为临时性电气线路一般使用急迫，用电环境复杂，使用人员不一定都具有电气知识，再加上用电设备的移动性、临时性，稍有疏忽便会发生设备事故或人身伤害。为保证安全用电，应加强对临时线路的管理。

① 一般使用现场，对拉设临时线路要有申报批准手续，同时要确定布线方案、安全措施、管理人员、使用时间等。每申请一次，期限最长 15 天，如果到期没有使用完毕，则需要再次申报。在申报期内，安装部门要经常进行检查，使用完毕，应立即拆除，注销申请。

② 建筑、安装施工现场，由于临时线路多，使用周期长，则要求有专门的施工用电管理部门。要有施工临时用电设计，以及按设计进行布线的管理和保证运行的电气专业人员，要建立现场电气管理资料档案（设备、线路、测试数据、隐蔽工程、电气工作人员作业情况，以及变更情况等）。除了整体上的管理，还要加强对现场电气作业的安全教育，检查和监督，要求现场电工按正式线路安装。

（2）临时线路的架设必须由持证电工进行，在施工现场布线工作量较大时，必须由持证电工领导其他人员进行安装。关键部位（如接头、包绝缘、紧固电气接头）的操作、调整参数、调试、带电作业等，必须由持证电工完成。

（3）无论是短期还是长期使用的临时线路，架设时都要符合正式线路的要求。

① 导线的选择要符合用电要求，如绝缘电压等级、载流量、电压损失、机械强度等。

② 使用的电气元件，一定要符合要求，尤其是保护元件要合格。如电焊机临时开关，不准用胶盖闸代替；临时移动照明灯，要用合格手灯和安全电压；短路保护要按实际负载电流选配。

③ 要满足临时线路的屏护、间距、绝缘要求。例如，过路导线高度要符合要求，插座要加绝缘底板安装，拉设照明灯具的高度要符合要求，易受机械损伤的部位要加保护，室外电气设备用闸箱要有防雨措施，闸箱周围不准有易燃、易爆物品等。

④ 要有可靠的接地（接零）保护，而且连接要牢固可靠。

⑤ 临时线路应实行三相五线制供电方式，工作零线（N 线）和保护零线（PE 线）分开敷设，选用导线外皮颜色要依照国家规定（参照表 3.10）。

⑥ 临时线路必须加装漏电保护器。

（4）临时线路使用完毕，应立即拆除。对建筑工地，不使用的临时线路要随时拆除。需要停用较长时间的，则要把电源断开，电线接头用绝缘包布缠好，再需要用时应经过安全检查，然后才可使线路再次送电。

（5）对建筑、安装施工现场，有自备发电机电源的，临时线路系统与外线电源要有联锁，严禁并列运行。其接地（接零）系统应独立设置，与外电线路隔离，不得有电气连接。

（6）防火环境要慎重选择，临时线路要符合要求，防爆环境要禁止拉临时线路。

2．检查与维护

（1）临时线路供电时，电工或使用人不准离开现场，否则要拉闸断电。

（2）对当日不能拆除的临时线路，工作完毕后，要拉闸断电。第二天工作前，应对线路和设备进行检查，没有问题再合闸工作。

（3）临时线路要有专人负责管理和监督使用，持证电工要负责每天上岗巡视。

（4）临时线路及其设备需要修理时，要停电进行。

3.4.5　车间供配电系统中常用的导线类型

1．绝缘电线

绝缘电线按线芯材料分铜芯和铝芯两种。在易燃、易爆或对铝有严重腐蚀的场所应采用铜芯导线，其他场所应优先采用铝芯导线。

按绝缘材料分橡皮绝缘和塑料绝缘两种。塑料导线绝缘性能良好，价格低，可节省橡胶和棉纱，应用十分普遍。在户内，明敷设或穿管敷设塑料导线正越来越多地取代橡皮绝缘导线。但塑料绝缘导线在低温时易变硬变脆，高温时易软化和老化，因此不宜在户外使用。

2．裸导线

车间内干线裸导线的截面形状有圆形和矩形等，材料为铜、铝、钢，用得最多的为矩形截面的硬铝母线。

3．低压电缆

在一些不宜使用绝缘导线的车间可考虑选用低压电缆，车间内临时拉接的电源及机器上的电源线也采用低压电缆。

为了识别电源相序，绝缘导线的绝缘应采用不同颜色。在裸导线上涂不同颜色的油漆来表示交流电相序。根据国家规定，相序色标如表 3.10 所示。

表 3.10　三相交流电相序色标

相　　序	A 相	B 相	C 相	N 线和 PEN 线	PE 线
色　　标	黄	绿	红	淡蓝	黄绿相间

思考题与习题

1．填空

（1）工厂变配电系统的接线图按其在变配电所中的作用可分为_____图和_____图，_____线图又称_____图、_____图、_____图，表示电能接受和分配路线的系统图。

（2）电气主接线的基本形式有_____、_____、_____三种。

（3）对于具有两条电源进线、两台变压器的工厂总降压变电所可采用_____接线，其特点是在两条电源进线之间有一条横跨的_____，并有_____种方式。

（4）工厂的高压线路有_____、_____、_____等基本接线方式。

（5）电杆按其在架空线路中的作用分为_____、_____、_____、_____、_____、_____等。

（6）室内的电气安装和配线施工，应做到_____、_____、_____和_____。

（7）电缆线路与架空线路相比，具有_____，不易_____、_____、_____等优点。

（8）电力电缆按缆芯材料可分为_____电缆和_____电缆，按其采用的绝缘介质分为_____绝缘和_____绝缘、_____绝缘三大类。

2．问答

（1）工厂变配电所的电气主接线有哪些基本要求？

（2）单母线分段连接有什么优点？电源数和分段母线数有什么关系？

（3）桥式接线适用于什么样的变电所？

（4）比较放射式与树干式供电的优、缺点，并说明其适用范围。

（5）绝缘子、横担、拉线在架空线路中各起什么作用？

（6）电缆线路有哪些优点？如何分类？敷设方式有哪几种？

（7）车间供电线路有哪几种敷设方式？

第4章 负荷计算和短路概念

【课程内容及要求】
    内容：（1）介绍电力负荷曲线的有关概念；
           （2）重点讲述负荷计算和尖峰电流计算；
           （3）概述供电系统短路的相关概念。
    要求：（1）使学生理解电力负荷曲线、计算负荷、短路电流等概念，了解工作制、最大负荷、平均负荷等这些工厂供电中常用的概念。
           （2）使学生掌握各级计算负荷求解和尖峰电流的计算方法。理解提高功率因数的方法和意义。

4.1 电力负荷曲线的有关概念

4.1.1 工厂用电设备的工作制

工厂的用电设备，按其工作制分以下三类。

1. 连续工作制

这类工作制的设备在恒定负荷下运行，其运行时间长到足以使之达到热平衡状态，如通风机、水泵、空气压缩机、电机发电机组、电炉和照明灯等。机床主电机一般也是连续运行的。

2. 短时工作制

这类工作制的设备在恒定负荷下运行的时间短，而停歇的时间较长，如机床上的某些辅助电动机、控制闸门的电动机等。

3. 断续周期工作制

这类设备周期性地工作—停歇—工作，如此反复运行，而工作周期一般不超过10 min，如电焊机、起重机械。

断续周期工作制的设备可用"负荷持续率"（又称暂载率）来表征其工作特性。

负荷持续率为一个工作周期内工作时间与工作周期的百分比值，用ε表示，即

$$\varepsilon = \frac{t}{T} \times 100\% = \frac{t}{t+t_0} \times 100 \qquad (4\text{-}1)$$

式中，T为工作周期；t为工作周期内的工作时间；t_0为工作周期内的停歇时间。

断续周期工作制设备的额定容量（铭牌功率）P_N，是对应于某一标准负荷持续率ε_N的。如实际运行的负荷持续率$\varepsilon \neq \varepsilon_N$，则实际容量$P_e$应按同一周期内等效发热条件进行换算。数学推导证明，设备容量与负荷持续率的平方根成反比，即

$$P_e = P_N \sqrt{\frac{\varepsilon_N}{\varepsilon}} \qquad (4\text{-}2)$$

通常电焊机类的ε取100%即ε_{100}，而起重机械类的ε取25%，即ε_{25}。

*4.1.2 工厂的负荷曲线

负荷曲线是表征电力负荷随时间变动情况的一种图形。它将日常记录和积累的数据绘制在直角坐标系上，纵坐标表示负荷功率值，横坐标表示对应的时间（一般以小时为单位）。负荷曲线按负荷对象分，有工厂的、车间的或某台设备的负荷曲线；按负荷的功率性质分，有有功和无功负荷曲线；按所表示的负荷变动时间分，有年的、月的、日的或工作班的负荷曲线；按绘制的方式分，有以点连成的负荷曲线（如图4.1（a）所示）及梯形负荷曲线（如图4.1（b）所示）。图4.1是一班制工厂的日有功负荷曲线。

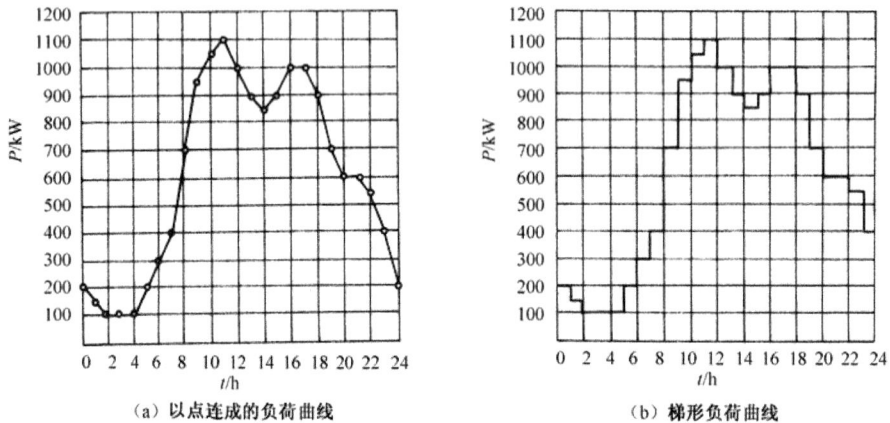

（a）以点连成的负荷曲线 （b）梯形负荷曲线

图4.1 日有功负荷曲线

年负荷曲线通常是根据典型的冬日和夏日负荷曲线来绘制的。这种曲线的负荷从大到小依次排列，反映了全年负荷变动与对应的负荷持续时间（全年按8760 h计算）的关系，这种年负荷曲线全称为年负荷持续时间曲线，如图4.2（a）所示。另一种年负荷曲线是按全年每日的最大半小时平均负荷来绘制的，全称为年每日最大负荷曲线，如图4.2（b）所示。这种年负荷曲线主要用来确定经济运行方式，即用来确定何段时间宜多投入变压器台数而另一段时间又宜少投入变压器台数，使供电系统的能耗达到最小，以获得最大的经济效益。从各种负荷曲线上可以直观地了解电力负荷变动的情况，了解生产设备运行情况，见微知著，可以防患于未然。通过对负荷曲线的分析，可以更深入地掌握负荷变动及运行的规律，并可从中获得一些对设计和运行有用的资料。各种负荷曲线，均要根据真实的现场记录数据来绘制，它是生产管理者挖掘设备潜力，生产调度和决策的依据。因此，负荷曲线对于从事工厂供电设计和运行的人员来说，都是很重要的。

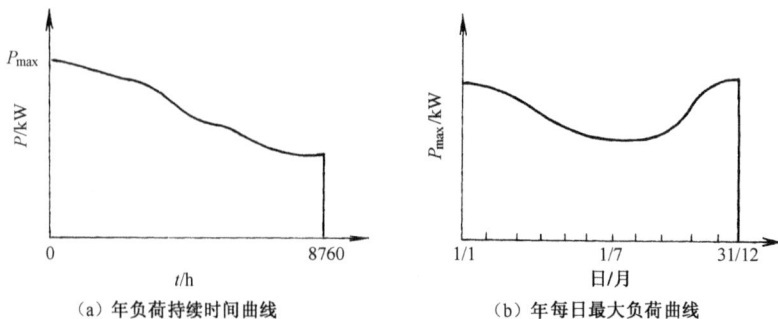

（a）年负荷持续时间曲线 （b）年每日最大负荷曲线

图4.2 年负荷曲线

当前，许多大、中型企业，其供配电系统均采用计算机控制的 DCS 系统或现场总线系统，并且对电力运行过程采用实时监测、数据库管理等先进的技术手段，使供配电系统的运行更加安全、可靠。

4.1.3　与负荷曲线和负荷计算有关的物理量

（一）年最大负荷和年最大负荷利用小时

1．年最大负荷

年最大负荷 P_{max} 是全年中最大班内（这一工作班全年至少要出现 2～3 次）消耗电能最大的半小时的平均功率，因此年最大负荷也称为半小时最大负荷 P_{30}。

2．年最大负荷利用小时

年最大负荷利用小时又称为年最大负荷使用时间 T_{max}，它是一个假想时间，在此时间内，电力负荷按年最大负荷 P_{max} 持续运行所消耗的电能恰好等于该电力负荷全年实际消耗的电能。图 4.3 是从几何意义上来说明年最大负荷利用小时的。以 P_{max} 和 T_{max} 为边的矩形面积恰好等于年负荷曲线与两坐标轴所围的面积，即全年实际消耗的电能 W_a，因此年最大负荷利用小时为

$$T_{max} = W_a/P_{max} \tag{4-3}$$

年最大负荷利用小时是反映电力负荷特征的一个重要参数，它与工厂的生产班制有明显关系。例如，一班制工厂，$T_{max} \approx 1800 \sim 3000\ h$；两班制工厂，$T_{max} \approx 3500 \sim 4800\ h$；三班制工厂，$T_{max} \approx 5000 \sim 7000\ h$。

（二）平均负荷和负荷系数

1．平均负荷 P_{av}

平均负荷 P_{av} 就是电力负荷在一定时间 t 内平均消耗的功率，即

$$P_{av} = W_t/t \tag{4-4}$$

式中，W_t 是指 t 时间内消耗的电能。

年平均负荷为

$$P_{av} = W_a/8760 \tag{4-5}$$

图 4.4 是从几何意义上来说明年平均负荷的。年平均负荷 P_{av} 的横线与两坐标轴所包围的矩形面积，恰好等于年负荷曲线与两坐标轴所包围的面积，即全年实际消耗的电能 W_a。

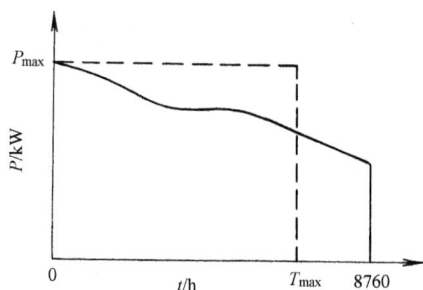

图 4.3　年最大负荷和年最大负荷利用小时　　　　　图 4.4　年平均负荷

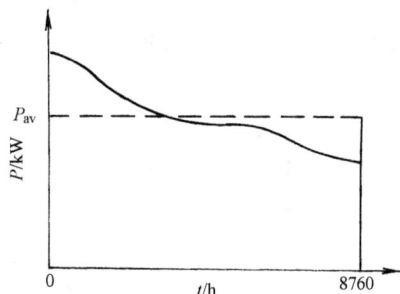

2．负荷系数

负荷系数又称负荷率，它是用电负荷的平均负荷 P_{av} 与其最大负荷 P_{max} 的比值，即

$$K_L = P_{av}/P_{max} \tag{4-6}$$

对负荷曲线来说，负荷系数亦称负荷曲线填充系数，它表征负荷曲线不平坦的程度，即表征负荷起伏的程度。从充分发挥供电设备能力，提高供电效率来说，此系数越趋近1越好。从发挥整个电力系统的效能来说，应尽量使工厂的不平坦的负荷曲线"削峰填谷"，提高负荷系数。

对单台用电设备来说，负荷系数就是设备的输出功率P与设备额定功率P_N的比值，即

$$K_L = P/P_N \tag{4-7}$$

负荷系数（负荷率）有时用符号β表示，也有时用α表示有功负荷系数，用β表示无功负荷系数。

4.2　用电设备组计算负荷的确定

4.2.1　简述

供电系统要能够在正常条件下安全可靠地运行，系统中各个元件（包括电力变压器、开关设备、电缆、导线等）都必须选择得当，除了应满足工作电压和频率要求外，最重要的就是要满足负荷电流的要求，因此有必要对供电系统中各个环节的电力负荷进行统计计算。通过负荷的统计计算求出的、用来按发热条件选择供电系统中的各元件的负荷值称为计算负荷。

计算负荷是电力一次系统的电器及传输导线选择的基本依据，也是二次系统继电保护整定值确定的基本依据。若计算负荷确定过大，将使电器和导线电缆选的规格过大，造成投资过高，导致浪费。若计算负荷确定过小，又将使电器和导线电缆等设备在过负荷情况下运行，必将增加电能损耗，产生过热，导致绝缘老化甚至烧毁，这也是很危险的。由此可见，正确确定计算负荷意义重大。但是，由于负荷情况复杂，影响计算负荷的因素很多，准确确定计算负荷比较困难，因此负荷计算应遵循力求接近实际，留有一定余地，保证运行安全的原则。理论及实践均证明，计算负荷实际上与从曲线上查得的半小时最大负荷P_{30}，也就是与年最大负荷P_{max}是基本相当的，所以计算负荷也可认为就是半小时最大负荷P_{30}。

我国目前普遍采用的确定计算负荷的方法，主要是需要系数法和二项式法。这两种方法均简便实用，又各具特色，前一种方法世界各国已经普遍采用，后一种方法则适用于一些特定的情况。

4.2.2　计算负荷的确定

1. 需要系数法的基本公式及其应用

需要系数K_d，是用电设备组在最大负荷时所需要的有功功率P_{30}与其总的设备容量P_e的比值，即

$$K_d = P_{30}/P_e \tag{4-8}$$

在这里，用电设备组的设备容量P_e是指用电设备组所有设备（不含备用设备）的额定容量P_N之和，即$P_e = \sum P_N$。

K_d是考虑了以下四种情况而取的系数：

（1）用电设备组的设备实际上不一定都同时运行；

（2）运行的设备也不太可能都满负荷；

（3）设备本身有功率损耗；

（4）配电线路也有功率损耗。

实际的需要系数K_d不仅与用电设备组的工作性质、设备台数、设备效率和线路损耗有关，

而且与操作人员的技能和生产组织等多种因素有关。

按需要系数法确定三相用电设备组有功计算负荷的基本公式为（常用单位为 kW）

$$P_{30} = K_{d}P_{e} \qquad (4-9)$$

确定无功计算负荷的基本公式为（常用单位为 kvar）

$$Q_{30} = P_{30} \cdot \tan\varphi \qquad (4-10)$$

确定视在计算负荷的基本公式为（常用单位为 kV·A）

$$S_{30} = P_{30}/\cos\varphi \qquad (4-11)$$

确定计算电流的计算公式为（常用单位为 A）

$$I_{30} = S_{30}/(\sqrt{3} \cdot U_{N}) \qquad (4-12)$$

式中，U_{N} 为用电设备的额定电压（单位为 kV）。

需要系数法比较适用于用电设备台数比较多，而单台设备容量相差不大的情况。应用此法计算时，首先要正确判明用电设备的类别和工作状态，如机修车间的金属切削机床电动机，应属于小批生产的冷加工机床；又如压塑机、拉丝机和锻锤等，应属于热加工机床；再如起重机、行车、电动葫芦、卷扬机等均属于吊车类。

2．二项式法的基本公式及其应用

二项式法的基本公式是

$$P_{30} = bP_{e}+cP_{x} \qquad (4-13)$$

式中，bP_{e} 为用电设备组的平均功率；P_{e} 为用电设备组的设备总容量；cP_{x} 为用电设备组中 x 台容量最大的设备投入运行时增加的附加负荷；P_{x} 是 x 台最大容量的设备总容量；b、c 为二项式系数。

其余的计算负荷 Q_{30}、S_{30} 和 I_{30} 的计算与前述需要系数法的计算相同。

表 4.1 中列有部分用电设备组的需要系数 K_{d}，二项式系数 b、c 和最大容量的设备台数 x 值及相应的 $\cos\varphi$、$\tan\varphi$ 值以供参考。

表 4.1　部分用电设备的需要系数、二项式系数及功率因数值

用电设备组名称	需要系数 K_{d}	二项式系数		最大容量设备台数 x	$\cos\varphi$	$\tan\varphi$
		b	c			
小批量生产的金属冷加工机床电动机	0.16~0.2	0.14	0.4	5	0.5	1.73
大批生产的金属冷加工机床电动机	0.18~0.25	0.14	0.5	5	0.5	1.73
小批量生产的金属热加工机床电动机	0.25~0.3	0.24	0.4	5	0.6	1.33
通风机、水泵、空压机及电动发电机组电动机	0.7~0.8	0.65	0.25	5	0.8	0.75
锅炉房和机加工、机修、装配等类车间的吊车（ε=25%）	0.1~0.15	0.06	0.2	3	0.5	1.73
铸造车间的吊车（ε=25%）	0.15~0.25	0.09	0.3	3	0.5	1.73
自动连续装料的电阻炉设备	0.75~0.8	0.7	0.3	2	0.95	0.33
实验室用的小型电热设备（电阻炉、干燥箱等）	0.7	0.7	0	—	1.0	0
点焊机、焊缝机	0.35	—	—	—	0.6	1.33
对焊机、铆钉机	0.35	—	—	—	0.7	1.02
自动弧焊变压器	0.5	—	—	—	0.4	2.29
生产厂房及办公室、阅览室、实验室照明	0.81	—	—	—	1.0	0
变配电所、仓库照明	0.5~0.7	—	—	—	1.0	0
宿舍（生活区）照明	0.6~0.8	—	—	—	1.0	0

应该注意的是：按二项式法确定计算负荷时，如果设备总台数少于表 4.1 中规定的最大容量设备台数 x 的 2 倍（即 $n<2x$ 时），其最大容量设备台数 x 宜适当取小，一般取 $x=n/2$，且按"四舍五入"规则取整数。如某机床电动机组只有 7 台时，则 $x=7/2\approx4$。

二项式法不仅考虑了用电设备组最大负荷时的平均功率，而且考虑了少数容量最大设备投入运行时对总计算负荷的额外影响，所以二项式法比较适于设备台数较少而容量差别较大的低压干线和分支线的计算负荷的确定。

【例 4-1】 某机修车间的金属切削机床组，拥有额定电压 380 V 的三相电动机，15 kW 的 1 台，11 kW 的 3 台，7.5 kW 的 6 台，4 kW 的 15 台，2.2 kW 的 10 台，1.5 kW 的 10 台，试用需要系数法和二项式法分别求其计算负荷。

解： 由于是机修车间的冷加工机床设备，因此查表 4.1 中"小批量生产的金属冷加工机床电动机"一项，得

$$K_d = 0.16\sim0.2（取 0.2）$$
$$\tan\varphi = 1.73$$
$$\cos\varphi = 0.5$$

（1）用需要系数法求解其计算负荷。

$$P_e = 15\times1 + 11\times3 + 7.5\times6 + 4\times15 + 2.2\times10 + 1.5\times10 = 190(kW)$$

有功计算负荷：$P_{30} = K_d \cdot P_e = 0.2\times190 = 38(kW)$

无功计算负荷：$Q_{30} = P_{30} \cdot \tan\varphi = 38\times1.73 = 65.74(kvar)$

视在计算负荷：$S_{30} = P_{30}/\cos\varphi = 38/0.5 = 76(kV\cdot A)$

计算电流：$I_{30} = S_{30}/(\sqrt{3}\cdot U_N) = 76 kV\cdot A/(\sqrt{3}\times0.38 kV) = 115.5 A$

（2）用二项式法确定其计算负荷。

由表 4.1 查得 $b = 0.14$，$c = 0.4$，$x = 5$，$\cos\varphi = 0.5$，$\tan\varphi = 1.73$。

设备总容量：$P_e = 15\times1 + 11\times3 + 7.5\times6 + 4\times15 + 2.2\times10 + 1.5\times10 = 190(kW)$

$$P_x = 15 + 11\times3 + 7.5 = 55.5(kW)$$

有功计算负荷：$P_{30} = (0.14\times190 + 0.4\times55.5) kW = 48.8 kW$

无功计算负荷：$Q_{30} = 1.73\times48.8 kW = 84.4 kW$

视在计算负荷：$S_{30} = 48.8 kW/0.5 = 97.6 kV\cdot A$

计算电流：$I_{30} = 97.6 kV\cdot A/(\sqrt{3}\times0.38 kV) = 148 A$

比较上述计算结果可以看出，按二项式法计算的结果比按需要系数法计算的结果稍大一些。这是因为二项式法不仅考虑了用电设备组最大负荷时的平均功率，而且考虑了少数容量最大设备投入运行时对总计算负荷的额外影响。经验证明，在设备台数较少情况下或选择低压分支干线时，采用二项式法计算为宜。我国在"电气设计规范"中也规定："用电设备台数较少，各台设备容量相差悬殊时，宜采用二项式法。"

4.3 工厂计算负荷的确定

4.3.1 简述

工厂计算负荷是按发热条件选择工厂电源进线及有关电气设备的基本依据，也是用来计算工厂功率因数、需电容量和确定无功功率补偿容量的基本依据。

确定工厂计算负荷的方法很多，应该按具体情况选用，一般有逐级计算法、需要系数法及按年产量或年产值估算法等。

4.3.2 按逐级计算法确定工厂计算负荷

工厂计算负荷的确定，从确定各用电设备组的计算负荷开始，逐级向工厂进线方向计算，
如图 4.5 所示。如 $P_{30.5}$ 应为其所有出线上的计算负荷（以有功功率为例）$P_{30.6}$ 等之和，乘上同时系数 K_Σ。而 $P_{30.4}=$
$P_{30.5}+\Delta P_{WL2}$，ΔP_{WL2} 为线路 WL$_2$ 的功率损耗。变压器 T
低压侧计算负荷 $P_{30.3}$，则应为低压母线所有出线的计算负
荷 $P_{30.4}$ 等之和，再乘上同时系数 K_Σ（同时系数一般
取 $K_\Sigma=0.95$）。变压器高压进线 WL$_1$ 首端的计算负荷 $P_{30.2}=$
$P_{30.3}+\Delta P_T+\Delta P_{WL1}$，这里 ΔP_T 和 ΔP_{WL1} 分别为变压器 T 和
线路 WL$_1$ 的功率损耗。工厂总的计算负荷 $P_{30.1}$，则为高
压配电所所有出线的计算负荷 $P_{30.2}$ 等之和，乘上同时
系数 K_Σ。上述各级负荷的同时系数 K_Σ 依具体情况确定，
范围为 $0.8\sim0.95$。

对中、小型工厂来说，厂内高低压配电线路一般不长，
其功率损耗可忽略不计。

电力变压器的功率损耗，在一般的负荷计算中，可采
用简化公式来近似计算。对 S7、SL7、S9 等系列的低损耗
配电变压器来说，可采用下列简化公式。

有功功率损耗：$\Delta P_T\approx0.015S_{30}$ (4-14)

无功功率损耗：$\Delta Q_T\approx0.06S_{30}$ (4-15)

式中，S_{30} 为变压器二次侧的视在计算负荷。

图 4.5 工厂供电系统中各
部分的计算负荷

4.3.3 按需要系数法确定工厂计算负荷

将全厂用电设备的总容量 P_e（备用设备容量不计）乘上需要系数 K_d，即得全厂总的有功计
算负荷 P_{30}，因此确定工厂计算负荷的公式如下。

有功计算负荷（单位为 kW）：$P_{30}=K_d\cdot P_e$ (4-16)

无功计算负荷（单位为 kvar）：$Q_{30}=P_{30}\cdot\tan\varphi$ (4-17)

视在计算负荷（单位为 kV·A）：$S_{30}=P_{30}/\cos\varphi$ (4-18)

计算电流（单位为 A）：$I_{30}=S_{30}/(\sqrt{3}U_N)$ (4-19)

式中，K_d、$\cos\varphi$、$\tan\varphi$ 为工厂的需要系数、功率因数及其正切值，可查表 4.2；U_N 为工厂进线
的额定电压（单位 kV）。

表 4.2 部分工厂的全厂需要系数、功率因数及年最大有功负荷利用小时参考值

工 厂 名 称	需要系数	功率因数	年最大有功负荷利用小时数	工 厂 名 称	需要系数	功率因数	年最大有功负荷利用小时数
汽轮机制造厂	0.38	0.88	5000	工具制造厂	0.34	0.65	3800
锅炉制造厂	0.27	0.73	4500	电机制造厂	0.33	0.65	3000
重型机械制造厂	0.35	0.79	3700	电器开关制造厂	0.35	0.75	3400
重型机床制造厂	0.32	0.71	3700	电线电缆制造厂	0.35	0.73	3500
机床制造厂	0.20	0.65	3200	仪器仪表制造厂	0.37	0.81	3500

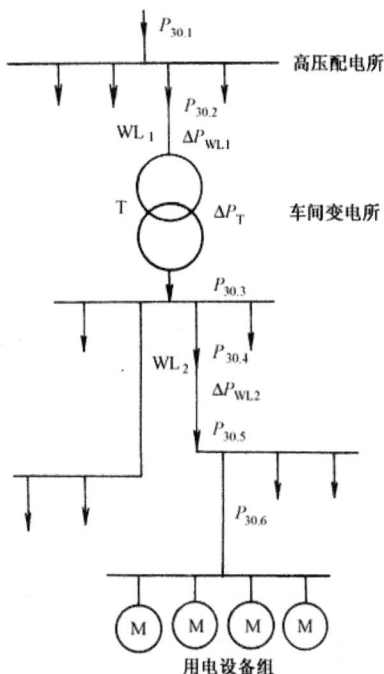

4.3.4　按年产量或年产值估算工厂计算负荷

1．按年产量估算工厂计算负荷

将工厂年产量 A 乘以单位产品耗电量 a，即得到工厂的需要用电量为

$$W_a = Aa \tag{4-20}$$

各类工厂的单位产品耗电量 a，可由有关设计单位根据实测统计资料确定，也可查有关设计手册。

在求出工厂的年需用电量 W_a 后，即可按下式求得工厂的有功计算负荷。

$$P_{30} = W_a / T_{max} \tag{4-21}$$

式中，T_{max} 为工厂的年最大有功负荷利用小时数，可查表4.2。

Q_{30}、S_{30} 和 I_{30} 的计算，仍按式（4-17）～式（4-19）进行。

2．按年产值估算工厂计算负荷

将工厂年产值 B 乘以单位产值耗电量 b，即得到工厂全年的需要用电量为

$$W_a = Bb \tag{4-22}$$

各类工厂的单位产值耗电量 b 可由有关设计单位根据实测统计资料确定，也可查有关设计手册。求出年需用电量 W_a 后，即可按前述公式计算出 P_{30}、Q_{30}、S_{30} 和 I_{30}。

上述的几种确定工厂计算负荷的方法，有简有繁，但是要比较切合实际地确定工厂的计算负荷，除了要考虑工厂的设备情况，也要考虑工厂所属的行业特点。例如，机械行业的工厂采用前两种方法比较适合，而发酵、酿造行业的工厂采用第三种方法就比较适宜。

*4.3.5　工厂的功率因数、无功补偿及补偿后的工厂计算负荷

1．工厂的功率因数

（1）瞬时功率因数。瞬时功率因数可由功率因数表（相位表）直接测量得出，也可由功率表、电流表和电压表按下式求出（间接测量）。

$$\cos\varphi = P /(\sqrt{3}IU) \tag{4-23}$$

式中，P 为三相功率表读数（kW）；I 为电流表测量线电流读数（A）；U 为电压表测量线电压读数（kV）。

瞬时功率因数只用来了解和分析工厂或设备在生产过程中无功功率的变化情况，以便采取适当的补偿措施。

（2）平均功率因数。平均功率因数是指某一规定时间内（如一个月内）功率因数的平均值，按下式计算。

$$\cos\varphi = \frac{W_P}{\sqrt{W_P^2 + W_q^2}} = \frac{1}{\sqrt{1 + (W_q / W_p)^2}} \tag{4-24}$$

式中，W_p 为某一时间内耗用的有功电能，由有功电度表读出；W_q 为某一时间内耗用的无功电能，由无功电度表读出。

我国电业部门每月向工业用户收取电费，规定电费要按月平均功率因数的高低来调整。一般来说，$\cos\varphi > 0.85$ 时，适当奖励；$\cos\varphi < 0.85$ 时，适当惩罚，以此来鼓励工业用户设法提高功率因数，提高电力系统运行的经济性。

（3）最大负荷时的功率因数。最大负荷时的功率因数指在年最大负荷（即计算负荷）时的功率因数，按下式计算。

$$\cos\varphi = P_{30}/S_{30} \qquad\qquad (4\text{-}25)$$

我国有关规程规定：高压供电的工厂，最大负荷时的功率因数不得低于0.9，其他工厂则不得低于 0.85。如果达不到上述要求，则必须进行无功功率补偿。

2．无功功率补偿

一般情况下，由于工厂生产所需的大量动力负荷都是感性负荷，如感应电动机、电焊机、电弧炉等，会使功率因数偏低，因此需采用无功功率补偿措施来提高功率因数。

图 4.6 表示提高功率因数与无功功率和视在功率变化的关系（有功功率固定不变）。当功率因数由 $\cos\varphi$ 提高到 $\cos\varphi'$ 时，无功功率 Q_{30} 和视在功率 S_{30} 分别减小为 Q'_{30} 和 S'_{30}，从而使负荷电流相应减小，这样做所获得的益处是很大的：可降低供电系统的电能损耗和电压损耗；可选用稍小一些容量的电气元件，如电力变压器、开关设备和较小截面的导线，从而减少投资和节约有色金属。要使功率因数由 $\cos\varphi$ 提高到 $\cos\varphi'$，通常需装设人工补偿装置。由图 4.6 可知，无功功率补偿容量应为

$$Q_C = P_{30}(\tan\varphi - \tan\varphi') = \Delta q_C \cdot P_{30}$$

式中，$\Delta q_C = \tan\varphi - \tan\varphi'$，称为无功功率补偿率，单位为kvar/kW；

图 4.6　功率因数的提高与无功功率和视在功率的变化关系图

Δq_C 表示要使 1 kW 的有功功率由 $\cos\varphi$ 提高到 $\cos\varphi'$ 所需的无功功率补偿的 kvar 值，表 4.3 列出了一些无功功率补偿率的值，可根据补偿前后的功率因数直接查出。

表 4.3　并联电容器的无功补偿率

$\dfrac{\cos\varphi_2}{\cos\varphi_1}$	0.85	0.9	0.95	1.00	$\dfrac{\cos\varphi_2}{\cos\varphi_1}$	0.85	0.90	0.95	1.00
0.60	0.713	0.849	1.004	0.333	0.76	0.235	0.371	0.526	0.85
0.62	0.646	0.782	0.937	0.266	0.78	0.182	0.318	0.473	0.80
0.64	0.581	0.717	0.872	0.206	0.80	0.130	0.266	0.421	0.75
0.66	0.518	0.654	0.809	0.138	0.82	0.078	0.214	0.369	0.69
0.68	0.485	0.594	0.749	1.078	0.84	0.026	0.162	0.317	0.64
0.70	0.400	0.536	0.691	1.020	0.86	—	0.109	0.264	0.59
0.72	0.344	0.480	0.635	0.964	0.88	—	0.056	0.211	0.54
0.74	0.289	0.425	0.580	0.909	0.90	—	0.000	0.155	0.48

人工补偿设备最常用的为并联电容器。在确定了总的补偿容量后，就可根据选定的并联电容器的单个容量 C 来确定电容器的个数：

$$n = Q_C/q_C$$

式中，q_C 为单个电容器的额定容量。

由上式计算所得的电容器个数 n。对于单相电容器来说，应取 3 的倍数，以便三相均衡分配（接线方式在第 9 章论述）。表 4.4 介绍了 BW 型并联电容器的主要技术数据。

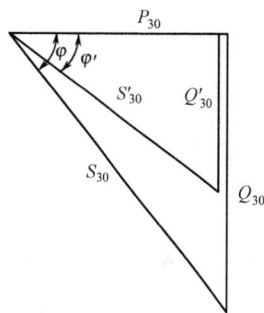

表 4.4　BW 型并联电容器的主要技术数据

型　　号	额定容量 （kvar）	额定电容 （μF）	型　　号	额定容量 （kvar）	额定电容 （μF）
BW0.4-12-1	12	240	BWF6.3-30-1W	30	2.4
BW0.4-12-3	12	240	BWF6.3-40-1W	40	3.2
BW0.4-13-1	13	259	BWF6.3-50-1W	50	4.0
BW0.4-13-3	13	259	BWF6.3-100-1W	100	8.0
BW0.4-14-1	14	280	BWF6.3-120-1W	120	9.63
BW0.4-14-3	14	280	BWF10.5-22-1W	22	0.64
BW6.3-12-1TH	12	0.96	BWF10.5-25-1W	25	0.72
BW6.3-12-1W	12	0.96	BWF10.5-30-1W	30	0.87
BW6.3-16-1W	16	1.28	BWF10.5-40-1W	40	1.15
BW10.5-12-1W	12	0.35	BWF10.5-50-1W	50	1.44
BW10.5-16-1W	16	0.46	BWF10.5-100-1W	100	2.89
BWF6.3-22-1W	22	1.76	BWF10.5-120-1W	120	3.47
BWF6.3-25-1W	25	2.0	—	—	—

3．无功功率补偿后工厂计算负荷的确定

工厂（或车间）装设了无功功率补偿设备后，则在确定补偿设备装设地点前的总计算负荷时，应扣除无功功率补偿容量。因此补偿后的总的无功功率计算负荷为（P_{30} 保持不变）

$$Q'_{30} = Q_{30} - Q_C \qquad (4-26)$$

总的视在计算负荷为

$$S'_{30} = \sqrt{P_{30} + (Q_{30}^2 - Q_C)^2} \qquad (4-27)$$

总的计算电流为

$$I'_{30} = S'_{30} / \sqrt{3}U_N \qquad (4-28)$$

式中，U_N 为补偿地点的系统额定电压。

【例 4-2】 某厂拟建一个降压变电所，装设一台10/0.4 kV 低损耗型主变压器。已知低压侧有功计算负荷为 700 kW，无功计算负荷为 850 kvar，按规定，工厂变电所高压侧的功率因数不得低于 0.9。如果在变压器低压侧进行无功功率补偿，补偿容量是多大？补偿后高压侧计算负荷有多大？在变压器容量选择上有何变化？

解：（1）补偿前变电所低压侧的视在功率为

$$S_{30(2)} = \sqrt{700^2 + 850^2} = 1110(kV \cdot A)$$

变压器容量的选择 $S_{N.T} \geqslant S_{30(2)}$，因此未进行补偿时主变压器容量应选为 $S_{N.T} = 1250\,kV \cdot A$（如表 4.5 所示）。

表 4.5　SL7 系列低损耗配电变压器的主要技术数据

额定容量 S_N (kV·A)	空载损耗 ΔP_0（W）	短路损耗 ΔP_k（W）	阻抗电压 U_z%	空载电流 I_0%	额定容量 S_N (kV·A)	空载损耗 ΔP_0（W）	短路损耗 ΔP_k（W）	阻抗电压 U_z%	空载电流 I_0%
100	320	2000	4	2.6	500	1080	6900	4	2.1
125	370	2450	4	2.5	630	1300	8100	4.5	2.0
160	460	2850	4	2.4	800	1540	9900	4.5	1.7

额定容量 S_N (kV·A)	空载损耗 ΔP_0 (W)	短路损耗 ΔP_k (W)	阻抗电压 U_z%	空载电流 I_0%	额定容量 S_N (kV·A)	空载损耗 ΔP_0 (W)	短路损耗 ΔP_k (W)	阻抗电压 U_z%	空载电流 I_0%
200	540	3400	4	2.4	1000	1800	11 600	4.5	1.4
250	640	4000	4	2.3	1250	2200	13 800	4.5	1.4
315	760	4800	4	2.3	1600	2650	16 500	4.5	1.3
400	920	5800	4	2.1	2000	3100	19 800	5.5	1.2

注: 本表所示变压器的额定一次电压为 6～10 kV, 额定二次电压为 230/400 V, 联结组为 Y, yn0。

低压侧功率因数为

$$\cos\varphi_{(2)} = 700/1101 = 0.64$$

考虑到变压器的无功损耗远大于其有功损耗 $\Delta Q_C = (4\sim5)\Delta P_T$, 所以如果不进行无功补偿, 则高压侧功率因数不可能达到要求, 如在低压侧进行无功补偿, 补偿后低压侧的功率因数要高于 0.9, 达到 0.91～0.92, 才能使高压侧功率因数达到要求。这里取 $\cos\varphi_{(2)} = 0.92$。

（2）低压侧无功补偿容量。

$$Q_C = 700 \times (\tan\arccos 0.64 - \tan\arccos 0.92) = 700 \times (1.20 - 0.43) = 539 \text{(kvar)}$$

取 $Q_C = 550$ kvar。

（3）补偿后高压侧的计算负荷、功率因数和变压器容量。

低压侧视在容量: $S_{30(2)} = \sqrt{700^2 + (850-550)^2} = 762 \text{(kV·A)}$

变压器的功率损耗: $\Delta P_T = 0.015 S_{30(2)} = 0.015 \times 762 \text{kV·A} = 11.4 \text{ kW}$

$$\Delta Q_T = 0.06 S_{30(2)} = 0.06 \times 762 \text{kV·A} = 45.7 \text{ kvar}$$

变压器高压侧计算负荷:

$$P'_{30(1)} = 700 + 11.4 = 711.4 \text{(kW)}$$

$$Q'_{30(1)} = (850 - 550) + 45.7 = 345.7 \text{(kvar)}$$

$$S'_{30(1)} = \sqrt{711.4^2 + 345.7^2} = 791 \text{(kV·A)}$$

$$I'_{30(1)} = 791 \text{kV·A}/(\sqrt{3} \times 10 \text{ kV}) = 45.7 \text{ A}$$

主变压器可选择: $S_{N.T} = 800$ kV·A （参见表 4.3）

功率因数: $\cos\varphi'_{(1)} = P'_{30(1)}/S'_{30(1)} = 711.4/791 = 0.9$

这些计算值满足了规定要求, 并且减少了变压器投资。

提高功率因数, 也可以采用接入同步功率补偿机运行的方法, 同步补偿机又称同步调相机, 它实际上是一台空载运行情况下的同步电动机。由于它的无功功率可调, 运行时使之产生容性的无功功率恰好与生产电机产生的感性无功功率相抵消, 因此也能提高电力系统的功率因数。由于同步调相机的容量不可能很大, 所以它一般应用在局部分支供电路中, 应该接在分支电路的受电端。

4.4　尖峰电流及其计算

4.4.1　简述

尖峰电流是指持续 1～2 s 的短时最大负荷电流, 它用来计算电压波动, 选择熔断器和低压断路器及整定继电保护装置等。大功率电动机在启动时所产生的尖端电流很大时，会增大线路的电压损耗，当前均采用"软启动"技术，以减少电压损耗。

4.4.2　单台用电设备尖峰电流的计算

单台电动机的尖峰电流 I_{pk}，就是其启动电流 I_{st}，即

$$I_{pk} = I_{st} = K_{st}I_N \tag{4-29}$$

式中，I_N 为用电设备的额定电流；K_{st} 为启动电流倍数。笼型异步电机为 5～7，绕线异步电动机为 2～3，电焊机为 3 或稍大。

4.4.3　多台用电设备尖峰电流的计算

多台用电设备线路上的尖峰电流，按下列公式计算

$$I_{pk} = K_\Sigma \sum_{i=1}^{n-1} I_{N \cdot i} + I_{st \cdot max} \tag{4-30}$$

或

$$I_{pk} = I_{30} + (I_{st} - I_N)_{max} \tag{4-31}$$

式中，$I_{st \cdot max}$ 和 $(I_{st}-I_N)_{max}$ 分别为用电设备中启动电流与额定电流之差最大的那台设备的启动电流及启动电流与额定电流之差；$\sum_{i=1}^{n-1} I_{N \cdot i}$ 为启动电流与额定电流之差最大的那台设备除外的其他 $(n-1)$ 台设备的额定电流之和；K_Σ 为（$n-1$）台设备的同时系数，按台数多少选取，台数少应取值大一些，一般为 0.7～1；I_{30} 为全部设备正常运行时线路的计算电流。

【例 4-3】　有一条 380 V 三相线路，供电给如表 4.6 所示的 4 台电动机，试计算该线路的尖峰电流。

表 4.6　例 4-3 的负荷资料

参　数	电　动　机			
	M_1	M_2	M_3	M_4
额定电流 I_N（A）	4	5	35.8	27.6
启动电流 I_{st}（A）	26	35	197	193.2

解：由表 4.6 可知，电动机 M_4 的启动电流与额定电流之差为

$$I_{st}-I_N = 193.2-27.6 = 165.6(A)$$

此值是最大的。

取 $K_\Sigma = 0.9$，尖峰电流为

$$I_{pk} = 0.9 \times (4 + 5 + 35.8) + 193.2 = 233.52(A)$$

4.5　短路及短路电流的有关概念

4.5.1　短路的有关概念

短路是指不同电位的导体之间的电气短接。在正常运行的电力系统中，相与相、相与地之间是绝缘的。不论由于何种原因使绝缘破坏，使得相与相或相与地之间产生"短接"，致使电力系统发生了短路故障，这是电力系统最常见，也是最严重的一种故障。为了确保电力系统的安

全运行，有必要研究短路及相关问题。

1．短路的原因

（1）电气绝缘损坏。

① 设备长期运行，缺乏必要维护，其绝缘自然老化而损坏。

② 设备本身质量不好，绝缘强度不够而被正常电压击穿。

③ 设备绝缘受外力破坏而导致短路。

（2）误操作。操作人员违反操作规程。如误拉带负荷的高压隔离开关，导致三相弧光短路等。

（3）鸟兽害。鸟类及蛇鼠等小动物跨越在裸露的不同电位的导体之间，或者咬坏设备或导体的绝缘，而引起短路故障。

电路短路后，其短路电流比正常负荷电流大很多倍。在大容量电力系统中，短路电流可高达几万安培，如此大的短路电流对电力系统将产生极大的危害，具体危害如下。

① 短路的电动效应和热效应。短路电流将产生很大的电动力和极大的热量，可能造成短路电路中设备的损坏。

② 电压骤降。短路将造成系统电压骤降，越靠近短路点电压越低，这将严重影响电气设备的正常运行。

③ 造成停电事故。短路时电力系统的保护装置动作，使开关跳闸或熔断器熔断，从而造成停电事故。

④ 影响系统稳定。严重的短路可使并列运行的发电机组失去同步，造成电力系统解列，破坏电力系统的稳定运行。

⑤ 产生电磁干扰。当发生单相对地短路时，不平衡电流产生较强的不平衡磁场，对附近的通信线路、信号系统、晶闸管触发系统及其他弱电控制系统可能产生干扰信号，使通信失真，控制失灵，设备产生误动作。

由此可见，短路的后果是非常严重的，因此应尽量设法消除可能引起短路故障的一切因素。

2．短路的形式

在三相系统中，短路形式有下列各种。

（1）三相短路：如图 4.7（a）所示，用文字符号 $k^{(3)}$ 表示，三相短路电流记做 $I_k^{(3)}$。

（2）两相短路：如图 4.7（b）所示，用文字符号 $k^{(2)}$ 表示，两相短路电流记做 $I_k^{(2)}$。

（3）单相短路：如图 4.7（c）、（d）所示，用文字符号 $k^{(1)}$ 表示，单相短路电流记做 $I_k^{(1)}$。

（4）两相接地短路：如图 4.7（e）所示，由中性点不接地的电力系统中两个不同的单相接地所形成的两相短路。也指两相短路又接地的情况，如图 4.7（f）所示，都用文字符号 $k^{(1,1)}$ 表示，其短路电流则记做 $I_k^{(1,1)}$。两相接地短路实质上与两相短路相同。

上述三相短路属对称性短路，其他形式的短路均属不对称性短路。

电力系统中，发生单相短路的可能性最大；而三相短路时，短路电流最大，所以危害最为严重。因此，作为选择和校验电器和导体依据的短路电流，通常采用三相短路电流。

*4.5.2　无限大容量电力系统三相短路的概念

1．无限大容量电力系统

无限大容量电力系统，是指其容量相对单个用户的用电设备容量大得多的电力系统，以致馈电给用户的线路上无论负荷如何变动甚至在发生短路时，电力系统变电所馈电母线上的电压都基本维持不变。实际上，电力系统的容量不是无止境的，但是如果电力系统的容量大于所研究的用户用电设备容量的 50 倍时，即可将此电力系统看做容量无限大。

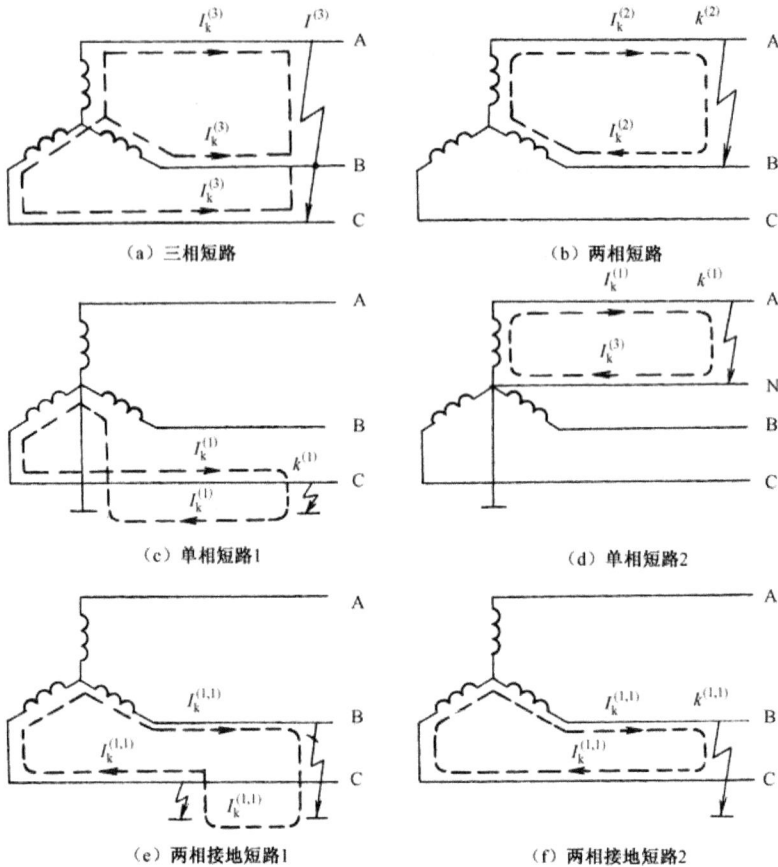

图 4.7　短路的形式（虚线表示短路电流的路径）

一般来说，中、小型工厂甚至某些大型工厂的用电容量相对于现代大型电力系统来说是较小的，因此在计算工厂供电系统的短路电流时，可以认为电力系统是无限大容量的电源。

2．无限大容量电力系统三相短路的物理过程

图 4.8（a）为无限大容量电源供电三相电路上发生三相短路的电路图。由于三相对称，因此这个三相电路可用如图 4.8（b）所示的等效单相电路图来表示。从图上看，回路中的阻抗可以分为两部分，$Z = R_{WL} + jX_{WL}$（线路阻抗）可看做从电源至短路点的阻抗；而 $Z' = R_L + jX_L$（负载阻抗）是从短路点至负荷的阻抗。回路的总阻抗应为 $Z + Z'$，当 k 点发生短路时，相当于开关突然闭合，如图 4.8（b）所示，R_Σ 和 X_Σ 表示短路回路中总的电阻和电抗。回路中阻抗突然大幅下降，由于短路回路中存在电感且感抗远大于电阻，所以电路必然要经过一个瞬变过程（暂态过程或称过渡过程）。经严格数学推导证明：在此过程中短路电流 I_k 由两部分组成，即

$$I_k = I_p + I_{np} \tag{4-32}$$

式中，I_p 为短路电流周期分量；I_{np} 为短路电流非周期分量。

从物理概念上讲，短路电流周期分量是指因短路后电路阻抗突然减小很多，而按欧姆定律应突然增大很多的电流；短路电流非周期分量则是指因短路电路含有感抗，电路电流不可能突

变，而按楞次定律感生的用以维持短路初瞬间电流不致突变的一个反向衰减性电流。此电流一般经 0.2 s 左右衰减完毕后，短路电流达到稳定状态。

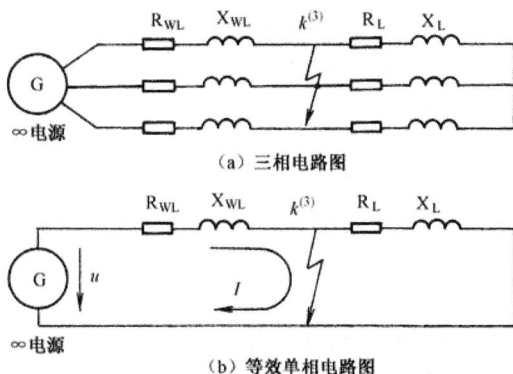

（a）三相电路图

（b）等效单相电路图

图 4.8 无限大容量电力系统中的三相短路

图 4.9 表示无限大容量电力系统发生三相短路前后电流、电压的变动曲线。

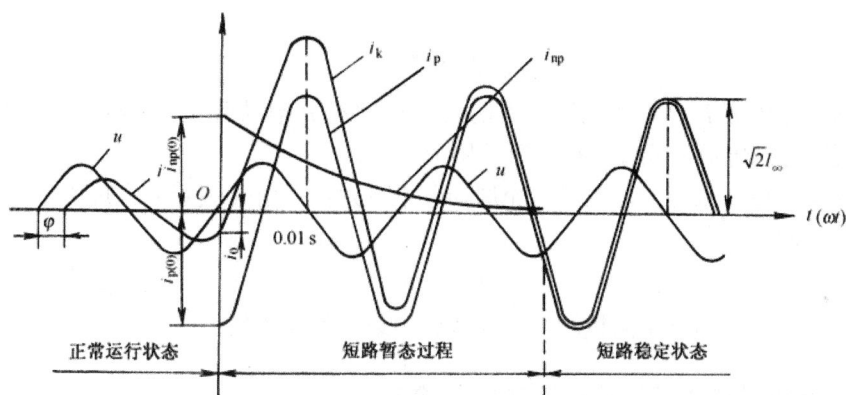

图 4.9 无限大容量电力系统发生三相短路时的电压、电流曲线

3．短路有关的物理量

（1）短路电流周期分量 i_p。该分量是按欧姆定律由短路的电压和阻抗所决定的一个短路电流，在无限大容量电力系统中，由于电源电压不变，因此 i_p 是幅值恒定的正弦交流电流。

在系统正常运行时，电力系统可以看做感性系统，所以电流 i 滞后电压 u 一个相位角 φ，由图 4.9 可知，假设在电压瞬时值 $u=0$ 时发生短路，由于短路电路的感抗远大于电阻，因此短路电路可近似看做一个纯电感电路，$t=0$，$u=0$，电流 i_p 则要突然增大到幅值，这里 I'' 为短路后第一个周期的短路电流周期分量 i_p 的有效值，称为短路次暂态电流有效值。

（2）短路电流非周期分量 i_{np}。该分量是在突然短路时短路电路中出现自感电动势而产生的一个短路电流，正因为有这样一个电流 i_{np}，才使短路前后的电流不突变。非周期分量 i_{np} 是按负指数函数衰减的。短路回路电阻越大，衰减得越快。

（3）短路全电流 i_k。任一瞬间的短路全电流（即短路电流瞬时值）i_k，为该瞬时短路电流周期分量 i_p 和非周期分量 i_{np} 的叠加，如图 4.9 所示。

某一 t 时刻的短路全电流有效值 $I_{k(t)}$，是以 t 为中点的一个周期内的 I_p 有效值 $I_{p(t)}$ 和 I_{np} 在 t

时刻的瞬时值 $i_{np(t)}$ 的均方根值，即

$$I_k(t) = \sqrt{I_{p(t)}^2 + I_{np(t)}^2} \qquad (4\text{-}33)$$

（4）短路冲击电流 i_{sh}。短路冲击电流为短路全电流中的最大瞬时值。由如图 4.9 所示的短路电流曲线可以看出，短路后经过半个周期（0.01 s）时，短路全电流 I_k 达到最大值，此时的电流即短路冲击电流，可按下式计算。

$$i_{sh} \approx K_{sh}\sqrt{2}I'' \qquad (4\text{-}34)$$

式中，K_{sh} 称为冲击系数。

计算证明 K_{sh} 在 1 和 2 之间。短路全电流的最大有效值，是短路后第一个周期的短路全电流有效值，通称短路冲击电流有效值，用 I_{sh} 表示。

在进行短路计算时，可按下列经验公式计算。

计算高压电路的短路时，一般可取 $K_{sh} = 1.8$，因此

$$i_{sh} = 2.55I'' \qquad (4\text{-}35)$$
$$I_{sh} = 1.51I'' \qquad (4\text{-}36)$$

计算低压电路的短路时，一般可取 $K_{sh} = 1.3$，因此

$$i_{sh} = 1.84I'' \qquad (4\text{-}37)$$
$$I_{sh} = 1.09I'' \qquad (4\text{-}38)$$

（5）短路稳态电流 I_∞。短路电流非周期分量 i_{np} 衰减完毕以后（一般经 0.1～0.2 s）的短路全电流称为短路稳态电流或稳态短路电流，用 I_∞ 表示。

在无限大容量电力系统中，短路电流周期分量有效值（用 I_k 表示）在短路全过程中始终是恒定不变的，因此

$$I'' = I_\infty = I_k \qquad (4\text{-}39)$$

短路电流稳态值 I_∞ 通常用来校验电器和线路中载流部件的热稳定性。

*4.6　短路电流的计算方法及目的

当电网中某处发生短路时，其中一部分阻抗被短接，网路阻抗发生变化，故在短路电流计算时，应先对各电气设备的参数（电阻及电抗）进行计算，再计算短路电流的数值。短路电流一般的计算过程是：首先绘出计算电路图，标明电路上各个元件参数，确定短路计算点，然后按所选择的短路计算点绘出等效电路图，在等效电路图上将被计算的短路电流所流经的主要元件表示出来，并计算出阻抗值，根据元件的连接方式，解出总的等效阻抗，最后计算短路电流和短路容量。

计算短路电流的常用方法是欧姆法和标幺制法。欧姆法，又称有名单位制法，因其短路计算中，电气设备元件的阻抗都采用有名单位"欧姆"（Ω）而得名。标幺制又称相对制，即相对单位制法，因其短路计算中的有关物理量采用标幺值（相对单位）而得名。对同一短路问题，两种方法的计算结果应该是相同的，但在高压网络中计算短路电流时采用标幺制法更为方便。

短路电流计算为正确地选择和校验电力系统中的电气设备、选定正确合理的主接线方式提供了重要依据；短路电流计算也为继电保护装置动作电流的整定，保护灵敏度的校验，以及熔断器选择性的配合提供了必要的数据。与三相短路相比，两相及单相短路电流均较小，因此，在远离发电机的无限大容量电力系统中，短路电流校验一般只考虑三相短路。

一个已经定型的工厂供电系统，线路中的电气设备的参数及型号均经过严格的选定。人们在进行维护或检修时，如需要更换元件，则应尽量选用原型号元件；如需更换新型号，则不可随意降低参数标准。

思考题与习题

1. 填空

（1）工厂的用电设备，按其工作制分为_____、_____、_____三类。

（2）负荷曲线是表征_____随时间变动情况的一种图形。它将日常_____的数据绘制在直角坐标系上，纵坐标表示_____，横坐标表示_____。

（3）各种负荷曲线，均要根据真实的_____来绘制，它是生产管理者挖掘_____，生产_____的依据。

（4）理论及实践均证明，计算负荷实际上与从曲线上查得的_____ P_{30}，也就是与年最大负荷 P_{max} 是_____的，所以计算负荷也可认为就是_____ P_{30}。

（5）确定工厂计算负荷的方法很多，应该按具体情况选用，一般有_____、_____及按年_____或年_____估算法等。

（6）尖峰电流是指持续 1～2 s 的_____电流，它用来计算_____，选择_____和低压断路器及整定_____等。

2. 判断（正确用 √，错误用 × 表示）

（1）连续工作制的设备在恒定负荷下运行，其运行时间长达 10min 以上。　　　　（　　）

（2）对负荷曲线来说，负荷系数表征负荷曲线不平坦的程度，此系数越趋近1越好。　（　　）

（3）供配电系统中各个元件，除了应满足工作电压和频率要求外，最重要的就是要满足负荷电流的要求。　　　　　　　　　　　　　　　　　　　　　　　　　　　（　　）

（4）确定工厂计算负荷的方法很多，采用哪一种方法，主要看工厂设备情况。　（　　）

（5）提高工厂供电系统的功率因数主要是为了避免"罚款"，和节能没有太大的关系。（　　）

（6）人们在进行电路及设备维护或检修时，如需要更换元件，应尽量选用原型号元件。（　　）

3. 问答

（1）什么叫负荷持续率？它表征哪类设备的工作特性？

（2）什么叫计算负荷？为什么计算负荷通常采用半小时最大负荷？正确确定计算负荷有何意义？

（3）确定计算负荷的需要系数法和二项式法各有什么特点？各适用于哪些场合？

（4）什么叫无功功率补偿？这对电力系统有什么好处？如何确定无功功率补偿容量？

（5）什么叫尖峰电流？尖峰电流与计算电流均定义为最大负荷电流，其在性质上有哪些区别？

（6）短路电力系统中短路故障产生的原因有哪些？短路对电力系统有哪些危害？

（7）短路有哪些形式？哪种形式的短路可能性最大？哪种形式的短路危害最严重？

4. 计算

（1）有一条 380 V 线路，供电给机修车间的电力设备，车间的冷加工机床电动机容量共 180 kW，行车 1 台容量为 5.1 kW（ε=15%），通风机 4 台容量为 12 kW，试用需要系数法确定各设备组和车间的计算负荷 P_{30}、Q_{30}、S_{30} 和 I_{30}。

（2）某条 220/380 V 的 TN-C 线路，供电给大批生产的冷加工机床电动机，总容量为 120 kW，其中较大容量的电动机有：7.5 kW 2 台，5.5 kW 2 台，4 kW 5 台，其余为较小容量的电动机，试分别用需要系数法和二项式法计算负荷 P_{30}、Q_{30}、S_{30} 和 I_{30}。

（3）某实验室拟安装 5 台 220 V 单相电阻炉，其中 1 kW 的 3 台，3 kW 的 2 台，试合理分配上列各电阻炉于 220/380 V 线路上，并求其计算负荷 P_{30}、Q_{30}、S_{30} 和 I_{30}。

（4）某电器开关厂拥有用电设备总容量 5800 kW，试按需要系数法计算其视在计算负荷。

*（5）已知某厂 10/0.4 kV 变电所装了一台低损耗 SL7 型电力变压器，其低压侧的计算负荷 $P_{30(2)} = 610$ kW，$Q_{30(2)} = 480$ kvar，要求高压侧功率因数必须达到 0.9 以上。若在低压侧进行无功功率补偿，则需装设多少个 BW0.4-12-1 型并联电容器？

（6）某车间有一条 380V 线路用于供电如表 4.7 所示的 5 台异步电动机，试计算该电路的尖峰电流（取 $K_{\Sigma} = 0.9$）。

表 4.7 习题 4（6）的负荷资料

参　数	电 动 机				
	M_1	M_2	M_3	M_4	M_5
额定电流 I_N（A）	10.2	32.4	30	6.1	20
启动电流 I_{st}（A）	61.2	227	165	34	140

第5章 电器和导体的选择

【课程内容及要求】

内容：（1）电力变压器容量和过负荷能力的概念；
　　　（2）对工厂变电所主变压器的台数和容量进行的选择；
　　　（3）供配电系统中高、低压电器及工厂电力线路的选择。
要求：（1）理解电力变压器容量和过负荷能力的概念；
　　　（2）掌握主变压器的台数和容量的选择方法；
　　　（3）掌握高、低压电器及工厂电力线路的选择方法。

5.1 电力变压器的容量和过负荷能力

5.1.1 电力变压器的额定容量与实际容量

要正确选择变电所变压器的台数和容量，应先了解一些关于变压器额定容量和过负荷能力等的相关知识。

电力变压器的额定容量（铭牌容量）$S_{N.T}$ 是指在规定的环境温度（20℃）条件下，户外安装时，在规定的使用年限（20 年）内，所能连续输出的最大视在功率（kV·A）。

按国家规定，电力变压器正常使用的环境温度条件为最高气温40℃，最高年平均气温 20℃。油浸式变压器顶层油的温升，规定不得超过 55℃，即变压器顶层油温不得超过 95℃。

当绕组长期受热时，其绝缘的弹性和机械强度因老化将逐渐减弱，严重时绝缘会变脆，出现裂纹甚至脱落损坏。所以变压器的使用年限主要取决于变压器绕组绝缘的老化速度；绝缘的老化速度又取决于绕组最热点的温度；而绕组的温度又取决于变压器绕组通过的负荷电流大小（发热温升）及环境温度。试验证明，在规定的环境温度条件下带额定负荷运行，变压器绕组最热点的温度会一直维持在95℃，变压器可持续安全运行 20 年。如果让变压器绕组温度升高到120℃时，则变压器只能运行 2 年。这说明变压器的负荷大小及环境温度对变压器的使用寿命影响很大。

当变压器使用条件发生变化，如安装地点的实际环境温度与规定的环境温度不符时，从保证 20 年使用寿命来说，变压器的实际容量 S_T 较之其额定容量 $S_{N.T}$ 可适当提高或减小。一般规定：安装地点的年平均气温 θ_{av} 每超过规定值（20℃）1℃，变压器的实际容量相应减小 1%。故 S_T 可按下式计算。

户外变压器：

$$S_T = \left(1 - \frac{\theta_{av} - 20}{100}\right) S_{N.T} \tag{5-1}$$

户内变压器，由于散热条件较差，一般户内比户外高 8℃，因此其容量应减小 8%，故户内变压器：

$$S_T = \left(0.92 - \frac{\theta_{av} - 20}{100}\right) S_{N.T} \qquad (5-2)$$

5.1.2 电力变压器的正常过负荷能力

变压器的额定容量一般是按最大负荷来选择的，而电力变压器在实际运行中，其负荷大小总在不断变化，且大部分时间是低于额定容量（或实际容量）的，没有充分利用其带负荷能力，这样其寿命可能会延长，因此只要能维持规定的20年使用年限，油浸式电力变压器在需要时完全可以过负荷运行，即正常过负荷。其允许的正常过负荷能力主要由以下两个因素决定。

1. 昼夜负荷的差异

根据典型日负荷曲线的日负荷率 β 与最大负荷持续时间 t，如图 5.1 所示的曲线，即可得到变压器的允许过负荷系数 $K_{OL(1)}$。

2. 季节性负荷差异

以前的观点认为，夏季是负荷（用电量）的低谷，而冬季是负荷的高峰。但现实情况不是这样，由于大量的、功率较大的家电产品的广泛应用，每年的夏季则成为用电高峰，尤其是华东、华南一带。现在春、秋两季则是用电量较低的季节，尤其是当供暖刚结束，供冷未开始或反之的季节里，电力负荷最小，而此时也恰是检修设备、更换线路的最好时节。

如果低负荷季平均日负荷曲线中的最大负荷 S_m 低于变压器的实际容量 S_T 时，则每低1%，变压器在高负荷季可过负荷 1%，但此项过负荷不得超过 15%，即此项允许过负荷系数为

图 5.1 变压器允许过负荷系数 $K_{OL(1)}$

$$K_{OL(2)} = 1 + \frac{S_T - S_m}{S_T} \leqslant 1.15 \qquad (5-3)$$

综合考虑以上两点，变压器总的正常过负荷系数为

$$K_{OL} = K_{OL(1)} + K_{OL(2)} - 1 \qquad (5-4)$$

注意：按规定，户内变压器的正常过负荷不得超过20%，户外变压器的正常过负荷不得超过30%，因此变压器最大的正常过负荷能力为

$$S_{T(OL)} \leqslant K_{OL} S_T = (1.2 \sim 1.3) S_T \qquad (5-5)$$

若环境温度与规定温度相差不大，上几式中 $S_T \approx S_{N.T}$。另外，干式电力变压器一般不考虑正常过负荷问题。

5.1.3 电力变压器的事故过负荷能力

电力变压器在事故状态下（如两台并列运行的变压器因故障一台被切除时），为了保证对重要负荷的继续供电，可允许短时间内较大幅度的过负荷运行，而不论此前其是否长时间欠负荷，这将会影响变压器的使用寿命。油浸式变压器事故过负荷运行的过负荷值与允许时间如

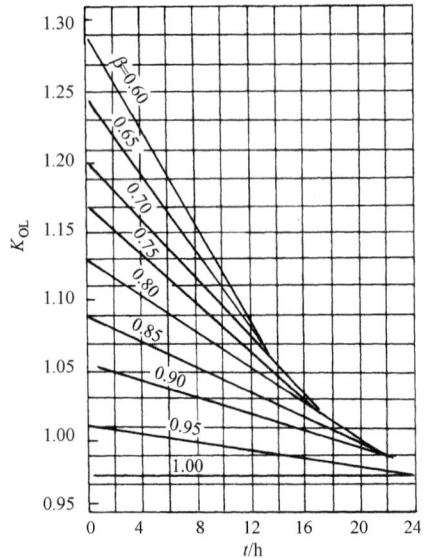

表 5.1 所示。超过时间后，可切除三级负荷以保证一、二级重要负荷的工作和变压器的安全。

表 5.1　油浸式变压器事故过负荷允许值和允许时间对照表

过负荷值（%）	30	45	60	75	100	200
允许时间（min）	120	80	45	20	10	1.5

5.2　工厂变电所主变压器台数和容量的选择

5.2.1　工厂变电所主变压器台数的选择

一般工厂变电所采用一台主变压器供电，若有下列情况之一时，则宜采用两台变压器供电。

（1）带有大量一、二级负荷的变电所，为满足负荷对供电可靠性的要求，应选用两台变压器供电。对于只有少量二级负荷的变电所，若低压侧有与其他变电所相连的联络线作为备用电源，也可以只采用一台变压器供电。

（2）负荷集中且容量很大的变电所，虽是三级负荷，也可采用两台变压器供电，以减小单台容量。

（3）季节性负荷变化较大的变电所，可选用两台变压器供电，以实现经济运行方式，即高负荷季节时，投入两台变压器运行；低负荷季节时，投入一台运行。

（4）确定变电所主变压器台数时，应适当考虑未来 5～10 年负荷的发展，留有一定的余地。

5.2.2　工厂变电所主变压器容量的选择

工厂变电所主变压器容量的选择，应当考虑到负荷大小、负荷等级、负荷发展的要求及变压器台数和变压器过负荷能力等方面的因素。

（1）只装有一台主变压器(或两台，即一台运行，另一台停运)的变电所，主变压器的额定容量应满足全部用电设备总的计算负荷的需要，即

$$S_{N.T} \geqslant S_{30} \tag{5-6}$$

（2）装有两台主变压器（两台可同时运行，也可单台运行）的变电所，每台主变压器的额定容量 $S_{N.T}$ 应同时满足以下两个条件：

① 任何一台变压器单独运行时，应能承担不小于总计算负荷 60%～70% 的需要，即

$$S_{N.T} \geqslant (0.6 \sim 0.7)S_{30} \tag{5-7}$$

② 任何一台变压器单独运行时，应能承担全部一、二级负荷的需要，即

$$S_{N.T} \geqslant S_{30(I+II)} \tag{5-8}$$

此外，受低压断路器的断流能力及短路稳定度要求的限制，也考虑到可以使变压器更接近于负荷中心，以减少低压配电系统的电能损耗和电压损耗，一般配电变压器的容量不宜太大。

【例 5-1】 某工厂的 10/0.4 kV 降压变电所，总计算负荷为 1400 kV·A，其中一、二级负荷为 760 kV·A，试选择该变电所主变压器的台数和容量。

解：因该变电所带有一、二级负荷，因此确定选两台主变压器。

每台主变压器的容量应同时满足以下两式：

$$S_{N.T} \geqslant (0.6 \sim 0.7) \times 1400 = (840 \sim 980)\, kV \cdot A$$

$$S_{N.T} \geqslant 760\, kV \cdot A$$

综合考虑，可选择两台低损耗电力变压器，每台容量为 1000 kV·A（如 SL7—1000/10 或 S9—1000/10 型）。

*5.3 高、低压电器的选择

高、低压电器一般均需按照正常工作条件和短路故障条件来进行选择。

按正常工作条件进行选择，就是要考虑各种电器安装处的环境条件和电气要求。环境条件是指电器所处的位置（户内或户外）、环境温度、海拔高度及有无防尘、防腐、防火、防爆等要求；电气要求是指电器对电压、电流、频率等方面的要求。对开关类电器还应考虑其是否具有足够的断流能力。

5.3.1 高、低压熔断器的选择

（一）熔体额定电流的选择

1. 保护电力线路的熔断器熔体额定电流的选择

（1）熔体额定电流 $I_{N.FE}$ 应不小于线路的计算电流 I_{30}，使熔体在线路正常最大负荷下运行时也不致熔断，以免误动作，即

$$I_{N.FE} \geqslant I_{30} \tag{5-9}$$

（2）熔体额定电流 $I_{N.FE}$ 还应躲过线路的尖峰电流 I_{pk}，使熔体在线路出现尖峰电流时也不致熔断，以免误动作。由于尖峰电流为短时最大负荷电流，而熔体熔断需要一定的时间，按此时间内发热等效原则，需要

$$I_{N.FE} \geqslant K I_{pk} \tag{5-10}$$

式中，K 为小于 1 的计算系数。

对单台电动机的线路：当启动时间 $t_{st}<3$ s 时，取 $K=0.25\sim0.35$；当 $t_{st}=3\sim8$ s 时，宜取 $K=0.35\sim0.5$；当 $t_{st}>8$ s 或频繁启动、反接制动时，取 $K=0.5\sim0.6$。

对多台电动机的线路：K 取 $0.5\sim1$。

（3）熔体额定电流 $I_{N.FE}$ 应与被保护的线路相配合，当线路出现过负荷或短路时，不致引起绝缘导线或电缆过热甚至烧毁而熔断器熔体却不熔断（拒动）的事故发生，因此要求

$$I_{N.FE} \leqslant K_{OL} I_{al} \tag{5-11}$$

式中，I_{al} 为绝缘导线或电缆的允许载流量；K_{OL} 为绝缘导线或电缆的允许短时过负荷系数。若熔断器仅作为短路保护，对穿管绝缘导线和电缆取 2.5，对明敷绝缘导线取 1.5；若还作为过负荷保护则可取 1。

以上三式应同时满足，否则应改选熔断器的型号规格，或者适当加大导线和电缆的截面。

2. 保护电力变压器的熔断器熔体额定电流的选择

用于 1000kV·A 以下的电力变压器短路保护和过负荷保护的熔断器熔体额定电流可按下式确定：

$$I_{N.FE} = (1.5 \sim 2.0) I_{1N.T} \tag{5-12}$$

式中，$I_{1N.T}$ 为电力变压器的一次侧额定电流。

上式综合考虑了三个方面：熔体额定电流应躲过变压器允许的正常过负荷电流；也应躲过变压器空载合闸时的励磁涌流；还应躲过由变压器低压侧电动机的启动所引起的尖峰电流。

3. 保护电压互感器的熔断器熔体额定电流的选择

由于电压互感器二次侧的负荷很小，近似空载，因此保护电压互感器的熔断器（RN2 型）

熔体额定电流一般选 0.5 A。

（二）前后级熔断器之间选择性配合的要求

前后级熔断器之间的选择性配合，即线路发生故障时，靠近故障点的熔断器应该首先熔断，切除故障线路，而前级熔断器不熔断，从而不影响系统的其他部分正常运行，缩小停电范围。

如图 5.2（a）所示线路中，若支线 WL_2 的首端 k 点发生短路，则短路电流 I_k 要同时流过熔断器 FU_2 和 FU_1，但是按保护选择性要求，应该 FU_2 的熔体首先熔断，切除故障线路 WL_2，而 FU_1 不再熔断，因此干线 WL_1 仍能继续正常运行。但是熔断器熔体的实际熔断时间 t' 与其标准保护特性曲线（安秒曲线）上所查得的熔断时间 t 可能有 $\pm30\% \sim \pm50\%$ 的偏差，如图 5.2（b）中阴影部分所示。考虑对选择性配合最不利的情况，即 FU_1 的 $t'_1 = 0.5t_1$，而 FU_2 的 $t'_2 = 1.5t_2$，由图 5.2（b）可以看出，要保证前后两级熔断器的选择性配合，必须使 $t'_1 > t'_2$，即 $t_1 > 3t_2$。

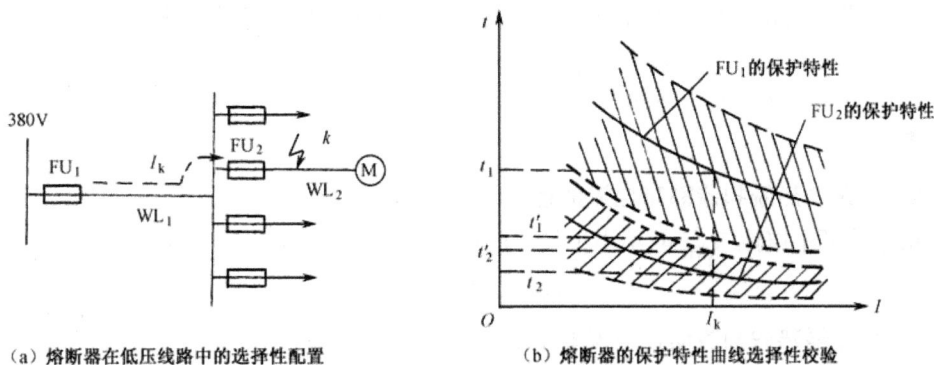

（a）熔断器在低压线路中的选择性配置　　　（b）熔断器的保护特性曲线选择性校验

图 5.2　熔断器保护的选择性配合

5.3.2　低压开关设备的选择

低压开关设备主要包括低压断路器、低压刀开关及低压负荷开关，这里重点介绍低压断路器的选择和整定。

1. 低压断路器过电流脱扣器额定电流的选择

过电流脱扣器的额定电流 $I_{N.OR}$ 应不小于线路的计算电流 I_{30}，即

$$I_{N.OR} \geqslant I_{30} \tag{5-13}$$

2. 低压断路器过电流脱扣器动作电流的整定

低压断路器可根据短路保护要求装设瞬时、短延时过流脱扣器，根据过负荷保护要求装设长延时过流脱扣器，其动作电流分别如下整定。

（1）瞬时过电流脱扣器的动作电流（脱扣电流）$I_{op(0)}$ 应躲过线路的尖峰电流 I_{pk}，即

$$I_{op(0)} \geqslant K_{rel} I_{pk} \tag{5-14}$$

式中，K_{rel} 为可靠系数，对动作时间在 0.02 s 以上的 DW 系列断路器取 1.35；对动作时间在 0.02 s 及以下的 DZ 系列断路器可取 2～2.5。

（2）短延时过电流脱扣器的动作电流 $I_{op(s)}$ 也应躲过线路的尖峰电流 I_{pk}，即

$$I_{op(s)} \geqslant K_{rel} I_{pk} \tag{5-15}$$

式中，K_{rel} 为可靠系数，可取 1.2。

短延时过电流脱扣器的动作时间一般分 0.2 s、0.4 s 和 0.6 s 三级，按前后级保护选择性配合的要求，应使前一级保护的动作时间比后一级保护的动作时间长一个时间级差（0.2 s）。

（3）长延时过电流脱扣器的动作电流 $I_{op(l)}$ 应能躲过线路的计算电流 I_{30}，即

$$I_{op(l)} \geqslant K_{rel} I_{30} \tag{5-16}$$

式中，K_{rel} 为可靠系数，可取 1.1。

长延时过电流脱扣器的动作时间应小于线路允许过负荷时间，其动作特性一般为反时限，即过负荷电流越大，动作时间越短。

（4）各种过电流脱扣器的动作电流还应与被保护线路相配合，不致因过电流脱扣器拒动而发生过负荷或短路时引起绝缘导线或电缆过热甚至烧毁的事故，因此还需要求

$$I_{op} \leqslant K_{OL} I_{al} \tag{5-17}$$

式中，I_{al} 为绝缘导线和电缆的允许载流量；K_{OL} 为绝缘导线和电缆的允许短时过负荷系数，对瞬时和短延时过电流脱扣器取 4.5，对长延时过电流脱扣器取 1。

如不满足式（5-15）的配合要求，则应改选脱扣器动作电流，或适当加大导线或电缆的线芯截面。

3．低压断路器热脱扣器额定电流的选择

热脱扣器的额定电流 $I_{N.TR}$ 应不小于线路的计算电流 I_{30}，即

$$I_{N.TR} \geqslant I_{30} \tag{5-18}$$

4．低压断路器热脱扣器动作电流的整定

热脱扣器一般用于过负荷保护，其动作电流 $I_{op.TR}$ 应躲过线路的计算电流 I_{30}，即

$$I_{op.TR} \geqslant K_{rel} I_{30} \tag{5-19}$$

式中，K_{rel} 为可靠系数，取 1.1，一般宜通过实际测试进行调整。

5．低压断路器的选择

（1）低压断路器的额定电压应不低于安装线路的额定电压。

（2）低压断路器的额定电流应不小于它所安装的各脱扣器额定电流。

（3）低压断路器断流能力的校验。

对动作时间在 0.02 s 以上的 DW_{15}^{10} 型系列断路器（如表 5.2 所示），其最大分断电流 I_{oc} 应不小于通过它的三相短路电流 $I_k^{(3)}$，即

$$I_{oc} \geqslant I_k^{(3)} \tag{5-20}$$

表 5.2　DW_{15}^{10} 型低压断路器的主要技术数据

型　　号	瞬时分断能力		过流脱扣器额定电流（A）	脱扣器整定电流倍数
	电流有效值（kA）	$\cos\varphi$		
DW10-200	10	0.4	100,150,200	
DW10-400	15	0.4	100,150,200,250,3200,350,400	
DW10-600	15	0.4	400,500,600	
DW10-1000	20	0.4	400,500,600,800,1000	1～1.5～3
DW10-1500	20	0.4	1000,1500	
DW10-2500	30	0.4	1000,1500,2000,2500	
DW10-4000	40	0.4	2000,2500,3000,4000	

对动作时间在 0.02 s 及以下的 DZ 系列断路器，其最大分断电流 I_{oc} 或 i_{oc} 应不小于通过它的三相短路冲击电流 $I_{sh}^{(3)}$ 或 $i_{sh}^{(3)}$，即

$$I_{oc} \geqslant I_{sh}^{(3)}$$

或

$$i_{oc} \geqslant i_{sh}^{(3)} \tag{5-21}$$

6．前后断路器之间的选择性配合

前后断路器之间的选择性配合可按断路器的保护特性曲线来检验，动作时间偏差范围可考虑 $\pm 20\% \sim \pm 30\%$，前一级考虑负偏差，后一级考虑正偏差。一般来说，前一级断路器宜采用带短延时的过电流脱扣器，且前一级动作电流 $I_{op.1}$ 与后一级动作电流 $I_{op.2}$ 按 $I_{op.1} \geqslant 1.2 I_{op.2}$ 的关系确定。对于非重要负荷也允许无选择性切断。表 5.2 列出了 DW$_{15}^{10}$ 型低压断路器的主要技术数据供参考。

5.3.3　高压开关设备的选择

高压开关主要包括高压隔离开关、高压负荷开关及高压断路器，这里仅介绍高压断路器的选择。

（1）高压断路器的额定电压应不低于安装处电路的额定电压，其额定电流应不小于所通过的计算电流。

（2）高压断路器可以用来分断短路电流，其断流能力应按下式校验

$$I_{oc} \geqslant I_{k}^{(3)}$$

或

$$S_{oc} \geqslant S_{k}^{(3)} \tag{5-22}$$

式中，I_{oc}、S_{oc} 为断路器的最大开断电流和断流容量。

5.4　工厂电力线路的选择

5.4.1　简述

工厂电力线路在供电系统中起着输送和分配电能的作用，是主要供电设备，包括裸导线、绝缘导线、母线和电缆，在选择时应以安全、可靠、优质、经济为原则，合理选择其截面。导线和电缆的截面选择必须同时满足下列条件。

1．发热条件

由于导体存在电阻，当电流通过导体时必然产生电能损耗，会使导体发热，温度升高。绝缘导线和电缆的温度过高时，会加快绝缘老化速度，甚至引起火灾；裸导线会使接头处氧化加剧，接触电阻增大，发热更严重，甚至烧断线路。故导线和电缆在通过计算电流时产生的发热温度，不应超过正常运行时的最高允许温度。

2．经济电流密度

35 kV 及以上的高压长距离线路和低压大电流线路，应按国家规定的经济电流密度来选择导线和电缆的截面，使线路投资和年运行费用达到最小。一般工厂 10 kV 及以下的线路较短，

可不按经济电流密度选择。

3. 允许电压损耗

导线和电缆在通过计算电流时产生的电压损耗，不应超过设备正常运行时的允许电压损耗，以保证电压质量。对于工厂内较短的线路，可不进行电压损耗的校验。

4. 机械强度

为防止断线，导线的截面应不小于相应敷设方式下的最小允许截面，如表 5.3 所列为架空裸导线的最小截面，其他敷设方式可查电工手册。由于电缆结构上有机械强度很高的保护层，故不需校验机械强度，但它需校验短路热稳定度。

表 5.3 架空裸导线的最小允许截面

导 线 种 类	最小允许截面（mm^2）			备注
	35 kV	3～10 kV	低压	
铝及铝合金线	35	35	16*	与铁路交叉跨越时应为 35 mm^2
钢芯铝绞线	35	25	16	

从理论上说，选择导线截面时上述四个条件均应满足，并取其中最大的截面作为应选取的截面。但从实际运行看，对用于不同情况下的导线，选择条件可以有所侧重。如在工程设计中，对于 6～10 kV 及以下的高压配电线路和低压动力线路，因负荷电流大，一般可先按发热条件来选择截面，然后再校验机械强度和电压损耗；对于低压照明线路，由于它对电压质量要求较高，一般可先按允许电压损耗来选择截面，然后再校验发热条件和机械强度；而对于 35 kV 及以上的高压输电线路，则可先按经济电流密度来选择经济截面，再校验发热条件、允许电压损耗和机械强度等。根据经验，这样选择更为简便一些。

此外，绝缘导线和电缆的额定电压还不得小于工作电压。

5.4.2 按发热条件选择校验导线和电缆的截面

1. 相线截面的选择

按发热条件选择三相线路中的相线截面 A_φ 时，应使其允许的载流量 I_{al} 不小于通过相线的计算电流 I_{30}，即

$$I_{al} \geqslant I_{30} \tag{5-23}$$

式中，I_{al} 为导线的允许载流量，就是在规定的环境温度条件下，导线能够连续通过而不致使其稳定温度超过最高允许温度的最大电流。表 5.4、表 5.5 介绍了常用的 LJ 型铝绞线和部分铝芯绝缘导线的允许载流量。

表 5.4 LJ 型铝绞线的电阻、电抗和允许载流量

额定截面（mm^2）	16	25	35	50	70	95	120	150	185	240
50℃时电阻值 R_0（Ω·km^{-1}）	2.07	1.33	0.96	0.66	0.48	0.36	0.28	0.23	0.18	0.14
线间几何均距（mm）	线路电抗 X_0（Ω·km^{-1}）									
600	0.36	0.35	0.34	0.33	0.32	0.31	0.30	0.29	0.28	0.27
800	0.38	0.37	0.36	0.35	0.34	0.33	0.32	0.31	0.30	0.30
1000	0.40	0.38	0.37	0.36	0.35	0.34	0.33	0.32	0.31	0.31

续表

1250	0.41	0.40	0.39	0.37	0.36	0.35	0.34	0.34	0.33	0.33
1500	0.42	0.41	0.40	0.38	0.37	0.36	0.35	0.35	0.34	0.33
2000	0.44	0.43	0.41	0.40	0.40	0.39	0.37	0.37	0.36	0.35
室外气温 25℃、导线最高允许温度 70℃时的允许载流量（A）	105	135	170	215	265	325	375	440	500	610

注：1. TJ 型铜绞线的允许载流量约为同截面的 LJ 型铝绞线允许载流量的 1.3 倍。

　　2. 表中允许载流量所对应的环境温度为 25℃。如果环境温度不是 25℃，则允许载流量应乘修正系数。

实际环境温度（℃）	5	10	15	20	25	30	35	40	45
允许载流量修正系数	1.20	1.15	1.11	1.06	1.00	0.94	0.89	0.82	0.75

表 5.5　BLX 型和 BLV 型铝芯绝缘导线明敷时的允许载流量（A）

线芯截面（mm²）	BLX 型铝芯橡皮导线				BLV 型铝芯塑料导线			
	环境温度				环境温度			
	25℃	30℃	35℃	40℃	25℃	30℃	35℃	40℃
	允许载流量（A）				允许载流量（A）			
2.5	27	25	23	21	25	23	21	19
4	35	32	30	27	32	29	27	25
6	45	42	38	35	42	39	36	33
10	65	60	56	51	59	55	51	46
16	85	79	73	67	80	74	69	63
25	110	102	95	87	105	98	90	83
35	138	129	119	109	130	121	112	102
50	175	163	151	138	165	154	142	130
70	220	206	190	174	205	191	177	162
95	265	247	229	209	250	233	216	197
120	310	280	268	245	283	266	246	225
150	360	336	311	284	325	303	281	257
185	420	392	363	332	380	355	328	300
240	510	476	441	403	—	—	—	—

I_{30} 为线路计算电流，对电力变压器一次侧的导线，取变压器一次侧的额定电流；对并联电容器的引入线，计算电流应取并联电容器组额定电流的 1.35 倍。

当导线敷设地点的环境温度与导线允许载流量所对应的环境温度不同时，导线的实际载流量可用允许载流量乘以温度校正系数 K_θ 来表示。

$$K_\theta = \sqrt{\frac{\theta_{al} - \theta_0'}{\theta_{al} - \theta_0}} \qquad (5-24)$$

式中，θ_{al} 为导线通过允许载流量时的最高允许温度。θ_0 为导线允许载流量所对应的标准环境温度。θ_0' 为导线敷设地点实际的环境温度。户外取当地最热月的日最高气温平均值；户内取当地最热月的日最高气温平均值加 5℃；土中直埋电缆，取深埋处最热月平均地温或近似取当地最热月平均气温。

各种导线的允许载流量可查阅有关设计手册。另外，根据等效发热条件可知，铜芯导线允许载流量是相同截面和相同类型的铝芯导线的 1.3 倍。

必须注意，按发热条件选择的导线截面还要按式（5-9）式（5-15）来校验导线是否与其相应的保护装置相配合，否则应适当加大导体截面或改选保护装置。

2．低压线路的中性线、保护线和保护中性线截面的选择

（1）中性线截面的选择。低压三相四线制（TN 或 TT）线路中，中性线（N 线）一般通过的电流仅是较小的三相不平衡负荷电流、零序电流及 3 次谐波电流，故可按以下条件选择。

一般三相四线制线路的中性线截面 A_0，应不小于相线截面 A_φ 的 50%，即

$$A_0 \geqslant 0.5A_\varphi \tag{5-25}$$

对三次谐波电流突出的三相线路，由于中性线电流可能接近其至超过相线电流，故此中性线截面应不小于相线截面，即

$$A_0 \geqslant A_\varphi \tag{5-26}$$

对由三相线路分出的两相三线线路和单相双线线路中的中性线，由于其中性线的电流与相线电流相等，因此中性线截面应与相线截面相等，即

$$A_0 = A_\varphi \tag{5-27}$$

（2）保护线截面的选择。低压系统中的保护线（PE 线），按 GB50054—1995《低压配电设计规范》规定，其最小截面应符合表 5.6 的要求。

表 5.6　PE 线的最小截面

相线线芯截面	$A_\varphi \leqslant 16 \text{ mm}^2$	$16 \text{ mm}^2 < A_\varphi \leqslant 35 \text{ mm}^2$	$A_\varphi > 35 \text{ mm}^2$
PE 线最小截面	$A_{PE} \geqslant A_{PE}$	$A_{PE} \geqslant 16 \text{ mm}^2$	$A_{PE} \geqslant 0.5A_\varphi$

（3）保护中性线截面的选择。低压系统中的保护中性线（PEN 线）的截面，应同时满足上述中性线（N 线）和保护线（PE 线）选择的要求并取其中的大者。

【例 5-2】　有一条采用 BLV—500 型穿硬塑料管敷设的 200/380 V 的 TN-S 线路，带三相电动机组，计算电流为 72 A，敷设地点的环境温度为 35℃，试按发热条件选择此线路的导线截面。

解：（1）相线截面的选择：查相关技术手册知，35℃时五条穿硬塑料管敷设的 BLV—500 型铝芯塑料线 50 mm² 的 $I_{al} = 77 \text{ A} > I_{30} = 72 \text{ A}$，满足发热条件，故选 $A_\varphi = 50 \text{ mm}^2$。

（2）N 线截面的选择：如式（5-23），选 $A_0 = 25 \text{ mm}^2$。

（3）PE 线截面的选择：如表 5.6 所示，选 $A_{PE} = 25 \text{ mm}^2$。

所选线路型号规格为 BLV-500-（3×50 + 1×25 + PE25）。

5.4.3　按经济电流密度选择导线和电缆的截面

选择导线截面越大，线路电能损耗越小，但是初期投资、维护管理的费用就越大，因此对超高压远距离输电线路应综合考虑，选择年运行费用最小的"经济截面" A_{ec}，公式如下

$$A_{ec} = I_{30}/j_{ec} \tag{5-28}$$

式中，A_{ec} 为导线的经济截面；I_{30} 为线路的计算电流；j_{ec} 为经济电流密度。

按经济电流密度 j_{ec} 选择导线和电缆截面时，一般应尽量取接近且小于 A_{ec} 的标准截面，这是从节约投资和有色金属方面考虑的。

根据我国国情，特别是有色金属资源情况，我国规定了各种导线的经济电流密度如表 5.7 所示。

表 5.7　各种导线的经济电流密度 j_{ec}（A/mm^2）

线 路 类 别	导 体 材 料	年最大负荷利用小时数 T_{max}（h）		
		3000 以下	3000～5000	5000 以上
架空线路	铜	3.00	2.25	1.75
	铝	1.65	1.15	0.90
电缆线路	铜	2.50	2.25	2.00
	铝	1.92	1.73	1.54

【例 5-3】　有 1 条用 LJ 型铝绞线架设的 5 km 长的 10 kV 架空线路，计算电流为 114A，T_{max} = 4800 h，试选择其经济截面，并考虑能否满足其发热条件和机械强度的要求。

解：（1）选择经济截面。查表 5.7 得 j_{ec} = 1.15 A/mm^2，则

$$A_{ec} = I_{30}/j_{ec} = 114\ A/\ (1.15\ A/mm^2) = 99\ mm^2$$

查表 5.4 选择额定截面为 95 mm^2 的 LJ 型铝绞线。

（2）LJ—95 型铝绞线允许载流量（室外 25℃时）为 L_{al} = 325 A＞114 A，因此满足其发热条件。

（3）查表 5.3，10 kV 架空铝绞线最小允许截面为 A_{min} = 35 mm^2＜A = 95 mm^2，所以也满足机械强度要求。

思考题与习题

1．填空

（1）电力变压器的_____$S_{N.T}$是指在规定的环境温度_____条件下，户外安装时，在_____使用年限（20 年）内，所能连续输出的_____。

（2）按国家规定，电力变压器正常使用的环境温度条件为最高气温_____，最高年平均气温_____。油浸式变压器顶层油的温升，规定不得超过_____，即变压器顶层油温不得超过_____。

（3）油浸式电力变压器在需要时完全可以过负荷运行，即正常过负荷。其允许的正常过负荷能力主要由_____、_____两个因素决定。

（4）工厂变电所主变压器容量的选择，应当考虑到_____、_____、_____的要求及变压器_____和变压器_____等方面的因素。

（5）高、低压电器一般均需按照_____和_____来进行选择。

（6）保护电力变压器的熔断器，其熔体额定电流应躲过变压器允许的_____电流；也应躲过变压器空载合闸时的_____；还应躲过由变压器低压侧电动机的启动所引起的_____。

（7）工厂电力线路在供电系统中起着_____和_____电能的作用，是主要供电设备，在选择时应以安全、_____、_____、_____为原则，合理选择其截面。

（8）导线和电缆的截面选择必须同时满足_____、_____、_____、_____四个条件。

2．问答

（1）什么是变压器的额定容量和实际容量？变压器的寿命与什么因素有关？

（2）什么情况下变电所主变压器要选两台？

（3）如何实现前后级熔断器的选择性配合？

（4）低压断路器的各种脱扣器各有什么作用？

（5）选择导线和电缆截面应满足哪些条件？一般动力线路、照明线路、高压输电线路分别应先按什么条件选择？为什么？

3. 计算

（1）某工厂四车间 10/0.4 kV 变电所的总计算负荷为 800 kV·A，其中Ⅰ、Ⅱ类负荷有 250 kV·A，试选择该变电所主变压器的台数和容量（当地年平均气温 20℃）。

（2）室内有一条 BLX—500 型铝芯橡皮线明敷的 220/380 V 的 TN-S 线路，计算电流为 50 A，当地最热月平均高气温为+30℃。试按发热条件选择此线路的导线截面。

第6章 继电保护装置及二次回路

【课程内容及要求】

内容：（1）继电保护装置的任务和基本要求；
　　　（2）工厂供电系统中常用的保护继电器类型和结构；
　　　（3）对高压线路、电力变压器的继电保护方案；
　　　（4）断路器的控制回路及信号系统；
　　　（5）绝缘监察装置、电气测量仪表及二次回路接线图的基本知识。

要求：（1）熟悉常用的各类保护继电器；
　　　（2）理解并掌握对高压线路、电力变压器的继电保护方案；
　　　（3）了解断路器控制回路和信号系统；
　　　（4）了解电路绝缘装置、电气测量仪表的基本知识。

6.1 继电保护装置的任务和基本要求

6.1.1 继电保护装置的任务

供电系统和电气设备由于绝缘老化、损坏或其他原因，可能发生各种故障和处于不正常的工作状态，其中最常见的是短路故障。供电系统发生短路故障时，必须迅速切除故障部分，恢复其他无故障部分的正常运行，因此在工厂供电系统中装有不同类型的过电流保护装置。

工厂供电系统的过电流保护装置有：熔断器保护、低压断路器保护和继电器保护。

● 熔断器保护：适用于高低压供电系统，其装置简单经济，但灵敏度低，熔体熔断后更换不便，不能迅速恢复供电，从而影响了供电可靠性。

● 低压断路器保护：又称低压自动开关保护，其装置灵敏度高，故障消除后可很快合闸恢复供电，供电可靠性大大提高，但只适用于低压系统。

● 继电器保护：适用于要求供电可靠性较高，操作灵活方便，特别是自动化程度较高的高压供电系统。

继电保护装置的任务是在供电系统发生故障时，必须迅速切除故障，以缩小事故范围，保障系统无故障部分继续正常运行，而当系统出现不正常的工作状态时，要给值班人员发出信号，让值班人员及时处理，以避免引起设备事故。这是供电系统继电保护装置所要承担的任务。

6.1.2 继电保护装置的基本要求

继电保护装置按其所承担的任务，必须满足以下四个基本要求。

1. 选择性

当供电系统某部分发生故障时，继电保护装置只将故障部分切除，保证无故障部分继续运行。满足这一要求的动作称为"选择性动作"。如果供电系统发生故障时，靠近故障点的保护装置不动作（拒动作），而远离故障点的一级保护装置动作（越级动作），这就叫做"失去选择性"。

2．速动性

当供电系统发生故障时，为了防止事故扩大，减轻短路电流对电气设备的破坏程度，加速恢复供电系统正常运行的过程，继电保护装置应迅速动作切除故障。

3．可靠性

当被保护设备内发生属于该保护应该反应的故障时，该保护装置不会拒绝动作；而不该动作时又不会误动作。继电保护装置的可靠性与保护装置的接线方式、元件的质量及安装、整定和运行维护等很多因素有关。

4．灵敏性

指继电保护装置对被保护的电气设备可能发生的故障和不正常运行状态的反应能力。如果继电保护装置对其保护区内的极轻微故障都能及时地反应动作，就说明该继电保护装置的灵敏性高。对反应过量的继电保护装置，灵敏系数为

$$S_p = \frac{I_{k.min}}{I_{op.1}} \qquad (6-1)$$

式中，$I_{k.min}$ 为继电保护装置保护区内在电力系统最小运行方式下的最小短路电流；$I_{op.1}$ 为继电保护装置动作电流换算到一次电路的值，称为一次动作电流；S_p 为灵敏系数。

对于一个具体的继电保护装置，以上四项要求不一定都是同等重要的，往往有所侧重。例如，对于电力变压器，它是供电系统中最关键的设备，应对继电保护的灵敏性和快速性有所侧重；而对于一般的配电线路，灵敏性要求可以低一些，而对于选择性要求较高。

6.2 常用的保护继电器

6.2.1 简述

继电器是构成继电保护装置的基本元件。按其功能分类，有控制继电器和保护继电器两种类型。机床控制电路采用的继电器属于控制继电器；供电系统中应用的继电器属于保护继电器。

保护继电器又可以分为以下几种类型。

1．按组成元件分

按组成元件分，保护继电器可分为机电型和晶体管型两大类。机电型按结构又可分为电磁式和感应式等。机电型继电器结构简单，运行安全可靠，便于维护，在我国工厂供电系统中被普遍采用。

2．按所反应的物理量分

按所反应的物理量分，保护继电器可分为电流继电器、电压继电器、瓦斯继电器等。

3．按反应数量变化分

按反应数量变化，保护继电器可分为欠量继电器和过量继电器两种类型。如过电流继电器和欠电压继电器等。

4．按功能分

按功能分，保护继电器可分为时间继电器、信号继电器、启动继电器和中间继电器或出口

继电器等。

5. 按与一次电路的联系分

按与一次电路的联系，保护继电器可分为一次式继电器和二次式继电器两种。一次式继电器的线圈与一次电路直接连接；二次式继电器的线圈与二次电路直接连接，再通过互感器与一次电路联系。高压系统中的保护继电器都属于二次式继电器。

图 6.1 为过电流保护的工作框图。当线路上发生短路时，启动用的电流继电器 KA 瞬时动作，使时间继电器 KT 启动，KT 经过整定的一定时限后，接通信号继电器 KS 和中间继电器 KM，然后 KM 就接通断路器 QF 的跳闸回路，使 QF 跳闸。

下面介绍工厂供电系统中常用的几种机电型保护继电器。

图 6.1　过电流保护的工作框图

6.2.2　电磁式电流继电器

电磁式电流继电器在继电保护装置中通常作为启动元件，所以又称为启动继电器。

工厂供电系统中常用的 DL-10 系列电磁式电流继电器的基本结构及外观如图 6.2 所示，其内部接线和图形符号如图 6.3 所示。

如图 6.2 所示，当继电器线圈 1 通过电流时，电磁铁 2 中产生磁通，力图使 Z 形钢舌片 3 向凸出磁极偏转。与此同时，轴 4 上的弹簧 5 又力图阻止钢舌片偏转。当继电器线圈中的电流增大到使钢舌片所受到的转矩大于弹簧的反作用力矩时，钢舌片便被吸近磁极，使常开触点闭合，常闭触点断开，这就叫做继电器动作。

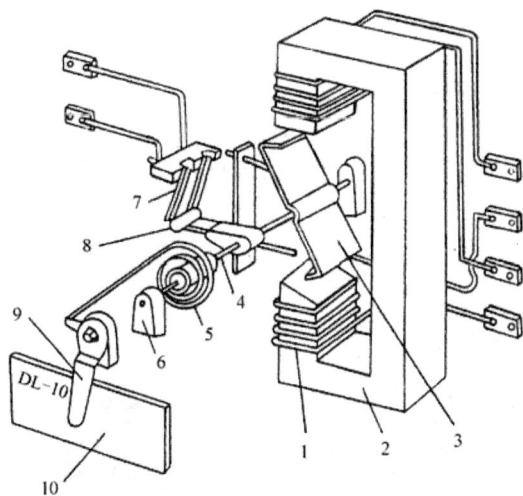

1—线圈；2—电磁铁；3—钢舌片；4—轴；5—弹簧；6—轴承；7—静触点；
8—动触点；9—启动电流调节转杆；10—标度盘（铭牌）

图 6.2　DL-10 系列电磁式电流继电器的基本结构及外观

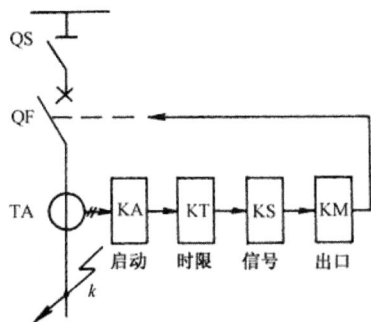

能使过电流继电器动作（触点闭合）的最小电流称为继电器的动作电流，用 I_{op} 表示。

过电流继电器动作后，减小通入继电器线圈的电流到一定值时，钢舌片在弹簧作用下返回起始位置（触点断开）。使继电器由动作状态返回到起始位置的最大电流，称为继电器的返回电流，用 I_{re} 表示。

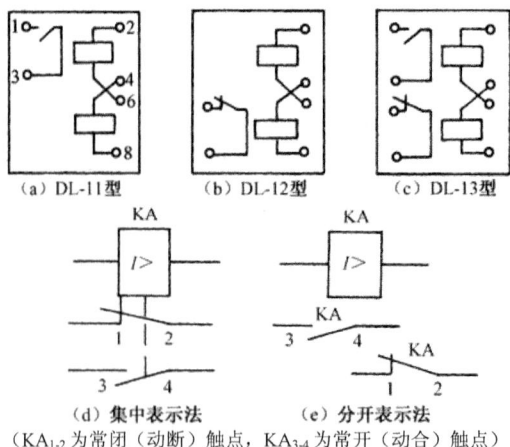

（a）DL-11型　（b）DL-12型　（c）DL-13型

（d）集中表示法　（e）分开表示法

（KA$_{1-2}$为常闭（动断）触点，KA$_{3-4}$为常开（动合）触点）

图6.3　DL-10系列电磁式电流继电器的内部接线和图形符号

继电器返回电流与动作电流的比值称为继电器的返回系数，用K_{re}表示，即

$$K_{re} = \frac{I_{re}}{I_{op}}$$ （6-2）

对于过量继电器，其返回系数总是小于1（欠量继电器则大于1），返回系数越接近于1，说明继电器越灵敏。如果返回系数过低，可能使保护装置误动作。DL-10系列继电器的返回系数一般不小于0.8。

电磁式电流继电器的动作极为迅速，可认为是瞬时动作，因此这种继电器也称为瞬时继电器。

电磁式电流继电器的动作电流调节有两种方法：一种是平滑调节，即拨动转杆9（如图6.2所示）来改变弹簧5的反作用力矩；另一种是级进调节，即改变线圈连接方式，当线圈并联时，动作电流将比线圈串联时增大一倍。

6.2.3　电磁式时间继电器

电磁式时间继电器在继电保护装置中用做时限元件，使保护装置动作获得一定延时。

供电系统中常用的DS-100系列电磁式时间继电器的基本结构及外观如图6.4所示，其内部接线和图形符号如图6.5所示。

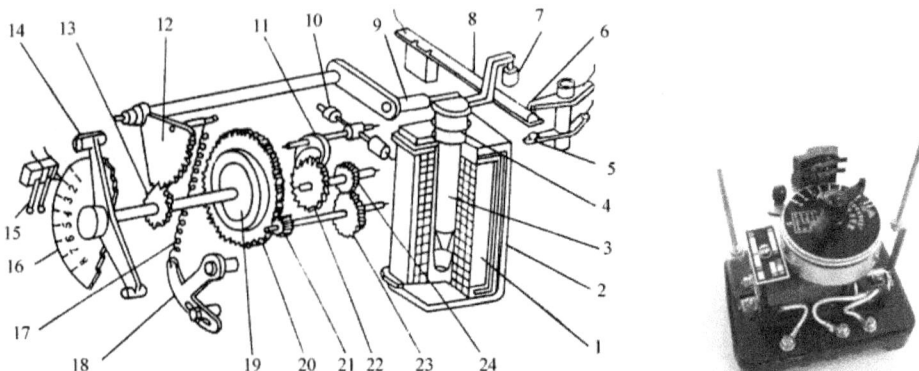

1—线圈；2—电磁铁；3—可动铁芯；4—返回弹簧；5、6—瞬时静触点；7—绝缘杆；8—瞬时动触点；
9—压杆；10—平衡锤；11—摆动卡板；12—扇形齿轮；13—传动齿轮；14—主动触点；
15—主静触点；16—标度盘；17—拉引弹簧；18—弹簧拉力调节器；19—摩擦离合器；
20—主齿轮；21—小齿轮；22—擎轮；23、24—钟表机构传动齿轮

图6.4　DS-100系列电磁式时间继电器的基本结构及外观

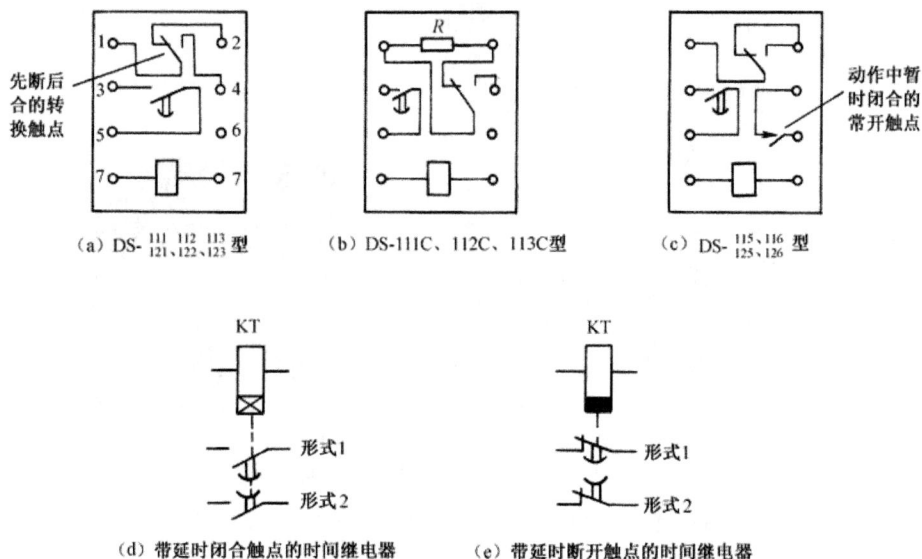

(a) DS- $\frac{111}{121}$ 、$\frac{112}{122}$ 、$\frac{113}{123}$ 型   (b) DS-111C、112C、113C型   (c) DS- $\frac{115}{125}$ 、$\frac{116}{126}$ 型

(d) 带延时闭合触点的时间继电器   (e) 带延时断开触点的时间继电器

图 6.5 DS-100 系列电磁式时间继电器的内部接线和图形符号

由图 6.4 可知，当继电器的线圈通电时，铁芯被吸入，压杆失去支持，使被卡住的一套钟表机构启动，同时切换瞬时触点。在拉引弹簧的作用下，经过整定延时，使主触点闭合。

继电器的延时是用改变主静触点的位置（即它与主触点的相对位置）来调整的，调整的时间范围在标度盘上标出。

当线圈失电后，继电器在拉引弹簧的作用下返回起始位置。

DS-100 系列电磁式时间继电器有两种，一种是 DS-110 型，另一种是 DS-120 型。前者为直流时间继电器，后者为交流时间继电器。

为了缩小继电器的尺寸和节约材料，有的时间继电器线圈不是按长期通电设计的。因此若需长期接上电压的时间继电器，如图 6.5 (b) 所示 DS-111C 型等，应在继电器启动后，利用其瞬时转换触点，使线圈串入电阻，以限制线圈电流。

6.2.4 电磁式信号继电器

电磁式信号继电器在继电保护中用做信号元件，指示保护装置已经动作。工厂供电系统中常用的 DX-11 型电磁式信号继电器有电流型和电压型两种，两者线圈阻抗和反映的参量不同。电流型可串联在二次回路中而不影响其他二次元件的动作；电压型因线圈阻抗大，必须并联在二次回路内。

DX-11 型电磁式信号继电器的内部结构及外观如图 6.6 所示。信号继电器在正常状态时，其信号牌是被衔铁支持住的。当继电器线圈通电时，衔铁被吸向铁芯而使信号牌掉下，显示其动作信号（可由窗孔观察），同时带动转轴旋转90°，使固定在转轴上的导电条（动触点）与静触点接通，从而接通信号回路，发出音响或灯光信号。要使信号停止，可旋动外壳上的复位旋钮，断开信号回路，同时使信号牌复位。

DX-11 型电磁式信号继电器的内部接线和图形符号如图 6.7 所示，其中线圈符号为 GB-4728 规定的机械保持继电器线圈，其触点上的附加符号表示非自动复位。

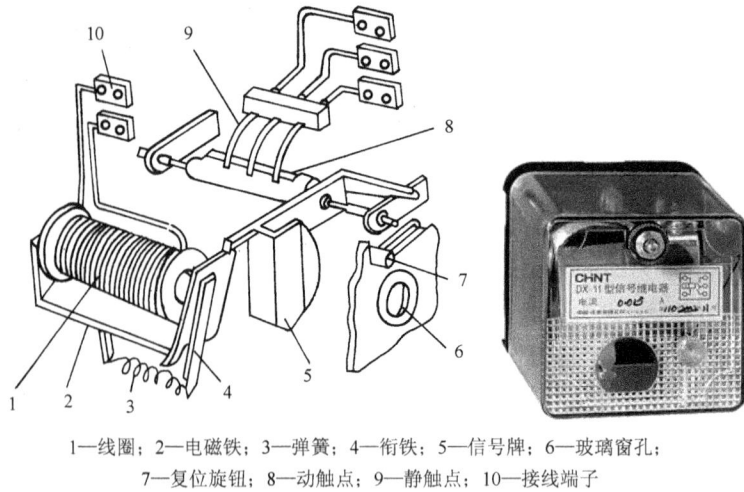

1—线圈；2—电磁铁；3—弹簧；4—衔铁；5—信号牌；6—玻璃窗孔；
7—复位旋钮；8—动触点；9—静触点；10—接线端子

图 6.6　DX-11 型电磁式信号继电器的内部结构及外观

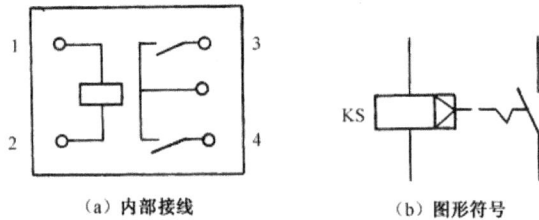

（a）内部接线　　　　　　　　　（b）图形符号

图 6.7　DX-11 型电磁式信号继电器的内部接线和图形符号

6.2.5　电磁式中间继电器

电磁式中间继电器主要用于各种保护和自动装置中，以增加保护和控制回路的触点数量和触点的容量。它通常在保护装置的出口回路中用来接通断路器的跳闸回路，故又称为出口继电器。

工厂供电系统中常用的 DZ-10 系列电磁式中间继电器基本结构及外观如图 6.8 所示，它一

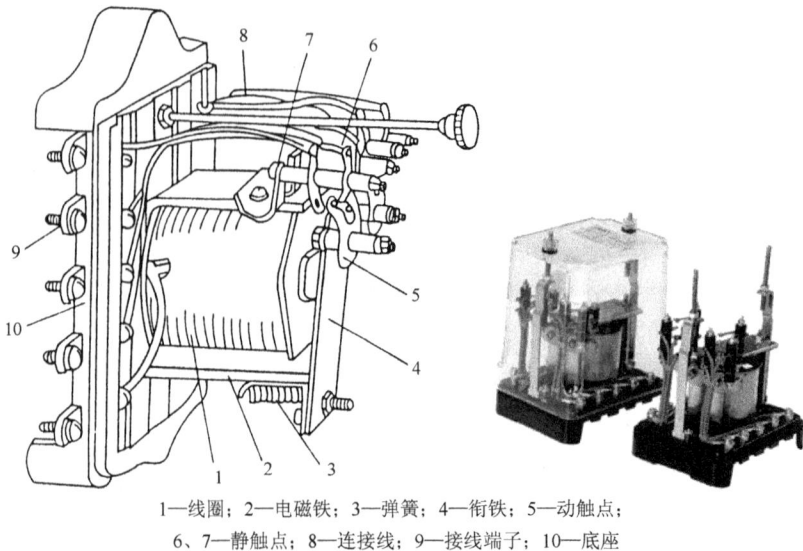

1—线圈；2—电磁铁；3—弹簧；4—衔铁；5—动触点；
6、7—静触点；8—连接线；9—接线端子；10—底座

图 6.8　DZ-10 系列电磁式中间继电器的基本结构及外观

般采用吸引衔铁结构。当线圈通电时，衔铁被快速吸合，常闭触点断开，常开触点闭合。当线圈断电时，衔铁被快速释放，触点全部返回起始位置。其内部接线和图形符号如图 6.9 所示，其中线圈符号为 GB—4728 规定的快吸和快放线圈。

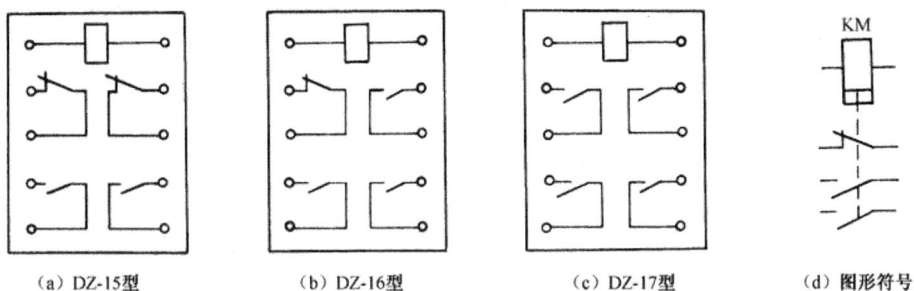

(a) DZ-15型　　　　(b) DZ-16型　　　　(c) DZ-17型　　　　(d) 图形符号

图 6.9　DZ-10 系列电磁式中间继电器的内部接线和图形符号

6.2.6　感应式电流继电器

感应式电流继电器具有上述电磁式电流继电器、时间继电器、信号继电器和中间继电器的功能，即它在继电保护装置中既能作为启动元件，又能实现延时、给出信号和直接接通跳闸回路；既能实现带时限的过电流保护，又能同时实现电流速断保护，从而使保护装置大大简化。此外，感应式电流继电器应用在交流操作电源中时，可减少投资，简化二次接线。因此在中小型工厂 10 kV 供电系统中，感应式电流继电器应用较为普遍。工厂供电系统中常用的 GL-$^{10}_{20}$ 系列感应式电流继电器的内部结构及外观如图 6.10 所示，此种继电器由感应系统和电磁系统两大部分组成。

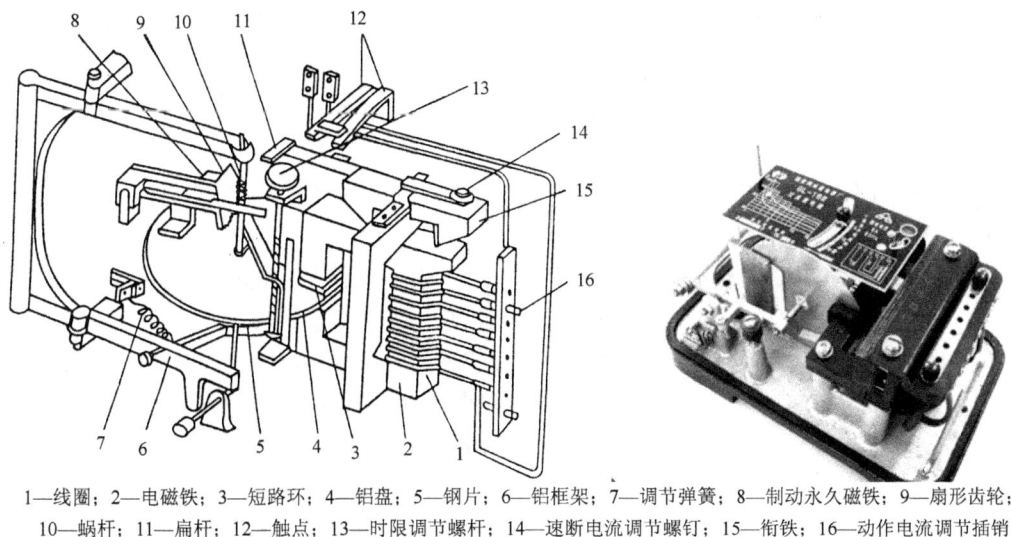

1—线圈；2—电磁铁；3—短路环；4—铝盘；5—钢片；6—铝框架；7—调节弹簧；8—制动永久磁铁；9—扇形齿轮；10—蜗杆；11—扁杆；12—触点；13—时限调节螺杆；14—速断电流调节螺钉；15—衔铁；16—动作电流调节插销

图 6.10　GL-$^{10}_{20}$ 系列感应式电流继电器的内部结构及外观

感应系统主要包括线圈 1、带有短路环 3 的电磁铁 2 及装在可偏铝框架 6 上的转动铝盘 4 等元件。

电磁系统主要包括线圈 1、电磁铁 2 和衔铁 15 等元件。线圈 1 和电磁铁 2 是感应系统和电磁系统共用的。

感应系统的工作原理可参见图 6.11，当线圈 1 有电流 I_{KA} 通过时，电磁铁 2 在短路环 3 的作用下，产生在时间和空间位置上不相同的两个磁通 Φ_1 和 Φ_2，且 Φ_1 超前于 Φ_2。这两个磁通均穿过铝盘 4，根据电磁感应原理，这两个磁通在铝盘上产生一个始终由超前磁通 Φ_1 向落后磁通 Φ_2 方向的转动力矩 M_1。根据电度表的工作原理可知，此时作用于铝盘上的转动力矩为

$$M_1 \propto \Phi_1 \Phi_2 \sin\varphi$$

式中，φ 为 Φ_1 与 Φ_2 间的相位差，此值为一常数。

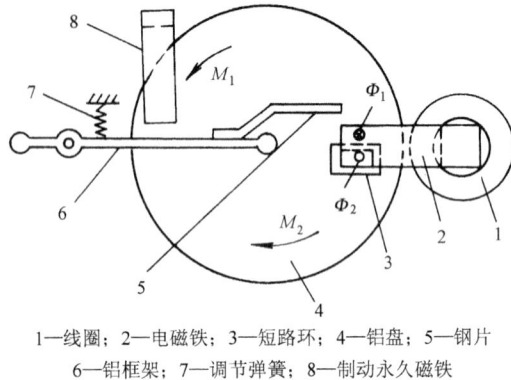

1—线圈；2—电磁铁；3—短路环；4—铝盘；5—钢片
6—铝框架；7—调节弹簧；8—制动永久磁铁

图 6.11　感应式电流继电器的转动力矩 M_1 和制动力矩 M_2

由于 $\Phi_1 \propto I_{KA}$，$\Phi_2 \propto I_{KA}$ 且 φ 为常数，因此

$$M_1 \propto I_{KA}^2$$

另外，在对应于电磁铁的另一侧装有一个产生制动力矩的永久磁铁8，铝盘在转动力矩 M_1 的作用下转动后，铝盘切割永久磁铁的磁通，在铝盘上产生涡流，涡流又与永久磁铁磁通作用，产生一个与 M_1 反向的制动力矩 M_2。由电度表工作原理可知，M_2 与铝盘的转速 n 成正比，即

$$M_2 \propto n$$

这个制动力矩在某一转速下，与电磁铁产生的转动力矩相平衡，因此在一定的电流下能保持铝盘匀速旋转。

在 M_1 和 M_2 的作用下，铝盘受力虽有使铝框架 6 和铝盘 4 向外推出的趋势，但由于受到弹簧 7 的拉力，仍保持在初始位置。

当继电器线圈的电流增大到继电器的动作电流时，由电磁铁产生的转动力矩随之增加，并使铝盘转速随之增大，永久磁铁产生的制动力矩也随之增大。这两个力克服弹簧的反作用力而将框架及铝盘推出来（见图 6.10），使蜗杆 10 与扇形齿轮 9 啮合，这就叫继电器动作。由于铝盘的转动，扇形齿轮就沿着蜗杆上升，最后使继电器触点 12 切换，同时使信号牌（图 6.10 上未绘出）掉下，从观察孔内可直接看到红色或白色的信号指示，表示继电器已经动作。

继电器线圈中的电流越大，铝盘转得越快，扇形齿轮延蜗杆上升的速度也越快，因此动作时间越短。这说明继电器的感应元件具有"反时限"动作特性，如图 6.12 所示的曲线 abc。

电磁系统的工作原理：当继电器线圈中的电流增

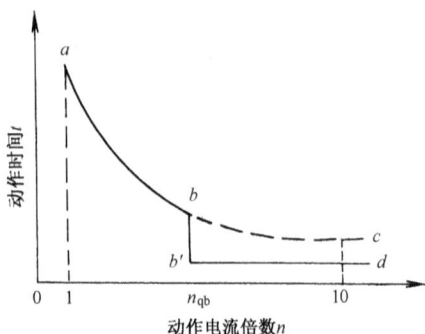

abc—感应元件的反时限特性
b'd—电磁元件的速断特性

图 6.12　感应式电流继电器的动作特性曲线

大到继电器整定的速断电流时，电磁铁瞬时将衔铁 15 吸下，使继电器触点 12 切换，同时信号牌掉下，给予动作信号指示。这说明继电器的电磁系统具有"速断"动作特性，如图 6.12 所示的直线 b'd。因此电磁系统的元件也称速断元件。动作曲线上对应于开始速断时间的动作电流倍数，称为速断电流倍数，用 n_{qb} 表示，即

$$n_{qb} = \frac{I_{qb}}{I_{op}} \tag{6-3}$$

式中，I_{op} 为感应式电流继电器的动作电流；I_{qb} 为感应式电流继电器的速断电流，即继电器线圈中使速断元件动作的最小电流。

实际 GL-10 系列感应式电流继电器的电流速断倍数 $n_{qb}=2\sim8$，n_{qb} 是利用图 6.10 中的速断电流调节螺钉 14 来调节的，实际是调节电磁铁 2 与衔铁 15 之间的气隙距离。而继电器的动作电流 I_{op} 则是利用插销 16 来选择插孔位置进行调节，实际是改变线圈 1 的匝数。GL-10 系列继电器的 I_{op} 最大只能为 10 A，而且只能是整数的级进调节。

感应式电流继电器的动作时间是利用螺杆 13 来调节的，也就是调节扇形齿轮顶杆行程的起点，而使动作特性曲线上下移动。应当注意的是，继电器时限调节螺杆的标度尺是以 10 倍动作电流的动作时间来刻度的，而继电器实际的动作时间与通过继电器线圈的电流大小有关，可从相关技术手册中的动作特性曲线上查得。

GL-10 系列感应式电流继电器的内部接线和图形符号如图 6.13 所示，其中先合后断的转换触点的结构（见图 6.19）及其应用将在下一节介绍。

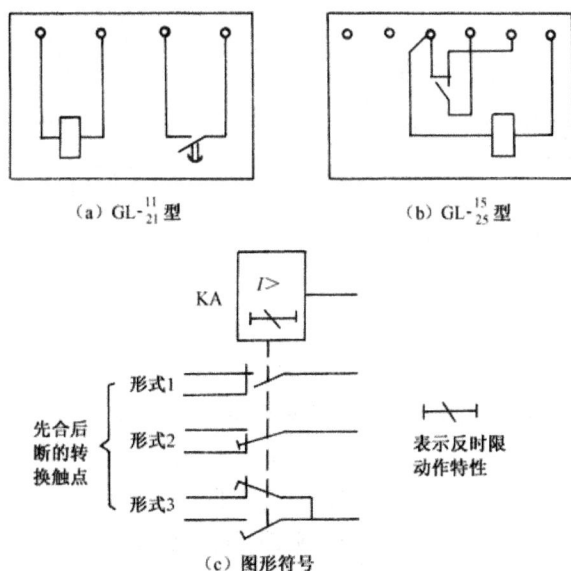

(a) GL-$\frac{11}{21}$ 型　　　　　　(b) GL-$\frac{15}{25}$ 型

(c) 图形符号

图 6.13　GL-10 系列感应式电流继电器的内部接线和图形符号

6.3　工厂高压线路的继电保护

6.3.1　简述

由于中小型工厂的高压供电线路一般不很长（半径一般不超过 2 km），电压不很高（6～10 kV），容量也不大（一般不超过 5000 kV·A），基本上是开式单端供电网路，因此中小型工厂

供电系统的高压线路继电保护装置一般比较简单。

工厂供电网络最常见的故障有断线、短路等。工厂高压线路的相间短路保护，通常采用过电流保护和电流速断保护。在线路上发生相间短路时，继电保护装置使断路器跳闸，切除短路故障。当线路上发生单相接地故障时，只有接地电容电流，并不影响三相系统的正常运行，但需发出信号，因此需装设绝缘监察装置或单相接地保护。

6.3.2 保护装置的接线方式和操作电源

1．保护装置的接线方式

保护装置的接线方式是指启动继电器与电流互感器之间的连接方式，通常采用两相两继电器和两相一继电器两种接线方式。

（1）两相两继电器式接线。如图6.14所示，当一次电路发生三相短路或两相短路时，至少有一个继电器动作，继电器的电流 I_{KA} 就是电流互感器的二次电流 I_2。

引入接线系数 K_W 来表征继电器电流与电流互感器二次电流 I_2 之间的关系：

$$K_W = \frac{I_{KA}}{I_2} \tag{6-4}$$

两相两继电器式接线属相电流接线，在一次电路发生任何形式的相间短路时 $K_W = 1$，即保护灵敏度相同。

（2）两相一继电器接线。如图6.15所示，这种接线又称两相电流差接线。当三相短路时，

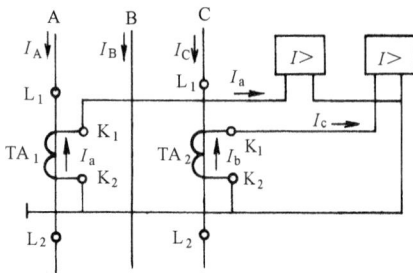

图 6.14　两相两继电器式接线

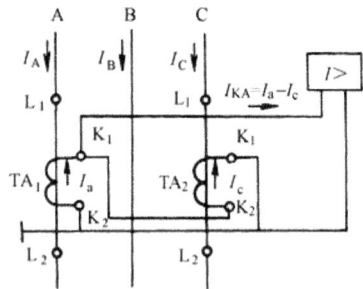

图 6.15　两相一继电器式接线

如图 6.16（a）所示，流入继电器的电流 I_{KA} 为 AC 两相电流互感器二次电流的相量差，即 $I_{KA} = I_a - I_c$，而数值 $I_{KA} = \sqrt{3}I_2$。当 AC 两相短路时，如图 6.16（b）所示，继电器电流为电流互感器二次电流的 2 倍。当 AB 或 BC 两相短路时，如图 6.16（c）所示，继电器的电流与电流互感器二次电流相等。

可见，两线一继电器接线的接线系数与一次电路的短路形式有关，形式不同，K_W 值也不同。

三相短路：$K_W = \sqrt{3}$

AC 相短路：$K_W = 2$

AB 相或 BC 相短路：$K_W = 1$

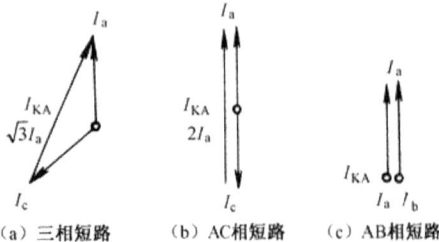

（a）三相短路　（b）AC相短路　（c）AB相短路

图 6.16　两相电流差接线在不同短路
形式下的电流相图量

因为两相一继电器接线在不同故障情况下的接线系数不同，保护装置的灵敏度也不同，这是不理想的。但这种接线设备少，简单经济，故有所采用。

2．保护装置的操作电源

保护装置的操作电源是指供电给继电保护装置及其所作用的断路器操作机构的电源。操作电源分直流和交流两大类。直流电源可采用供电系统自身配置的带电容储能的晶闸管整流装置，或采用在第 2 章 2.6.3 节中介绍的"直流屏"装置。尤其后者，其投资较少，运行维护简单，当前在大中型企业 35 kV 供配电系统中广泛使用。交流电源可以直流利用交流供电系统的电源，取自电压互感器或电流互感器，并且配合 GL 系列的过电流继电器组成较完善的断电保护系统。交流电源投资少，运行可靠，因此在中小型工厂 10 kV 供配电系统中应用广泛。应该注意的是：短路保护的操作电源不能取自电压互感器，因为发生短路时，母线上的电压明显下降，很可能使电压互感器的输出电压太低，以至加在断路器跳闸线圈上的电压不足以使操作机构动作。因此，短路保护的操作电源只能取自电流互感器，在短路时，短路电流本身就可用来使断路器跳闸。

6.3.3　带时限的过电流保护

带时限的过电流保护，按其动作时间特性分，有定时限过电流保护和反时限过电流保护两种。定时限，就是动作时间与短路电流大小无关；反时限，就是动作时间与反应到继电器中的短路电流大小成反比关系，电流大，动作时间短，所以反时限特性又称为反比延时特性。

1．定时限过电流保护装置的组成和动作原理

定时限过电流保护装置的原理电路图如图6.17所示。它由启动元件（电磁式电流继电器）、时限元件（电磁式时间继电器）、信号元件（电磁式信号继电器）和出口元件（电磁式中间继电器）等四部分组成。其中 YR 为断路器的跳闸线圈，QF 为断路器操动机构的辅助触点，TA_1 和 TA_2 为装于 A 相与 C 相上的电流互感器。

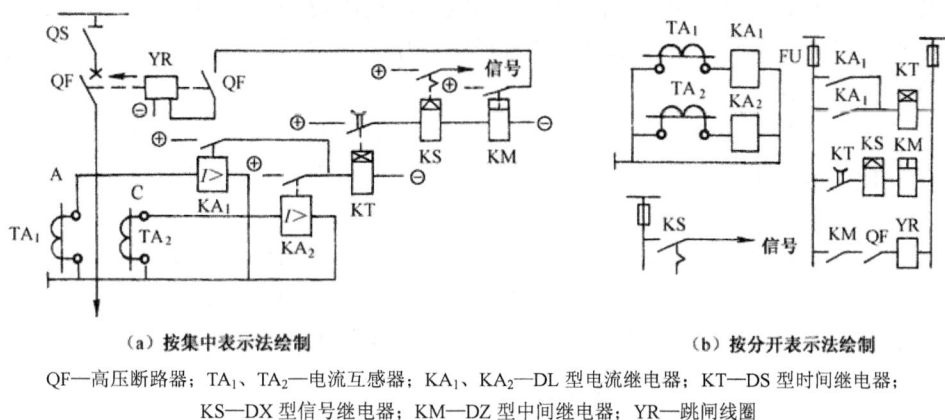

(a) 按集中表示法绘制　　　　　　　　　(b) 按分开表示法绘制

QF—高压断路器；TA_1、TA_2—电流互感器；KA_1、KA_2—DL 型电流继电器；KT—DS 型时间继电器；
KS—DX 型信号继电器；KM—DZ 型中间继电器；YR—跳闸线圈

图 6.17　定时限过电流保护装置的原理电路图

保护装置的动作原理：当一次电路发生相间短路时，电流继电器 KA_1、KA_2 中至少有一个瞬时动作，闭合其动合触点，使时间继电器 KT 启动。KT 经过整定的时限后，其延时触点闭合，使串联的信号继电器（电流型）KS 和中间继电器 KM 动作。KM 动作后，其触点接通断路器的跳闸线圈 YR 的回路，使断路器 QF 跳闸，切除短路故障。与此同时，KS 动作，其信号指示牌掉下，并接通信号回路，给出灯光和音响信号。在断路器跳闸时，QF 的辅助触点随之断开跳闸回路，以减轻中间继电器触点的工作。在短路故障被切除后，继电保护装置除 KS 外的其他所

有继电器均自动返回其初始状态，而 KS 可手动复位。

2. 反时限过电流保护装置的组成和原理

反时限过电流保护装置由 GL 型电流继电器组成。如图 6.18 所示为两相两继电器式接线的去分流跳闸的反时限过电流保护装置的原理电路图。

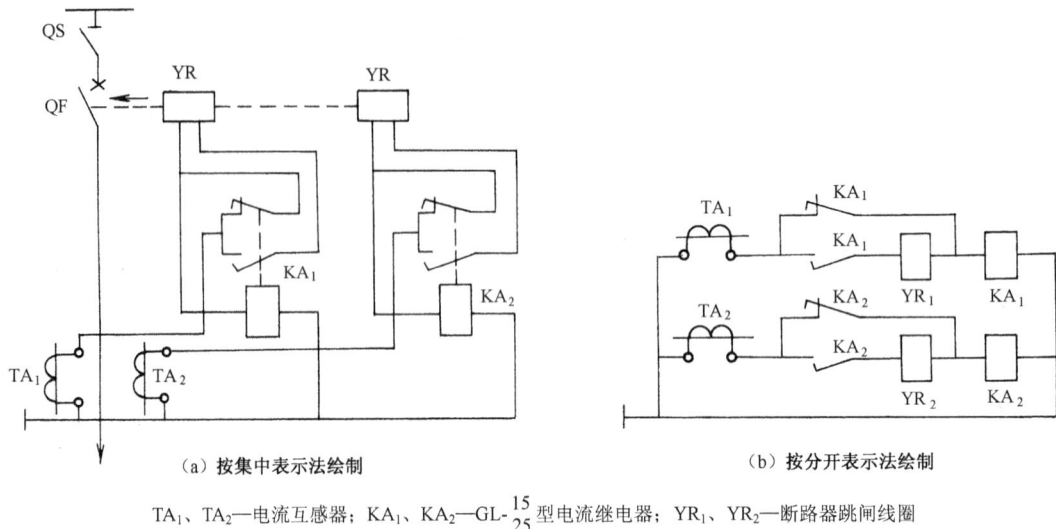

(a) 按集中表示法绘制　　　　　　　　　(b) 按分开表示法绘制

TA_1、TA_2—电流互感器；KA_1、KA_2—GL-$\frac{15}{25}$ 型电流继电器；YR_1、YR_2—断路器跳闸线圈

图 6.18　反时限过电流保护装置的原理电路图

当一次电路发生相间短路时，电流继电器 KA_1、KA_2 至少有一个动作，经过一定时限后（时限长短与短路电流大小成反比关系），其常开触点闭合，紧接着其常闭触点断开，这时断路器跳闸线圈 YR 因"去分流"而通电，从而使断路器跳闸，切除短路故障部分。在继电器去分流跳闸的同时，其信号牌自动掉下，指示保护装置已经动作。在短路故障被切除后，继电器自动返回，信号牌则需手动复位。

图 6.18 中的电流继电器增加了一对常开触点，与跳闸线圈 YR 串联，其目的是用来防止继电器常闭触点在一次电路正常时由于外界振动等偶然因素意外断开，从而导致断路器误跳闸的事故发生。

继电器的常开、常闭触点的动作时间的先后顺序是：常开触点先闭合，常闭触点后断开，如图6.19 所示。而一般转换触点的动作顺序都是常闭触点先断开后，常开触点再闭合，这里采用具有特殊结构的先合后断的转换触点，不仅保证了继电器的可靠动作，而且还保证了在继电器触点转换时电流互感器二次侧不会造成带负荷开路。

(a) 正常位置　　　　　　(b) 动作后常开触点先闭合　　　　　(c) 接着常闭触点断开

图 6.19　先合后断的转换触点的结构及动作说明示意图

3. 过电流保护装置的动作电流整定

带时限过电流保护装置（包括定时限和反时限）的动作电流 I_{op} 是指继电器动作的最小电流。

过电流保护装置的动作电流整定必须满足以下两个条件。

（1）应该躲过线路的最大负荷电流（包括正常过负荷电流和尖峰电流）$I_{L.max}$，以免在最大负荷通过时保护装置误动作。

（2）保护装置的返回电流 I_{re} 也应该躲过线路的最大负荷电流 $I_{L.max}$，以保证保护装置在外部故障切除后，能可靠地返回原始位置，避免发生误动作。

过电流保护动作电流的整定公式为

$$I_{op} = \frac{K_{rel}K_w}{K_{re}K_i} I_{L.max} \tag{6-5}$$

式中，K_{rel} 为保护装置的可靠系数，对 DL 型继电器可取 1.2，对 GL 型继电器可取 1.3；K_w 为保护装置的接线系数，按三相短路来考虑，对两相两继电器接线为 1，对两相一继电器接线为 $\sqrt{3}$；K_{re} 为保护装置的返回系数，一般取 0.8～1.2；K_i 为电流互感器的变比；$I_{L.max}$ 为线路的最大负荷电流（含尖峰电流），可取（1.5～3）I_{30}，I_{30} 为线路的计算电流。

4．定时限与反时限过电流保护的比较

定时限与反时限两种保护，其基本原则与特性是相似的。定时限过电流保护的优点是：容易整定，动作时间较为准确；缺点是：继电器数目多，接线复杂，继电器触点容量小，需直流电源，靠近电源处保护动作时间较长。反时限过电流保护的优点是：继电器数目少，接线简单，一套 GL 型继电器即可实现保护，继电器容量大，适于交流操作；缺点是：动作时间的整定和配合难，误差大，当短路电流较小时，其动作时间可能很长。

5．低电压保护

低电压保护主要用在以下两个方面。

（1）提高电路过电流保护动作的灵敏度。对于短路保护，可靠系数 K_{rel} 一般取 1.2～1.5。如果因为启动电流的整定值太大，致使被保护区末端发生短路，其最小短路电流与动作电流比较得出灵敏度 S_p 小于规定值时，可用过电流与过电压联锁的办法，此时可靠系数 K_{rel} 的整定值可取 1.1。

灵敏度必须满足的条件为

$$S_p = \frac{K_W I_{k.min}^{(2)}}{K_i I_{op}} \geq 1.5 \tag{6-6}$$

式中，K_W 为接线系数；$I_{k.min}^{(2)}$ 为最小短路电流；K_i 为变流比；I_{op} 为动作电流。

（2）在系统发生故障时切除不重要的电动机。当系统发生故障时，往往伴随着电压的降低甚至消失，这将引起电动机的转速下降，转矩减小。当故障被切除，系统电压恢复时，所有的电动机将要吸收比额定值大几倍的启动电流，这将会导致电动机两端的电压太小，造成电动机不能启动。因此，对于某些不重要的电动机装置的低电压保护，在系统电压降到一定值时应把它们从系统中切除，从而保证重要的启动。

不论哪一种用途，低电压继电器保护动作电压的整定计算公式为

$$U_{op} = \frac{U_{min}}{K_{rel}K_{re}K_u} \approx (0.57 \sim 0.63)\frac{U_N}{K_u} \tag{6-7}$$

式中，U_{min} 为母线最低工作电压，取（0.85～0.95）U_N；U_N 为线路额定电压；K_{rel} 为保护装置的可靠系数，可取 1.2；K_{re} 为低电压继电器的返回系数，可取 1.25；K_u 为电压互感器的变压比。

6.3.4　电流速断保护

上述带时限的过电流保护，为了保证动作的选择性，其整定时限必须逐级增加Δt，因而越靠近电源，短路电流越大，而保护动作时限越长。所以当过电流保护中的动作时限超过 1 s 时，继电器应附有速断机构。可以整定当故障电流达到动作电流的若干倍时，速断机构动作，达到近电源处故障切除的目的。

电流速断保护实际上就是一种瞬时动作的过电流保护。其动作时限仅仅为继电器本身的固有动作时间，它的选择性不是依靠时限，而是依靠选择适当的动作电流来解决。

采用 DL 型电流继电器，其电流速断保护的组成相当于在定时限过电流保护中抽去时间继电器。图 6.20 为线路上同时装有定时限过电流保护和电流速断保护的电路图，图中 KA$_1$、KA$_2$、KT、KS$_1$ 和 KM 组成定时限过电流保护，KA$_3$、KA$_4$、KS$_2$ 与 KM 组成电流速断保护。

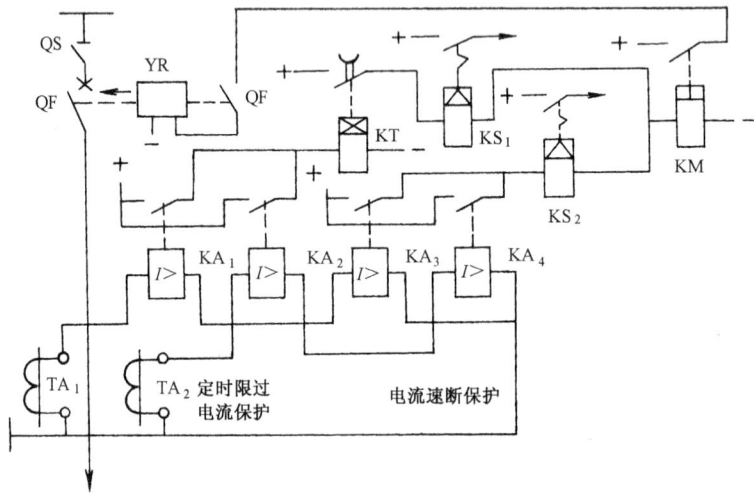

图 6.20　线路上同时装有定时限过电流保护和电流速断保护的电路图

采用 GL 型电流继电器，则可直接利用继电器的电磁元件进行速断保护，其感应元件用来做反时限过电流保护，非常简单经济。

电流速断保护的动作电流（即速断电流）I_{qb}，应按躲过它所保护线路末端的最大短路电流（即三相短路电流）$I_{k.max}^{(3)}$ 来整定，避免发生误跳闸。

电流速断保护动作电流（速断电流）的整定计算公式为

$$I_{qb} = \frac{K_{rel} K_W I_{k.max}}{K_i} \tag{6-8}$$

式中，K_{rel} 为可靠系数，对 DL 型继电器，取 1.2～1.3；对 GL 型继电器，取 1.4～1.5；对脱扣器，取 1.8～2。

*6.3.5　单相接地保护

工业企业 6～10kV 的电网为小接地电流系统，在这种系统中可利用以下方式实现单相接地的保护。

1. 绝缘监视装置

绝缘监视装置是利用接地后出现的零序电压给出信号的装置。

在正常运行时没有零序电压，当变电所任一条出线发生接地故障时，该相电压指示为零，其他两相的对地电压指示达到原来的 $\sqrt{3}$ 倍，并使过电压继电器动作，发出接地故障信号。

这种保护简单易行，但给出的信号没有选择性，需要运行人员依次断开线路，直至发现故障点为止。

2．零序电流保护

零序电流保护是利用故障线路零序电流较非故障线路零序电流大的特点，实现有选择性地动作于跳闸或发出信号。

对于架空线路，一般采用三个电流互感器接成零序电流过滤器的接线方式，如图 6.21（a）所示。三相电流互感器的二次电流相量相加后流入继电器，当三相对称运行时，流入继电器的电流等于零，只有当三相不对称运行（发生故障）时，零序电流才流过继电器，继电器动作并发出信号。

对于电缆线路的单相接地保护，一般采用零序变流器（零序电流互感器）保护，二次绕组绕在变流器的铁芯上，并接到过电流继电器上，如图6.21（b）所示。在正常运行及三相对称短路时，在零序变流器二次侧内由三相电流产生的三相磁通相量之和为零，即在变流器中没有感应出零序电流，继电器不动作；当发生单相接地时，就有接地电容电流流过，此电流在二次侧感应出零序电流，使继电器动作并发出信号。应强调指出，电缆头的接地引线必须穿过零序电流互感器后接地，否则保护装置不起作用。

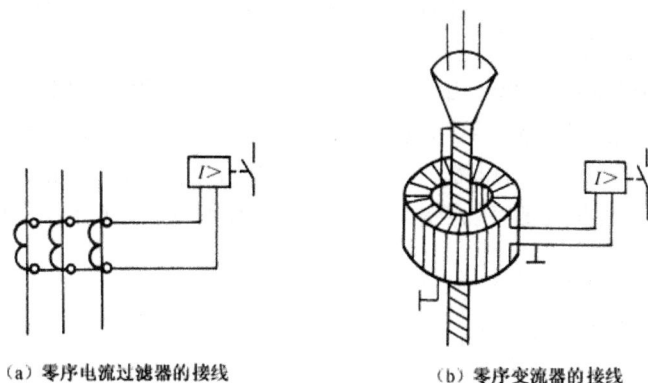

（a）零序电流过滤器的接线　　　　　（b）零序变流器的接线

图 6.21　零序电流的保护接线图

6.4　电力变压器的继电保护

6.4.1　简述

变压器是工厂企业供电系统的重要设备，它的故障将对整个企业或车间的供电带来严重影响，因此必须根据变压器的容量和重要程度来装设它的保护装置。

1．变压器故障的种类

变压器的故障可分为内部故障和外部故障两种。内部故障指变压器油箱里面所发生的故障，包括相间短路、绕组的匝间短路和单相接地短路等。外部故障指引出线上绝缘套管的相间短路和单相接地等。

2．保护的设置

根据上述故障种类及异常运行方式，变压器一般应装设以下几种保护：

（1）瓦斯保护。防御变压器油箱内部故障和油面的降低，瞬时发出信号或跳闸保护。

（2）差动保护和电流速断保护。防御变压器的内部故障：引出线的相间短路、接地短路，瞬时跳闸保护。

（3）过电流保护。防御外部短路引起的过电流，并作为上述保护的后备保护，带时限动作与跳闸。

（4）过负荷保护。防御因过载而引起的过电流，这种保护只有在变压器确实有可能过载时才装设，一般可自动发出警示信号。

（5）温度保护。监视变压器温度升高和油冷系统的故障，一般可自动发出警示信号。

6.4.2　保护装置的接线方式及其低压侧的单相短路保护

（一）保护装置的接线方式

对于 6～10/0.4 kV，Y,yn0 联结的降压变压器，其保护装置的接线方式也有两相两继电器式和两相一继电器式两种。

1．两相两继电器式接线

这种接线（如图6.22所示）适用于相间短路保护和过负荷保护，而且它属于相电流接线，接线系数为 1，因此无论何种相间短路，保护装置的灵敏系数都是相同的。但若变压器低压侧发生单相短路，情况就不同了。

如果是装设有电流互感器的那一相（A 相或 C 相）所对应的低压相发生单相短路，继电器中的电流反映的是整个单相短路电流，这当然是符合要求的。但如果是未装有电流互感器的那一相（B相）所对应的低压侧 b 相发生单相短路，由下面的矢量分析可知，继电器的电流仅仅反映单相短路电流的1/3，这就达不到保护灵敏度的要求，因此这种接线不适于做低压侧单相短路保护。

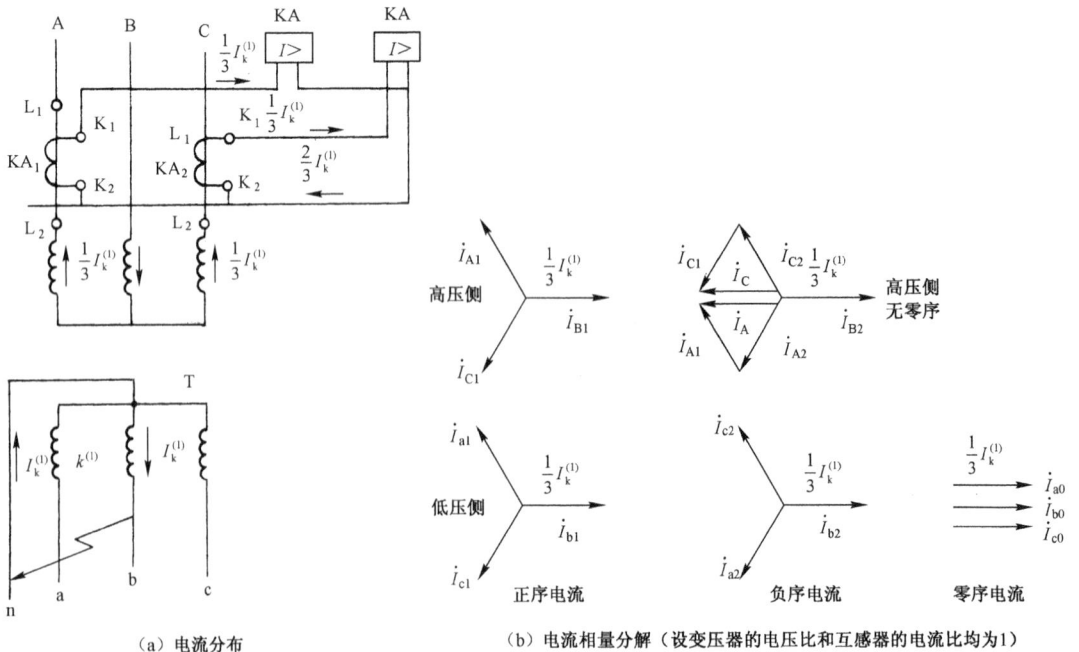

图 6.22　Y,yn0 联结的变压器，高压侧采用两相两继电器的过电流保护（在低压侧发生单相短路时）

图 6.22（a）是未装电流互感器 B 相所对应的低压侧 b 相发生单相短路时短路电流的分布情况。根据不对称三相电路的对称分量分析法，可将低压侧 b 相的单相短路电流 $I_k^{(1)} = I_b$ 分解为

正序 $I_{b1} = I_b/3$，负序 $I_{b2} = I_b/3$ 和零序 $I_{b0} = I_b/3$，由此可绘出变压器低压侧各相电流的正序、负序和零序相量图，如图 6.22（b）所示。

低压侧的正序电流和负序电流通过三相三芯柱变压器都要感应到高压侧去，但低压侧的零序电流都是同相的，其零序磁通在三相三芯变压器铁芯内不可能闭合，因而也不可能与高压绕组相交链，变压器高压侧则无零序分量，所以高压侧各相电流就只有正序和负序分量的叠加。无论 $\dot{I}_A$ 还是 $\dot{I}_C$，其大小均是 $1/3 I_k^{(1)}$。

2．两相一继电器式接线

这种接线（如图6.23所示）也适用于做相间短路保护和过负荷保护，但对不同相间短路保护灵敏度不同，这是不够理想的。然而由于这种接线只用一个继电器，比较经济，因此小容量变压器也有采用。

（二）变压器低压侧的单相短路保护

为了弥补上述变压器过电流保护的两种接线方式不适于低压侧单相短路保护的缺点，可采取以下措施之一：

（1）在低压侧装设三相均带脱扣器的低压断路器。这种低压断路器既可作为低压侧的主开关，操作方便，便于自动投入，提高供电可靠性，又可用来保护低压侧的相间短路和单相短路。

（2）在低压侧三相装设熔断器保护。这种措施可以保护变压器低压侧的相间短路，也可以保护单相短路，但由于熔断器熔断后更换熔体需耽误一定的时间，所以它主要适用于带不太重要负荷的小容量变压器。

（3）在变压器中性点引出线上装设零序过电流保护，如图6.24所示。这种零序过电流保护的动作电流 $I_{op(0)}$，按躲过变压器低压侧最大不平衡电流来整定，其整定计算公式为

$$I_{op(0)} = \frac{K_{rel} K_{dsq} I_{2N.T}}{K_i} \tag{6-9}$$

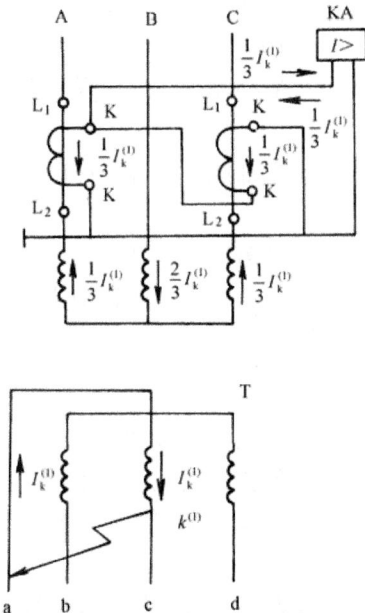

图 6.23 Y,yn0 联结的变压器，高压侧采用两相一继电器的过电流保护，在低压侧发生单相短路时的电流分布

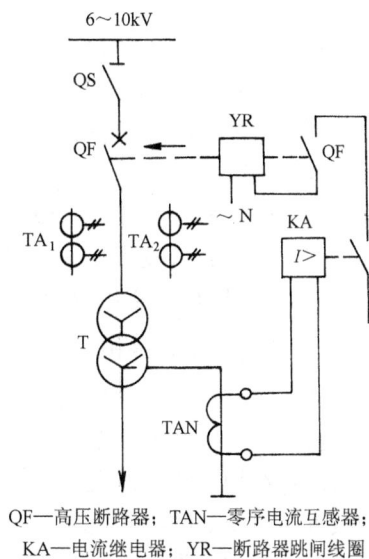

QF—高压断路器；TAN—零序电流互感器；
KA—电流继电器；YR—断路器跳闸线圈

图 6.24 变压器的零序过电流保护

式中，$I_{2N.T}$ 为变压器的额定二次电流；K_{dsq} 为不平衡系数，一般取 0.25；K_{rel} 为可靠系数，一般取 1.2～1.3；K_i 为零序电流互感器的变流比。

零序过电流保护的灵敏度，按低压干线末端发生单相短路校验：对架空线，$S_p \geq 1.5$；对电缆线，$S_p \geq 1.2$。零序过电流保护的动作时间一般为 0.5～0.7 s。

（4）改两相两继电器为两相三继电器。由于公共线上所接继电器的电流比其他两继电器的电流增大了一倍，因此使原来两相两继电器接线对低压单相短路保护的灵敏度也提高了一倍。

6.4.3　变压器的过电流保护、电流速断保护和过负荷保护

1. 变压器的过电流保护

容量在 10 000 kV·A 以下的变压器，一般装设过电流保护（当过电流保护动作时限大于 0.5 s 时增设电流速断保护），保护装置及电流互感器都装在变压器的电源侧，它既能反映外部故障，也可作为变压器内部故障的后备保护。

变压器过电流保护的电流整定计算公式与电力线路过电流保护基本相同，只是公式中的 $I_{L.max}$ 应取值为（1.5～3）$I_{1N.T}$，这里 $I_{1N.T}$ 为变压器的额定一次电流。

变压器过电流保护的动作时间，也按"阶梯原则"整定，可整定为最小值 0.5 s。

变压器过电流保护的灵敏度，按变压器低压侧母线在系统最小运行方式时发生两相短路来校验，其灵敏度的要求也与线路过电流保护相同，即 $S_p \geq 1.5$，个别情况下 $S_p \geq 1.2$。

2. 变压器的电流速断保护

带时限过电流变压器的内部故障，当其动作时限大于 0.5 s 时，还要装设电流速断保护，使故障变压器迅速地从系统中切除。

电流速断保护的工作原理前已叙述，不再重复。电流速断保护装设在变压器的电源侧，其接线方式通常采用两相两继电器式。

变压器电流速断保护的动作电流的整定计算公式也与电力线路的电流速断保护基本相同，只是公式中 $I_{k.max}$ 应取将低压母线三相短路电流周期分量的有效值换算到高压侧的电流值，即变压器电流速断保护的动作电流按躲过低压母线三相短路电流来整定。

变压器电流速断保护的灵敏度，按变压器高压侧在系统最小运行方式时发生两相短路的短路电流 $I_k^{(2)}$ 来校验，要求 $S_p \geq 1.5$。

变压器的电流速断保护也有死区，即不能保护变压器的全部绕组，弥补死区的措施是配备带时限的过电流保护。

为了避免变压器在空载投入或突然恢复电压时的冲击性励磁涌流使速断器误动作，可在整定后，将变压器空载试投入几次，以检验电流速断保护是否误动作，经验证明当速断器的一次动作电流比变压器额定一次电流大 2～3 倍时，不会产生误动作。

3. 变压器的过负荷保护

变压器的过负荷保护是反映变压器正常运行时的过载情况的，一般动作于信号。变压器的过负荷电流在大多数情况下都是三相对称的，因此，过负荷保护只需在一相上装一个电流继电器。为了防止在短路情况时发出不必要的信号，需装设一个时间继电器，使其动作延时大于电流保护装置的动作延时，一般取 10～15 s。

过负荷保护的动作电流是按躲过变压器的额定一次电流 $I_{1N.T}$ 来整定的，其计算公式为

$$I_{op(OL)} = (1.2 \sim 1.25)\frac{I_{1N.T}}{K_i} \tag{6-10}$$

式中，K_i 为电流互感器的变流比。

图 6.25 为变压器的定时限过电流保护、电流速断保护和过负荷保护的综合电路，全部继电器均为电磁式。

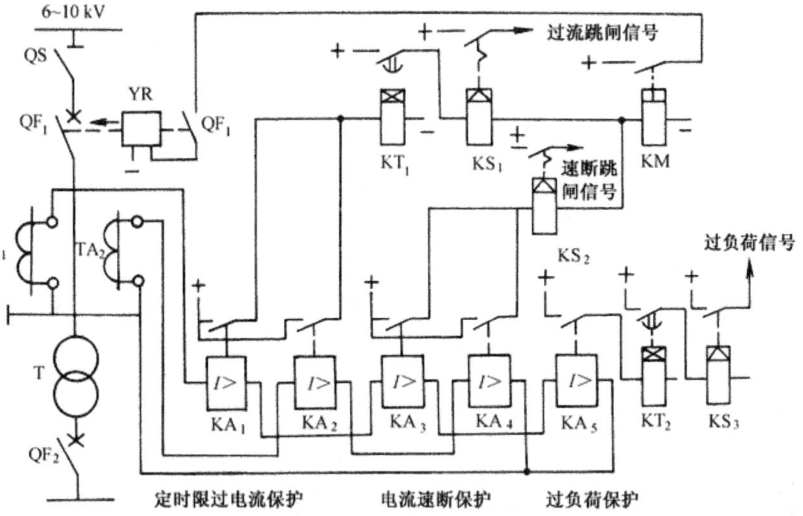

图 6.25　变压器的定时限过电流保护、电流速断保护和过负荷保护的综合电路

6.4.4　变压器的瓦斯保护

电力变压器的铁芯和绕组一般都浸在油箱内，利用油作为绝缘或冷却介质。当变压器内部有故障时，短路电流所产生的电弧将使绝缘物和变压器油分解而产生大量的气体，利用这种气体来实现的保护装置叫做气体保护，又称瓦斯保护。

1．瓦斯继电器的结构和工作原理

瓦斯继电器主要有浮筒式和开口式两种，现在一般采用开口式，图 6.26 为 FJ3—80 型开口杯式瓦斯继电器的结构图。

为了保证油箱内产生的气体能够通过瓦斯继电器排向油枕，除了连通管对变压器油箱顶盖有 2%～4% 的倾斜度外，变压器对安装地面也应有 1%～1.5% 的倾斜度，如图 6.27 所示。

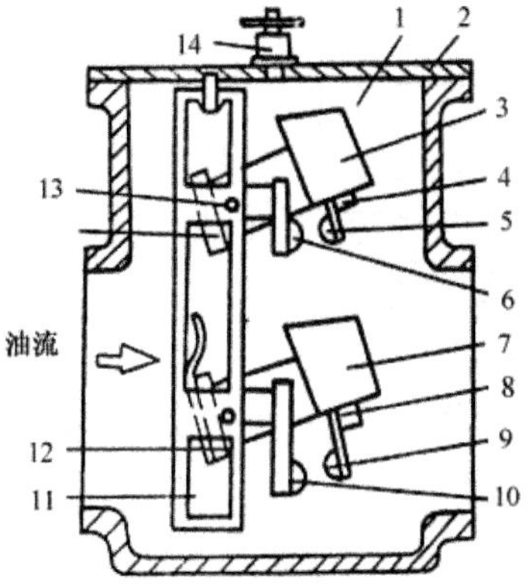

1—容器；2—盖板；3—上油杯；4、8—永久磁铁；
5—上动触点；6—上静触点；7—下油杯；9—下动触点；
10—下静触点；11—支架；12—下油杯平衡锤；
13—上油杯转轴；14—放气阀

图 6.26　FJ3—80 型瓦斯继电器的结构示意图

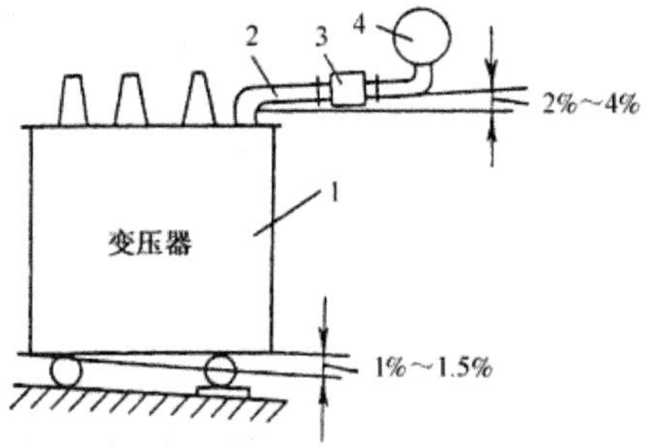

1—变压器油箱；2—连通管；3—瓦斯继电器；4—油枕

图 6.27　瓦斯继电器在变压器上的安装示意图

当变压器正常工作时，瓦斯继电器内的上、下油杯都是充满油的，油杯因平衡锤的作用而升高，如图 6.28（a）所示，它的上、下两个触点都是断开的。

当变压器内部发生轻微故障时，由故障引起的少量气体慢慢升起，进入并积聚于瓦斯继电器内，当气体积聚到一定程度时，由于气体的压力而使油面下降，上油杯因其中盛有残余的油而使其力矩大于另一端平衡锤的力矩而降落，如图 6.28（b）所示，从而使上触点接通信号回路，发出轻瓦斯信号（轻瓦斯动作）。

当变压器内部发生严重故障时，被分解的变压器油和其他有机物将产生大量的气体，使得变压器内部压力剧增，大量气体带动油流迅猛通过瓦斯继电器进入油枕，在油流的冲击下，继电器下部的挡板被掀起，使下油杯降落，从而使下触点接通跳闸回路，同时接通信号回路，如图 6.28（c）所示，发出重瓦斯信号（重瓦斯动作）。

当变压器的油箱漏油时，使得瓦斯继电器内的油慢慢流尽，如图 6.28（d）所示，先是上油杯降落，发出报警信号，最后下油杯降落，使断路器跳闸，切除变压器。

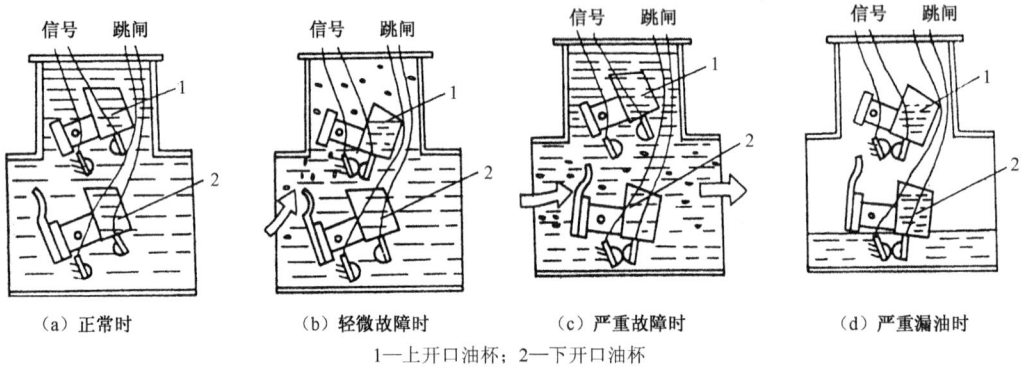

（a）正常时　　（b）轻微故障时　　（c）严重故障时　　（d）严重漏油时

1—上开口油杯；2—下开口油杯

图 6.28　瓦斯继电器动作说明

2．变压器瓦斯保护的接线

图 6.29 是变压器瓦斯保护的原理电路图。当变压器内部发生轻微故障时，瓦斯继电器 KG 的上触点 1～2 闭合，作用于报警信号。当变压器内部发生严重故障时，KG 的下触点 3～4 闭

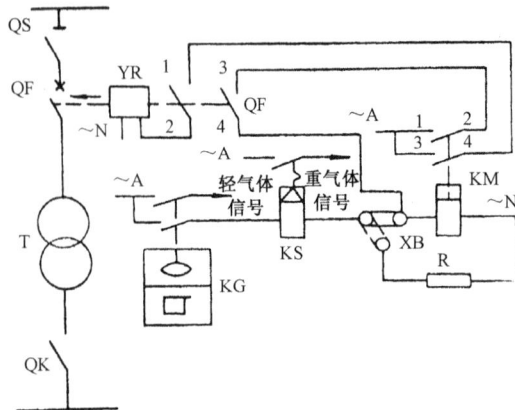

T—电力变压器；KG—瓦斯继电器；KS—信号继电器；KM—中间继电器；
QF—高压断路器；YR—断路器跳闸线圈；XB—连接片；R—限流电阻

图 6.29　变压器瓦斯保护的原理电路图

合，经中间继电器 KM 作用于断路器 QF 的跳闸线圈 YR，使断路器跳闸，信号继电器 KS 发出跳闸信号。KG 的下触点 3～4 闭合时，也可以用连接片 XB 切换位置，串接限流电阻 R，只给出报警信号。

由于重瓦斯保护是按照油的流速大小而动作的，而油的流速在故障中往往是不稳定的，故重瓦斯动作后必须有自保持回路，以保证有足够的时间使开关跳闸，所以采用了有自保线圈的中间继电器。

3. 变压器瓦斯保护动作后的故障分析

变压器瓦斯保护装置动作后，可由蓄积于瓦斯继电器内的气体的物理化学性质来分析和判断故障的原因及处理要求，如表 6.1 所示。

表 6.1　瓦斯继电器动作后的气体分析和处理要求

气体的性质	故障原因	处理要求
无色，无臭，不可燃	油箱内含有气体	允许继续运行
灰白色，有剧臭，可燃	纸质绝缘烧毁	应立即停电检修
黄色，难燃	木质绝缘烧毁	应立即停电检修
深灰或黑色，易燃	油内闪络，油质碳化	应分析油样，必要时停电检修

*6.5　断路器的控制回路和信号系统

6.5.1　简述

断路器的控制回路就是控制断路器分、合闸的回路，它取决于断路器操动机构的型式和操作电源的类别。高压断路器的控制回路一般采用电磁式、弹簧式和手力式等型式；弹簧操动机构、手力操动机构的控制电源既可为直流也可为交流，电磁操动机构的控制电源要求用直流。

信号系统是用来指示一次设备运行状态的二次系统，有断路器位置信号、事故信号和预告信号三种。位置信号显示断路器正常工作时的位置状态，一般用红灯表示合闸位置，用绿灯表示分闸位置。事故信号用来显示断路器在事故情况下的工作状态，绿灯闪光表示断路器自动跳闸，红灯闪光表示断路器自动合闸。预告信号是在一次设备工作状态不正常或故障初期发出报警信号时，提示值班人员及时处理。

对高压断路器的控制回路及其信号系统有下列要求：

（1）应能监视控制回路保护装置及其分、合闸回路的完好性，以保证断路器的正常工作，通常采用灯光监视的方式。

（2）合闸完成后应能使其脉冲解除，即能切断分闸或合闸的电源。

（3）能指示断路器正常分、合闸的位置状态，并在自动合闸和自动跳闸时有明显的指示信号。

（4）各断路器应有事故跳闸信号。

（5）对有可能出现不正常工作状态的设备，应装有预告信号。预告信号应能使中央信号装置发出音响或灯光信号，并能指示故障地点和性质。一般预告音响信号用电铃，事故音响信号用电笛。

6.5.2　采用手力、电磁和弹簧操动机构的断路器控制回路及其信号系统

1. 采用手力操动机构

图 6.30 为采用手力操动机构的断路器控制回路及其信号系统。

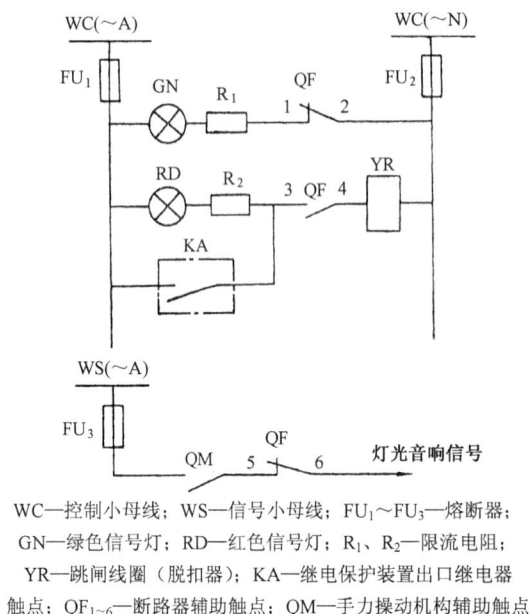

WC—控制小母线；WS—信号小母线；FU$_1$～FU$_3$—熔断器；
GN—绿色信号灯；RD—红色信号灯；R$_1$、R$_2$—限流电阻；
YR—跳闸线圈（脱扣器）；KA—继电保护装置出口继电器
触点；QF$_{1\sim6}$—断路器辅助触点；QM—手力操动机构辅助触点

图 6.30　采用手力操动机构的断路器控制回路及其信号系统

合闸时，推上操作手柄使断路器合闸，此时断路器的辅助触点 QF$_{3-4}$ 闭合，红灯 RD 亮，指示断路器在合闸位置。红灯 RD 还表示跳闸回路完好。

在合闸的同时，QF$_{1-2}$ 断开，绿灯 GN 灭。分闸时，扳下操作手柄，断路器辅助触点 QF$_{3-4}$ 断开，红灯 RD 灭，并切除跳闸电源，同时辅助触点 QF$_{1-2}$ 闭合，绿灯 GN 亮，表示断路器处于分闸位置，还表明控制回路完好。

当一次电路发生短路故障时继电保护装置动作，出口继电器 KA 闭合，接通跳闸线圈 YR 的回路（QF$_{3-4}$ 原已闭合），断路器跳闸，随后 QF$_{3-4}$ 断开，使红灯 RD 灭，切除跳闸电源，同时 QF$_{1-2}$ 闭合，使绿灯 GN 亮，这时操动机构的手柄虽然还在合闸位置，但断路器自动跳闸，同时事故信号回路接通，发出音响和灯光信号，提示值班人员及时处理。

在断路器正常分、合闸时，由于操动机构辅助触点 QM 与断路器辅助触点 QF$_{5-6}$ 都是同时切换的，总是一开一合，事故信号回路总是不通的，因此不会错误地发出事故信号。

控制回路中的 R$_1$、R$_2$ 是限流电阻，是为了防止由于灯座短路造成断路器误跳闸或引起控制回路短路。

2. 采用电磁操动机构

图 6.31 所示为采用电磁操动机构的断路器控制回路及其信号系统，其操作电源为直流电源，该控制回路采用双向自复式并具有保持触点的 LW5 型万能转换开关。正常时手柄为垂直状态（0°）；顺时针扳转 45° 为合闸（ON），手松开后自动返回垂直位置，但仍保持合闸状态；逆时针反转 45° 为分闸（OFF），手松开后也自动返回。图中打黑点的触点表示触点在此位置接通，箭头表示开关手柄自动返回的方向。

合闸时，控制开关 SA 的触点 1～2 接通，合闸接触器 KO 通电（QF$_{1-2}$ 已闭合），主触点闭合，使电磁合闸线圈 YO 通电，断路器合闸。控制开关 SA 自动返回，其触点 1～2 断开，断路器辅助触点 QF$_{1-2}$ 也断开，绿灯灭，并切断合闸电源；同时 QF$_{3-4}$ 闭合，红灯亮，指示断路器在合闸位置，并表示跳闸回路完好。

分闸时，控制开关 SA 触点 7～8 接通，跳闸线圈 YR 通电（QF$_{3-4}$ 已闭合），断路器跳闸，控制开关 SA 自动返回，其触点 7～8 断开，断路器辅助触点 QF$_{3-4}$ 也断开，红灯灭，并切断跳闸电源；同时 SA 的触点 3～4 闭合，QF$_{1-2}$ 也闭合，绿灯亮，指示断路器在分闸位置，表明合闸回路完好。

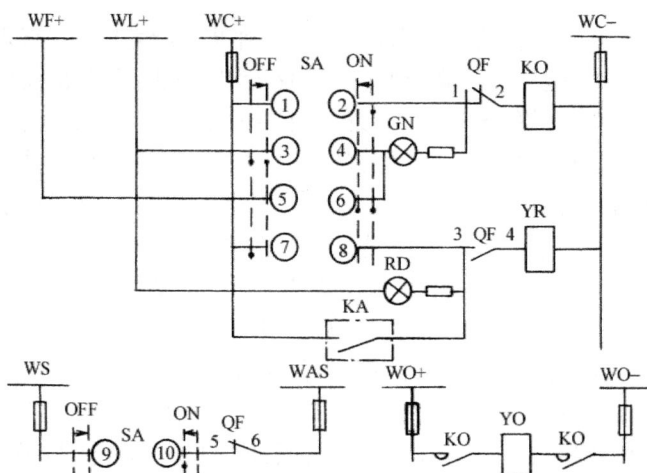

WC—控制小母线；WL—灯光指示小母线；WF—闪光信号小母线；WS—信号小母线；WAS—事故信号小母线；

WO—合闸小母线；SA—控制开关；KO—合闸接触器；YO—电磁合闸线圈；YR—跳闸线圈；KA—保护装置出口继电器触点；

QF_{1-6}—断路器辅助触点；GN—绿色信号灯；RD—红色信号灯；ON—合闸操作方向；OFF—分闸操作方向

图 6.31 采用电磁操动机构的断路器控制回路及其信号系统

由于红绿灯的多重作用，它们需长时间工作，耗电较多，因此设有灯光指示小母线 WL+ 接入红绿指示灯。

当一次电路发生短路故障时，继电保护装置动作，出口继电器触点 KA 闭合，接通 YR 回路（QF_{3-4} 已闭合），使断路器跳闸。随后 QF_{3-4} 断开，红灯灭，切断跳闸电源；同时 QF_{1-2} 闭合，SA 在合闸位置，其触点 5～6 也闭合，接通闪光电源 WF+，绿灯亮，表示断路器已跳闸。由于 SA 的触点 9～10 闭合，断路器的触点 QF_{5-6} 也闭合，事故音响信号接通，值班人员得此信号后，可将控制开关 SA 扳向分闸位置，全部事故信号立即解除。

3. 采用弹簧操动机构

弹簧储能操动机构是一种新型操动机构，它能利用预先储能的合闸弹簧的放能使断路器合闸。合闸弹簧由电动机储能，储能电动机可为交流也可为直流，功率很小（几百瓦）。

弹簧储能式操动机构的出现，为变电所采用交流操作创造了条件，它是今后发展的方向。

目前国内在工业企业内采用较多的是 CT7 型和 CT8 型弹簧储能操动机构。CT7 型机构的弹簧储能电动机采用单相交直流的串励电动机，额定功率为 369W。操动机构中可安装 1～4 个脱扣线圈，这种机构能够满足交流操作的要求。

图 6.32 所示为采用 CT7 型操动机构的断路器控制及其信号系统，控制开关可以采用 LW5 型或 LW2 型。断路器位置指示灯绿灯、红灯分别接于分、合闸回路，兼做监视熔断器及分、合

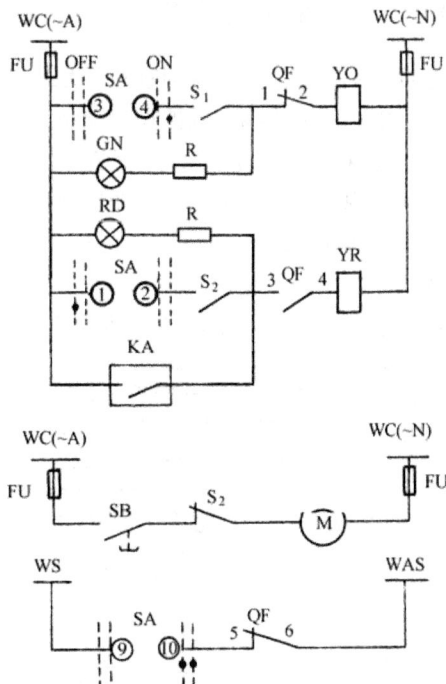

WC—控制小母线；WS—信号小母线；WAS—事故信号小母线；

SB—按钮；GN—绿色信号灯；RD—红色信号灯；

YO—合闸电磁线圈；YR—跳闸线圈；QF_{1-6}—断路器辅助触点；

S_1、S_2—储能位置开关；M—储能电动机；FU—熔断器

图 6.32 采用 CTT 型操动机构的断路器控制回路及其信号系统

闸回路的完好性。S_1、S_2 是电动机的行程开关，在合闸弹簧储能完毕时，接入合闸回路的常开触点 S_1 闭合，保证在弹簧储能完毕时才能合闸，接于储能电动机回路的 S_2 常闭触点断开，使电动机断电。储能电动机的接线由按钮 SB 控制，这样控制回路就不需要设置电气"防跳"装置了。事故跳闸回路由控制开关的触点 SA_{9-10} 与断路器辅助开关的常闭触点 QF_{5-6} 构成不对应接线。

合闸时，先按下 SB，储能电动机 M 通电（S_2 已闭合），使合闸弹簧储能，储能完毕后，S_2 自动断开，切断电动机回路，同时 S_1 常开触点闭合，为合闸做好准备。

将控制开关 SA 扳向合闸位置（ON 方向），其触点 3～4 接通，合闸线圈 YO 通电，弹簧释放，通过传动机构使断路器合闸。合闸后，断路器辅助触点 QF_{1-2} 断开，绿灯灭，并切除合闸电源；同时 QF_{3-4} 闭合，红灯亮，指示断路器在合闸位置，表明跳闸回路完好。

分闸时，将控制开关 SA 扳向分闸位置（OFF 方向），其触点 1～2 接通，跳闸线圈 YR 通电（QF_{3-4} 已闭合），使断路器跳闸。跳闸后，QF_{3-4} 断开，红灯灭，并切除跳闸电源；同时 QF_{1-2} 闭合，绿灯亮，指示断路器在分闸位置，表明合闸回路完好。

当一次电路发生故障时，保护装置动作，继电器 KA 触点闭合，接通跳闸线圈 YR 回路（QF_{3-4} 已闭合），使断路器跳闸，随后 QF_{3-4} 断开，使红灯灭，切断跳闸电源；而 SA 仍在合闸位置，其触点 9～10 闭合，而断路器已跳闸，QF_{5-6} 也闭合，事故音响回路被接通，发出事故音响信号，值班人员可将控制开关扳回跳闸位置，解除事故信号。

*6.6　绝缘监察装置和电气测量仪表

6.6.1　绝缘监察装置

绝缘监察装置主要用来监视小接地电流系统相对地的绝缘状况。对于直流，为了防止由于直流系统两点接地而造成继电保护和自动装置的误动作，直流系统中必须装设能连续工作且足够灵敏的绝缘监视装置。对于交流绝缘监察装置一般可采用三相三绕组电压互感器，利用其开口三角形的辅助二次绕组构成的零序电压过滤器出现零序电压来进行绝缘监视。系统正常运行时，三相电压对称，开口三角形两端电压近似为零，继电器不动作；在系统发生一相接地时，接地电压为零，另两个互差 120° 的相电压叠加，使开口处产生 100 V 的零序电压，继电器动作，发出报警信号。

图 6.33 为装于 6～10 kV 母线的绝缘监察装置及电压测量的原理电路图。

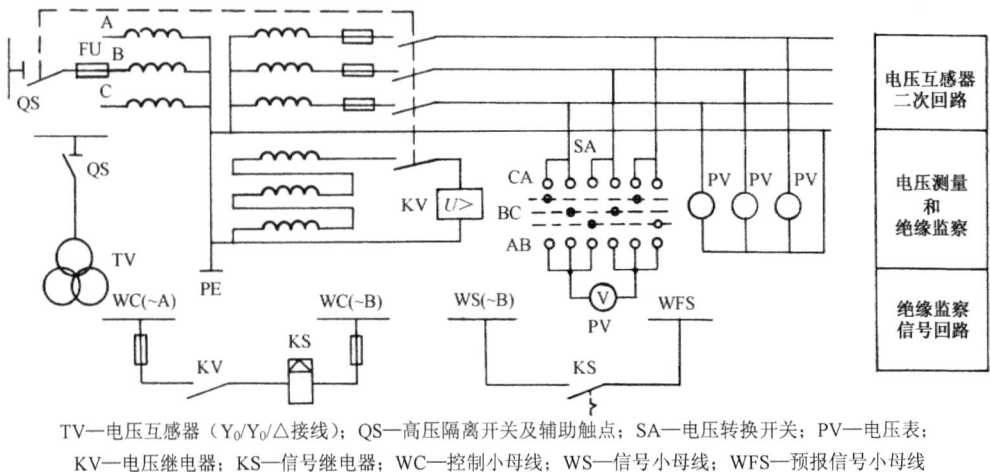

TV—电压互感器（$Y_0/Y_0/\triangle$ 接线）；QS—高压隔离开关及辅助触点；SA—电压转换开关；PV—电压表；
KV—电压继电器；KS—信号继电器；WC—控制小母线；WS—信号小母线；WFS—预报信号小母线

图 6.33　6～10 kV 母线的绝缘监察装置及电压测量原理电路图

上述装置虽然可以通过信号和电压表指示知道发生了接地故障，但不能判别是哪一条线路，所以这种装置只适用于线路数目不多且允许短时停电的供电系统。

6.6.2　电气测量仪表

电气测量仪表是保证变配电所电气设备安全经济运行的重要设备。仪表的类型很多，根据各种仪表的结构、特点及在供电系统的配置和用途，通常分为电气指示仪表和电能计量仪表。通过它们，值班人员可以监视电气设备的运行情况，了解运行参数（电压、电流、功率等），及时发现故障，测量事故的范围和事故的性质等。此外，还可以记录数据进行电力负荷的统计，积累技术资料和分析技术指标，以便于指导运行工作。

在工厂供电系统的变配电装置中必须装设一定数量的电气测量仪表，来监视一次设备的运行状态和计量一次系统消耗的电能。

1．对电气指示仪表的要求

电气指示仪表是指固定安装在变配电所仪表板、控制屏或配电屏上的反映电力设备运行情况、监视系统绝缘状况，以及在事故情况下测量和记录事故范围及事故性质的电气测量仪表。具体要求如下：

（1）交流回路的仪表，其准确度不低于 2.5 级；直流回路的仪表，其准确度不低于 1.5 级；频率测量的仪表，其准确度不低于 0.5 级。

（2）1.5 级和 0.5 级的仪表，应配用准确度不低于 1.0 级的互感器。

（3）仪表的测量范围和电流互感器变比的选择，应满足电力装置回路以额定条件运行时仪表的指示在标度尺的 70%～100% 之间。对有可能出现短时冲击电流的电路，采用有过负荷标度尺的电流表；对有可能双向运行的电路，采用具有双向标度尺的仪表。

2．对电能计量仪表的要求

电能计量仪表主要是指计费用有功电度表和用于技术分析用的有功、无功电度表，按照国家标准，应符合考核技术经济指标和按电价分类合理计费的要求。

（1）月平均用电量在 1×10^6 kW·h 以上的用户，应采用 0.5 级的有功电度表。月平均用电量小于 1×10^6 kW·h、容量在 315 kV·A 以上的变压器高压侧计量的电力用户电能计量点，应采用 1.0 级的有功功率表。容量在 315 kV·A 以下的变压器低压侧计量的电力用户电能计量点、75 kW 以上的电动机，以及仅作为工厂内部技术经济考核而不计费的线路均采用 2.0 级的有功电度表。

（2）315 kV·A 及以上的变压器高压侧计费的电力用户，应采用 2.0 级的无功电度表。在 315 kV·A 以下的变压器低压侧计费的电力用户，应采用 3.0 级的无功电度表。

（3）0.5 级的有功电度表，应配用 0.2 级的互感器；1.0 级的有功电度表、2.0 级的有功和无功电度表应配用 0.5 级的互感器；仅作为厂内使用的电度表，均配用 1.0 级的互感器。

3．变配电装置中各部分仪表的配置

根据 GB J63—90《电力装置的电测仪表装置设计规范》的规定，仪表配置要求如下：

（1）在工厂的电源进线上，必须安装计费用的有功和无功电度表，采用全国统一标准的电能计量柜，配用专用的互感器。连接计费用电度表的互感器，不得接用其他仪表和继电器。

（2）每段母线上都必须安装电压表测量电压，并安装绝缘监察装置。

（3）降压变压器的两侧应安装电流表以了解负荷情况。低压侧如果为三相四线制，则每一相都应安装电流表。高压侧还应装设有功电度表和无功电度表。

（4）6～10 kV 高压配电线路，应安装一只电流表，了解其负荷情况，如图 6.34 所示。

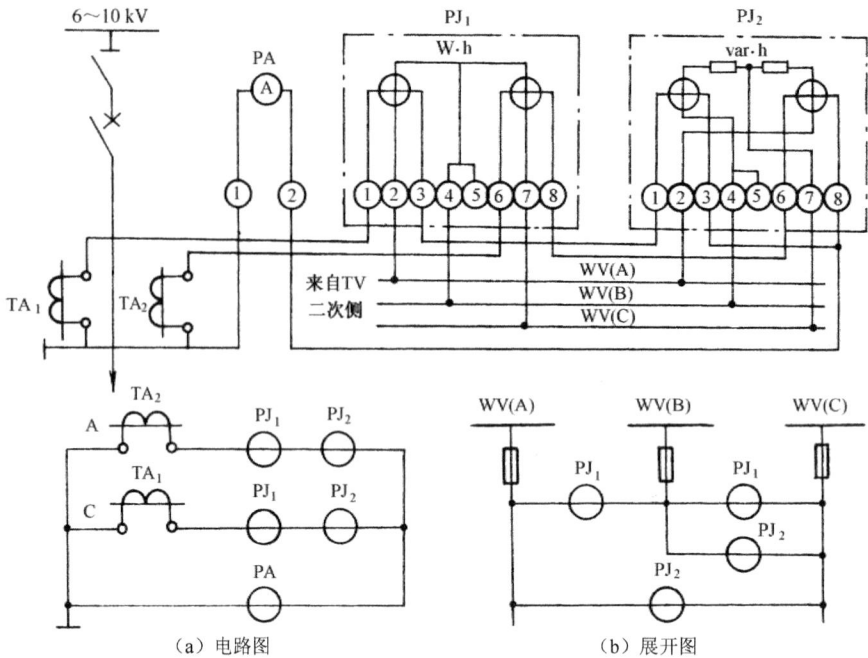

（a）电路图　　　　　　　　　　　（b）展开图

TA$_1$、TA$_2$—电流互感器；TV—电压互感器；PA—电流表；PJ$_1$—三相有功电度表；PJ$_2$—三相无功电度表

图 6.34　6～10 kV 高压电气测量仪表原理电路图

（5）测量三相交流电流一般采用一个电流表，加上电流转换开关，但对有可能长期不平衡运行的回路应采用三个电流表。

4．电能计量仪表的装设

企事业单位各级变配电所的测量和计量仪表的装设如表 6.2 所示。

表 6.2　3～10 kV 的变配电所测量与计量仪表的装设

线路名称	装设的计量仪表数量						说　明
	电 流 表	电 压 表	有功功率表	无功功率表	有功电能表	无功电能表	
3～10 kV 进线	1	—	—	—	1	1	—
3～10 kV 母线	—	4	—	—	—	—	一只用来检测线电压，其余三只用做母线绝缘监视
3～10 kV 联络线	1	—	1	—	2	—	电能表只装在线路的一端，并应有止逆器
3～10 kV 出线	1	—	—	—	1	1	—
6～10/0.4 kV 双圈变压器	—	—	—	—	—	—	仪表装在变压器高压侧或低压侧，按具体情况确定。如为单独经济核算单位的变压器，还应装一只无功电能表
静电电容器	3	—	—	—	—	1	—

5．常用电工测量方法

选择合适的电气测量仪表是电工测量的基础，掌握基本的测量方法是获得正确测量结果的一个重要环节。

（1）直接测量法。用原先已标准定度的测量仪表、仪器直接对被测量进行测定，从而获得数据的方法。

（2）比较测量法。将被测量与标准测量通过比较仪器进行比较，从而确定被测量大小的一种测量方法。

（3）间接测量法。对与被测量成一定关系的电量进行直接测量，然后进行一定的计算而得出被测量的方法。

6．常用电气测量仪表的使用

（1）兆欧表的使用。

① 兆欧表俗称摇表，测量前要切断被测设备的电源，并将设备的导电部分与大地接通，进行充分放电，以保证安全。用兆欧表测量过的电气设备，也要及时接地放电，方可进行再次测量。

② 测量前要先检查兆欧表是否完好，即在兆欧表未接上被测物之前，摇动手柄使发电机达到额定转速（120 r/min），观察指针是否指在标尺的"0"位置。将接线柱"线"（L）和"地"（E）短接，缓慢摇动手柄，观察指针是否在标尺的"0"位。如指针不能指到该位置，表明兆欧表有故障，应检修后再用。

③ 必须正确接线。兆欧表上一般有三个接线柱，分别为 L（线路）、E（接地）、G（屏蔽）。其中 L 接在被测物和大地绝缘的导体部分，E 接被测物的外壳或大地，G 接在被测物的屏蔽环上或不需测量的部分。

④ 接线柱与被测设备间连接的导线不能用双股绝缘线或绞线，应该用单股线分开单独连接，避免因绞线绝缘不良而引起误差。为获得正确的测量结果，被测设备的表面应用干净的布或棉纱擦拭干净。

⑤ 摇动手柄应由慢到快，若发觉指针指零，则说明被测绝缘物可能发生了短路，这时就不能继续摇动手柄，以防止表内线圈发热损坏。手柄发电机要保持匀速，不可忽快忽慢而使指针不停地摆动。

⑥ 测量具有大电容设备的绝缘电阻时，读数后不能立即停止摇动兆欧表，否则已被充电的电容器将对兆欧表放电，有可能烧坏兆欧表。

⑦ 测量设备的绝缘电阻时，还应记下测量时的温度、湿度、被测物的有关情况等，以便对测量结果进行分析。

⑧ 吸收比，被摇测的电气绝缘状态越好，吸收过程越慢。如果电气设备受潮严重或有集中性的导电通道，由于绝缘电阻显著降低，流过绝缘体的电流迅速地变为较大的泄漏电流，因此吸收过程越快。在日常摇测中我们取摇表 60s 读数与 15s 读数之比，称为吸收比，比值应大于 1.3。

（2）钳形电流表的使用方法。

钳形电流表的外形如图 6.35 所示。

① 测量前应先估计被测电流的大小，选择合适的量程，或将挡位调整到最大然后逐步向低挡位调整，直到适合的挡位。

② 进行测量时，被测载流导线的位置应放在钳口中央，以减少误差。

③ 为使读数准确，钳口两个面应保证很好的接触，如有杂音，可将钳口重新合一次。如果还有杂音，应检查钳口处有无油污等。

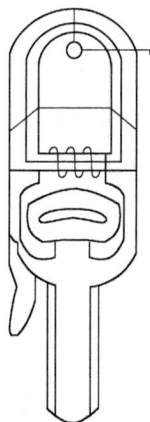

图 6.35　钳形电流表

④ 测量后要把调整开关放在最大位置，并要把仪表放在干燥无灰尘的专用的仪表箱内。

⑤ 测量较小的电流时（5 A 以下），为了获得准确的读数，在条件许可时，可把导线绕几圈放在钳口内进行测量，并以实际测量的数值除以放进钳口的导线匝数即可。

（3）功率表的选择和正确使用。

① 功率表量限的正确选择：选择功率表测量功率的量限，实际上就是正确选择功率表中的电流和电压量限，必须使电流量限能允许通过负载电流，电压量限能承受负载电压。这样就自然满足了功率的量限。

② 功率表的正确接线：功率表具有两个独立的支路，为了正确接线，通常在电流支路和电压支路的一端标有"*"标记。其接线规则为：一是功率表的电流端钮必须与负载串联，电压端钮必须与负载并联；二是具有标号"*"的端钮必须接到电源的同一极性，使电流都从该端钮流入。功率表的接线方式有两种，如图6.36所示。

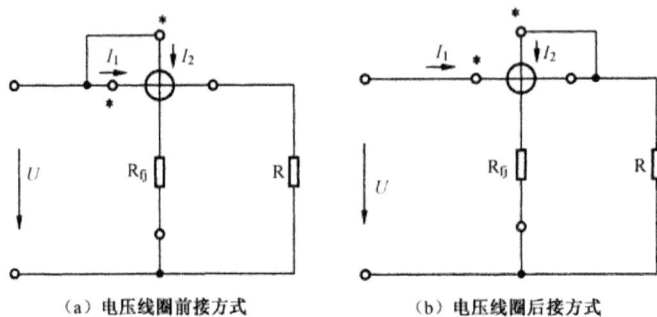

（a）电压线圈前接方式　　　　　　　　（b）电压线圈后接方式

图 6.36　功率表的接线

③ 功率的正确读数：功率表的标尺只标有分格数，而不是瓦特数，这是因为功率表一般都是具有多量限的，选择不同的量限，每一格都代表不同的瓦特数。每一分格所代表的瓦特数称为功率表的分格常数。在功率表中附有表格，标明了功率表在不同量限下的分格常数。被测量功率的数值为

$$P = C\alpha(y)$$

式中，P 为被测量功率瓦特数；C 为功率表分格常数（W/格）；α 为指针偏转格数。

（4）三相电路有功功率的测量。工程中广泛采用三相交流电，测量三相电路的有功功率可以用单相功率表或三相功率表。测量方法常采用以下几种形式。

① 一仪表法。对于对称三相交流电路，不论电路是三相三线制还是三相四线制，三相有功功率都可以用一只功率表进行测量。由于三相电路对称，三相有功功率相等，所以只要测量一相的有功功率 W 即可得到三相总有功功率，即 $P = 3W$。测量电路如图6.37所示。

在图6.37中功率表都是接在负载的相电压和相电流上，所以功率表的读数是一相的有功功率。当星形连接的中点不能引出，或三角形连接负载的一相不能断开接线时，可采用图6.37（c）中的人工中点法将功率表接入。

② 二仪表法。测量三相三线制交流电路三相功率的方法是两功率表法，简称二仪表法。二仪表法测量的接线方式如图6.38所示。在这种测量方法下，两个功率表测量读数之和即为三相交流电路的总功率。

利用二仪表法测量三相三线制功率时，不论怎样接线，都必须遵守以下接线原则：一是将两个功率表的电流线圈任意串联接入两相，使通过电流线圈的电流为线电流；二是两个功率表的电压支路的发电机端必须接到该功率表电流线圈所在的相，两个功率表的电压支路的非发电

机端必须同时接到没有接功率表电流线圈的第三相；三是用二仪表法测量三相功率时，电路的总功率等于两个功率表读数的代数和。

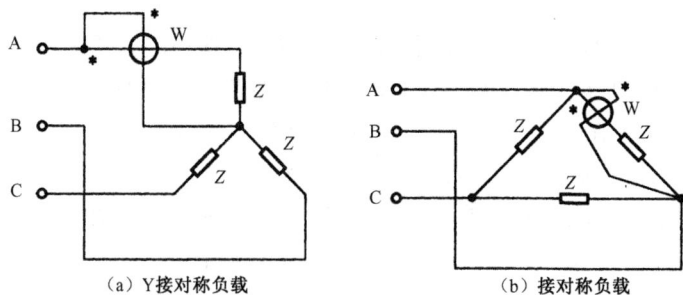

（a）Y接对称负载　　　　　（b）接对称负载

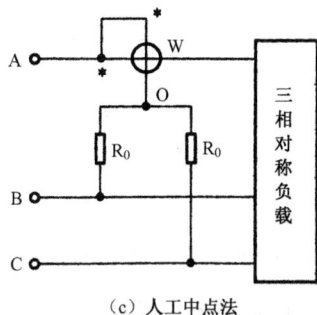

（c）人工中点法

图 6.37　一仪表法测量三相对称负载
功率的电路原理图

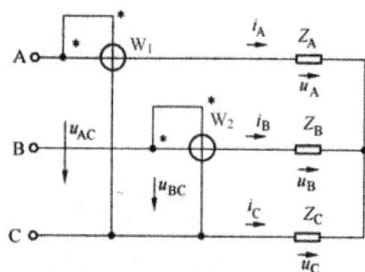

图 6.38　二仪表法测量三相三线制
总功率的电路原理图

③ 三仪表法。在三相四线制交流电路中，当三相负载不对称时，每相功率都不相等，所以必须采用三个功率表分别测量各相功率，然后利用代数和求得三相总功率。

④ 三相功率表测量三相电路的功率。三相功率表是利用二仪表法测量三相电路的功率的原理制成的。三相功率表具有两个独立单元，每一个单元相当于一个单相功率表。这两个单元的可动部分固定连接在同一个轴上，可以绕轴自由偏转，这种三相功率表通常称为二元三相功率表。二元三相功率表有七个接线端钮，四个电流端钮，三个电压端钮。其测量接线方法与两仪表法相同。图 6.39 所示为 D33—W 型二元三相功率表的电路原理图。此外，还有三元三相功率表，它包含有三个独立单元，是用来测量三相四线制电路的功率的。

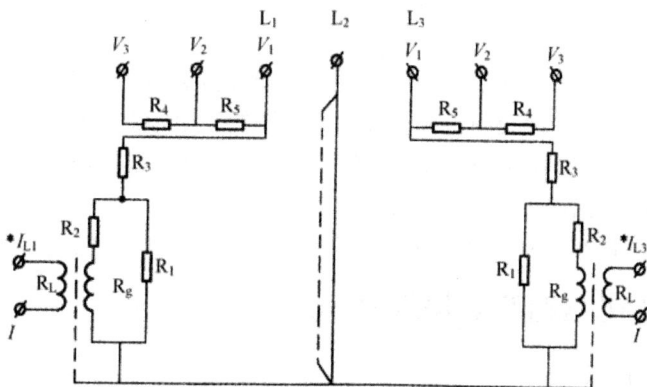

图 6.39　D33—W 型二元三相功率表的电路原理图

（5）三相无功功率的测量。电动机等感性电气设备的额定容量以千伏安作为单位。在设备满载时，由于功率因数很小，其输出的有功功率也很小，这样会增加线路损失。因此在电力工业中，通过测量三相无功功率来了解设备的运行情况，降低线路损失和提高设备利用率。三相无功功率的测量方法有以下几种。

① 一仪表法。在对称三相交流电路中，可用一个功率表来测量无功功率，接线图如图 6.40 所示。将电流线圈串入任意一相，注意发电机端接向电源侧。电压线圈支路跨接到没有接电流线圈的其余两相，则三相交流电路的无功功率在数值上等于有功功率表读数的 $\sqrt{3}$ 倍。

② 二仪表法。用两个功率表或二元三相功率表测量三相交流电路的无功功率，接线图如图 6.41 所示。三相负载的无功功率在数值上等于两个功率表读数之和（或二元三相功率表的读数）乘以 $\sqrt{3}/2$。在电源电压不完全对称时，两仪表法测量的误差较小，所以在实际测量中被广泛采用。

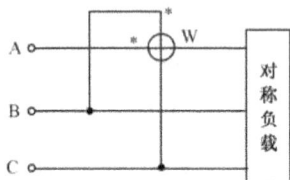

图 6.40　一仪表法测量跨相电路原理图

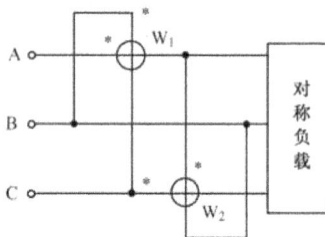

图 6.41　两仪表法测量跨相电路原理图

③ 三仪表法。当三相交流电路电源电压对称而三相负载不对称时，三相交流电路的无功功率可以采用三仪表法测量。接线图如图 6.42 所示。三相负载的无功功率在数值上等于三个功率表读数和的 $1/\sqrt{3}$。三仪表法对于三相三线制和三相四线制电源对称、负载对称或不对称电路同样适用。

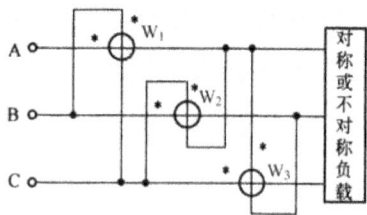

图 6.42　三仪表法测量跨相电路原理图

④ 用测量有功功率的两仪表法测量三相无功功率。对于对称三相三线制交流电路，测量三相无功功率还可以采用测量有功功率的两仪表法。接线图如图 6.38 所示。三相交流电路无功功率在数值上等于两个功率表读数差的 $\sqrt{3}$ 倍。

*6.7　工厂供电系统二次回路接线图

6.7.1　简述

接线图是用来表示成套装置或设备中的各元件之间连接关系的图样。对于二次回路的安装接线、线路检查和维修都要用到接线图，在实际中接线图要与电路图、位置图和接线表配合使用。

接线图的绘制应遵照 GB 6988.5—86《电气制图·接线图和接线表》的有关规定，其图形符号应符合 GB 4728《电气图用图形符号》的有关规定，其文字符号应符合 GB 5094—85《电气技术中的项目代号》和 GB 7159—87《电气技术中的文字符号制定通则》的有关规定。

6.7.2　二次回路接线图的基本绘制方法

1. 二次接线图的特点

二次接线图的特点如下。

（1）接线图上的各二次设备的位置应与实际的安装位置相同。但由于一般二次设备安装在盘的正面，而二次接线又在盘的背面，因此二次回路的接线图为背视图。

（2）二次接线图上的设备的位置应尽量与实际相符，但又不必完全按比例画，而二次设备的内部接线可不必绘出，但其接线端子必须绘出。对背视看得见的轮廓线用实线表示，看不见的轮廓线用虚线表示。

2. 二次设备的表示方法

由于二次设备都是从属于一次设备或线路的，而其一次设备或线路又是从属于某一成套电气设备的，因此所有二次设备都必须按 GB 5094—85 的规定，在接线图上标明其项目、种类、代号。

3. 接线端子的表示方法

接线端子用来把盘外的导线或设备与盘上的二次设备连接起来。将同一安装项目的连接端子板组合在一起，就成为"端子排"。有了端子排，不仅可以迅速而可靠地将二次回路连接起来，而且可以减少导线交叉，便于分支，同时也便于对二次回路和设备进行检修和试验。

接线端子分为普通、连接、试验和终端端子等类型。

普通型端子用来连接由盘外引至盘上或由盘上引至盘外的导线。

连接型端子板有横向连接片，可与邻近的端子连接，用来连接有分支的电路。

试验端子用来在不断开二次回路的情况下，对测量仪表或继电器进行试验，如图6.43 所示，两个试验端子将工作电流表 PA_1 与电流互感器 TA 连接起来。当需要换下工作电流表 PA_1 时，可用另一电流表 PA_2 接在端子 2 和 7 上，然后拧开螺钉 3 和 8，就可以进行试验了。PA_1 校验完毕后，再拧入螺钉 3 和 8，就接入了 PA_1。拆下 PA_2，电路恢复原始状态。

终端端子板是用来固定或分离不同安装项目的端子排的。

在接线图中，端子排中各种形式端子板的符号标志如图6.44所示，端子板的文字代号为 X，端子的前缀符号为"∶"。

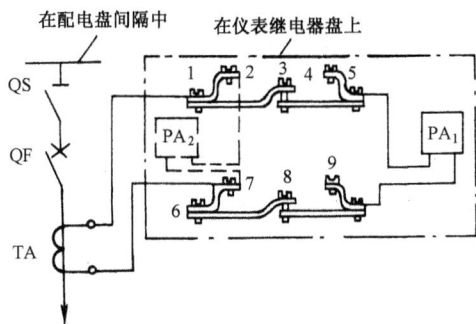

图 6.43　试验端子的结构图及其应用

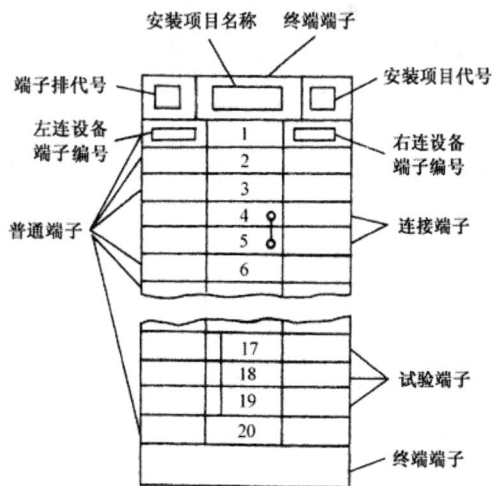

图 6.44　端子排标志图例

4. 连接导线的表示方法

连接导线的表示方法有以下几种。

（1）连续线表示法：端子之间的连接导线用连续线表示，如图 6.45（a）所示。

（2）中断线表示法：盘内设备之间及设备与互感器或小母线之间的连接导线若一一绘出，

将使接线图显得十分繁杂，所以只需在相连的两端子处标注对面端子的代号就表明这两个端子之间相互相连。此法又称相对标号法（或对面标号法），如图 6.45（b）所示。

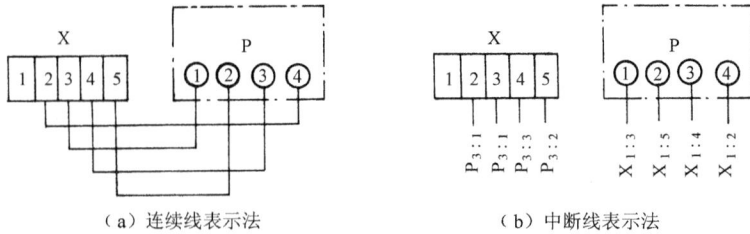

（a）连续线表示法　　　　　　　（b）中断线表示法

图 6.45　连接导线的表示方法

思考题与习题

1. 填空

（1）工厂供电系统的过电流保护装置有：_____、_____ 和 _____。

（2）继电保护装置按其所承担的任务，必须满足_____、_____、_____ 和 _____ 四个基本要求。

（3）感应式电流继电器应用在交流操作电源中时，可_____，简化_____。因此，在中小型工厂 10 kV 供电系统中，感应式电流继电器_____ 较为普遍。

（4）工厂高压线路的相间短路保护，通常采用_____ 和 _____。

（5）带时限的过电流保护，按其动作时间特性分，有_____ 和 _____ 两种。

（6）具有特殊结构的先合后断的转换触点，不仅保证了继电器的_____，而且还保证了在继电器触点_____ 电流互感器二次侧不会造成_____。

（7）变压器的内部故障指变压器油箱里面所发生的包括_____、绕组的_____ 和 _____ 短路等故障。外部故障指引出线上绝缘套管的_____ 和 _____ 等。

（8）信号系统，是用来_____ 一次设备运行状态的_____，有断路器_____、_____ 和预告信号三种。

（9）断路器的控制回路就是控制断路器_____ 的回路，它取决于断路器操动机构的_____ 和操作电源的_____。

（10）掌握基本的测量方法是获得正确测量结果的一个重要环节，常用的电工测量方法有_____、_____ 和 _____ 三种。

2. 判断（正确用√，错误用×表示）

（1）供电系统中应用的继电器属于控制继电器。　　　　　　　　　　（　　）

（2）电磁式电流继电器的动作电流调节有两种方法：一种是平滑调节，另一种是级进调节。（　　）

（3）继电器动作电流与返回电流的比值，称为继电器的返回系数。　　（　　）

（4）感应式电流继电器具有电流继电器、时间继电器、信号继电器和中间继电器的功能。（　　）

（5）工厂高压线路的相间短路保护，通常采用过电流保护。　　　　　（　　）

（6）一般转换触点的动作顺序都是常闭触点先断开后，常开触点再闭合。（　　）

（7）绝缘监视装置是利用接地后出现的零序电压给出信号的装置。（　）

（8）0.5 级的有功电度表，应配用 0.2 级的互感器；1.0 级的有功电度表、2.0 级的有功和无功电度表应配用 0.5 级的互感器；仅作为厂内使用的电度表，均配用 1.0 级的互感器。（　）

（9）兆欧表俗称摇表，测量前无须切断被测设备的电源。（　）

（10）接线图上的各二次设备的位置应与实际的安装位置相同，二次回路的接线图为背视图。（　）

3．问答

（1）对继电保护装置有哪些基本要求？什么叫做选择性动作？什么叫灵敏度？

（2）什么叫继电器的动作电流、返回电流和返回系数？返回系数的大小表征继电器的什么性能？

（3）感应式电流继电器由哪两部分元件组成？各有何动作特性？

（4）电力变压器通常应设哪些保护？

（5）对低压侧单相短路进行保护有哪些方法？

（6）对高压断路器的控制回路和信号系统有哪些主要要求？

（7）中小型变电所中的高压断路器通常采用哪些操动方式？

（8）变配电所中通常对电气指示仪表和电能测量仪表有哪些要求？对准确度又各有哪些要求？

第 7 章 防雷、接地及电气安全

【课程内容及要求】

内容：（1）过电压及雷电的基本知识；

（2）防雷设备和防雷措施；

（3）接地和接地装置的装设；

（4）电气安全知识。

要求：（1）了解过电压和防雷的知识；

（2）理解并掌握接地概念和各类接地装置的安装方式；

（3）熟悉电气安全知识并遵守安全规则。

7.1 过电压与防雷

7.1.1 过电压、雷电及其危害

过电压是指供电系统正常运行时，由于某种原因使电气设备或线路上出现了超过正常工作的电压，并损坏其电气绝缘。过电压的出现会对供电系统的正常运行造成一定的危害，所以必须了解过电压的产生并对其进行有效的防护，以保证供电系统的正常运行。

过电压按产生的原因分为内部过电压和雷电过电压。

1．内部过电压

内部过电压是指由于电力系统内部电磁能量的转化或传递引起的电压升高，按其性质可分为操作过电压和谐振过电压。当断路器断开电流或系统发生故障时，供电系统内出现电磁能量的转换，从而引起瞬间操作过程过电压；当正常操作或系统发生故障时，供电系统中的电路参数（如 R、L、C）组合发生变化，使一部分电路发生谐振，从而出现瞬间谐振过电压。

以上两种内部过电压的能量来自电网本身，其幅值一般不会超过电网额定电压的 3～3.5 倍。相对来说其对供电系统的危害较小，这是因为电气设备和线路在设计时，其绝缘强度留有一定的裕度。

2．雷电过电压

雷电过电压又称外部过电压。当电力系统内的设备或建筑物遭受雷击或产生雷电感应时，都可能会产生很高的电压，这时就称为雷电过电压，这种过电压的能量来源于电力系统的外部，故又称外部过电压。这种过电压通常很高，瞬间的电流幅值可达几十万安培，电压幅值可达一亿伏，对电力系统危害极大，所以必须采取措施加以防护。

雷电过电压常见的形式有直击雷过电压和感应雷过电压。

直击雷过电压是指雷电直接对建筑物或其他物体放电，在该物体上产生高电压降，强大的电流通过该物体流入大地，此电流对该物体产生极大的热破坏作用和机械破坏作用。

感应雷过电压是指雷电对电力设备、线路的静电感应或电磁感应所引起的过电压。当雷云

在架空线路上方时，使架空线路上感应与雷云符号相反的异性电荷，雷云对地面放电后，这些异性电荷瞬间释放从而感应出高电压，形成了感应雷过电压。这种过电压的数值在高压线路上最少也有几百千伏，即使在低压线路上也有几十千伏，对供电系统的危害相当大。

如果这种感应过电压沿线路或金属管道侵入变配电所，会导致电气设备绝缘击穿或烧毁。这种感应过电压沿线路侵入变配电所的现象，又称为雷电波侵入。

3．雷电的形成

雷电是大气放电的一种自然现象。在雷雨季节里，地面的水被太阳光蒸发生成水蒸气，水蒸气上升至一定高度，就形成了雷云。据测试，对地放电的雷云大多为负雷云，随着雷云中负电荷的积累，对大地的电势变得很高。当雷云接近地面时，由于静电感应，大地相应感应出与雷云符号相反的电荷，使大地与雷云之间形成了一个巨大的电容器。当雷云电荷聚集中心的电场足够强时，雷云就击穿周围的空气形成导电通道，电荷沿着这个导电通道向大地发展，称为雷电先导。地面电荷在雷云的感应下也大量聚集在地面的凸出物体上，形成了迎雷先导，一旦雷电先导和迎雷先导接近，就会产生放电，形成导电通道，雷电中的大量密集电荷就迅速地通过这个导电通道与大地中的电荷中和，形成极大的电流，并伴随着震耳的声响和耀眼的光亮，这就是电闪和雷鸣。图 7.1 为雷云放电示意图。

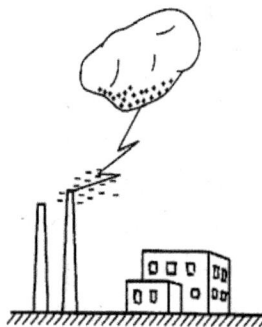

4．雷电的种类

雷电大体可分为直击雷、雷电感应、球雷和雷电侵入波等。

（1）直击雷。直击雷是指雷云与地面上凸出物之间的电场强度达到空气击穿强度时，产生的放电现象。当雷云较低，周围又没有带异性电荷的云层，而在地面上的凸出物（如树木、建筑物）感应出异性电荷时，雷云就会通过这些物体向大地放电，这就是雷击。这种直接击打在建筑物或其他物体上的雷电就叫做直击雷，如图 7.2 所示。

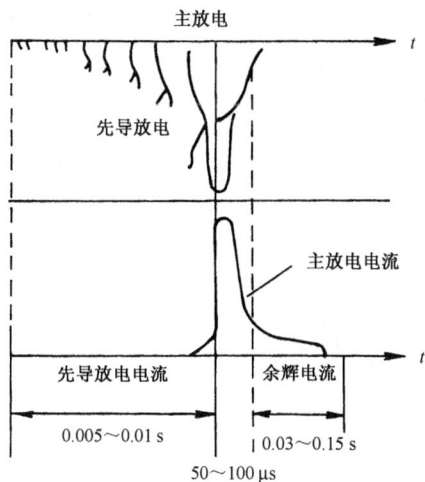

图 7.1　雷云放电示意图

图 7.2　雷云对烟囱放电

（2）雷电感应。雷电感应或称感应雷，分静电感应和电磁感应两种，分别为雷云产生的静电感应和雷电流产生的磁感应。

① 静电感应。当雷云接近地面，在地面凸出物（如建筑）顶部或架空线路上感应出大量异性电荷，一旦雷云与其他部位放电后，若这些感应电荷得不到释放，就会使建筑物与地之间产生很高的电位差，这就是静电感应。此时，失去束缚的感应电荷以雷电波的形式沿线路或建

筑物迅速传播。静电感应是由雷电感应生成的，所以也称为感应过电压，其电压值一般为 200～300 kV，最高可达 400～500 kV。它对建筑物内的设备，尤其是信息系统设备及供配电线两端的设备损害是很大的。

② 电磁感应。电磁感应又称雷击电磁脉冲，雷电流以极大的幅值和陡度进行着迅速变化，在它周围的空间里会产生强大的变化着的电磁场，处于这一电磁场中的导体会感应出强大的电动势，这就是电磁感应现象。雷电流的变化是脉冲型的，由它感应出来的电磁场也是一种强干扰源，它会干扰附近的信息系统设备的正常工作，甚至造成这些设备的损坏。

（3）球雷（球状闪电）。人类对球雷的研究还很不成熟，通常认为球雷是一个内部有环流的等离子体。它是一个温度极高的发光球体，可发出橙色、红色或紫色的光。大多数球雷的直径为 10～100 cm。球雷多在强雷暴发生时出现。球雷通常可沿地面滚动或在空中飘行，能经烟囱、门窗和其他缝隙进入建筑物内部，或无声无息地消失，或发生剧烈爆炸，造成人身伤亡或使建筑物遭受严重破坏，甚至引起火灾和爆炸事故。

（4）雷电侵入波。当雷击在架空线路或空中的金属管道上产生的冲击电压沿架空线路或管道迅速传播时就形成了行进的雷电侵入波。据统计，由于雷电侵入波而造成的雷害事故，在整个雷害事故中占 50% 以上。因此，应对防范雷电侵入波予以足够的重视。

5．雷电的危害

雷电形成伴随着巨大的电流和极高的电压，在它放电过程中会产生极大的破坏力。

（1）雷电的热效应。雷电放电时产生巨大的热能使金属熔化，烧毁输电导线，摧毁用电设备，甚至引起火灾和爆炸。

（2）雷电的电动力效应。雷电产生强大的电动力，对电力系统、建筑物、人体产生机械性破坏。

（3）雷电的闪络放电。雷电产生的高电压会引起绝缘子烧坏，断路器跳闸，导致供电线路停电。电气设备的绝缘损坏还会造成高压窜入低压，从而引起触电事故。巨大的雷电电流流入地下时可能造成跨步电压或接触电压触电，造成人身伤亡事故。

6．雷击的活动规律

雷击的产生主要是因为电场分布不均匀或雷云导电性能较好且容易感应出电荷，以及雷云过于接近建筑物。

易遭受雷击的建筑物和构筑物有：

（1）高耸建筑物的尖型屋顶、金属屋面、砖木结构的建筑物。

（2）空旷地区的孤立物体，河、湖边及土山顶部的建筑物。

（3）露天的金属管道和室外堆放的大量金属物品仓库。

（4）山谷风口的建（构）筑物。

（5）建筑物群中高于 25 m 的建筑物和构筑物。

（6）地下特别潮湿处，地下有导电矿藏处或土壤电阻率较小处的建筑物。

（7）烟囱排出烟气含有大量的导电物体和游离分子团。

7.1.2　防雷装置与措施

防雷装置是指接闪器、引下线、接地装置、过电压保护器及其他连接导体的总和。经常采用的接闪器有避雷针、避雷线、避雷网和避雷带等。目前，避雷针和避雷器是应用较为广泛的防雷击装置。

（一）避雷针

1．避雷针的结构原理

避雷针由接闪器、接地引下线和接地体三部分组成。接闪器是用镀锌圆钢或镀锌焊接钢管制成，头部成尖形，圆钢直径不小于 10 mm，焊接钢管直径不小于 20 mm，避雷针通常安装在构架、支柱或建筑物上，其下端经引下线与接地装置焊接。其引下线可用扁钢制成。

由于避雷针安装高度高于被保护物体，又与大地连为一体，当雷电先导临近地面时，避雷针与雷云之间的电场强度最大，因而可将雷云放电的通道吸引到避雷针上，强大的雷电流就通过避雷针和它的引下线及接地装置引入到大地中，使被保护物体免受直接雷击。所以，避雷针实质上是引雷针，它把雷电流引向自身并释放到大地中，从而保护了附近的线路、设备及建筑物等。

2．避雷线

避雷线的原理和作用与避雷针基本相同，它主要用于保护架空线路，因此又称架空地线，其组成材料为 35 mm^2 的镀锌钢线，分单根与双根。

3．避雷带和避雷网

避雷带和避雷网普遍用于保护较高的建筑物免受雷击。避雷带一般沿屋顶周围装设。

（二）半导体消雷器

很多建筑物即使装置了符合要求的避雷针仍逃不过被雷击的危险，这是因为避雷针防直击雷的同时会产生感应过电压，而感应过电压则是引发火灾及爆炸的主因。为了更有效地防止雷击，近年来发展的一种防雷新技术即消雷器悄然出现，它是在避雷针的基础上发展起来的。下面以半导体消雷器为例介绍其结构、工作原理及保护范围。

半导体消雷器主要由塔体和塔头、引下线和接地装置组成，其结构如图 7.3 所示，上针长 5 m 左右，上细下粗，细端部有数根钢质分叉尖针。其消雷原理是利用针状结构进行尖端放电：当消雷器处在雷云电场时，其针状电极周围的电场强度梯度急剧增加，空气被电离并产生大量的带电离子，这些离子在电场作用下获得能量，加速向雷云方向运动，途中又继续电离其他分子，形成离子流。当雷云的电场足够大时离子流急剧增加，产生强烈的电晕放电，雷云电荷大量地被中和及抑制，这样就使雷云的电场大大消弱，很好地抑制了雷电先导的向下发展，同时半导体针体的非线性电阻足以将迎雷先导抑制，控制了迎雷先导的向上发展，极大地减弱了雷电流，避免了事故的发生。

（三）避雷器

避雷器是一种过电压保护设备，用来防止雷电所产生的感应过电压沿架空线路侵入变电所或其他建筑物内，以免危及被保护设备的绝缘。当过电压来临时，该避雷器击穿对地放电，使被保护设备的绝缘不受破坏，一旦过电压消失，避雷器恢复到原始状态。避雷器的类型有阀式、管式、保护间隙（角式）等。

1．阀式避雷器

阀式避雷器由火花间隙与阀片串联组成，装在密封的瓷管内，如图7.4（a）、（b）所示。火花间隙由铜片冲制而成，阀片材料由碳化硅电阻片制成，碳化硅电阻具有非线性特性，正常电压时其阻值大，过电压时阻值小，其伏安特性如图 7.4（c）所示。

阀式避雷器在正常的电压下，火花间隙不被击穿，但在雷电过电压下，避雷器的火花间隙被击穿，碳化硅电阻的阻值随之变得很小，雷电流顺利地通过，电流流入大地中。当过电压消失后，线路上恢复成工频电压，这时阀片则呈现很大的电阻，使火花间隙绝缘迅速恢复而切断工频电流，从而保护线路，使其恢复正常运行。

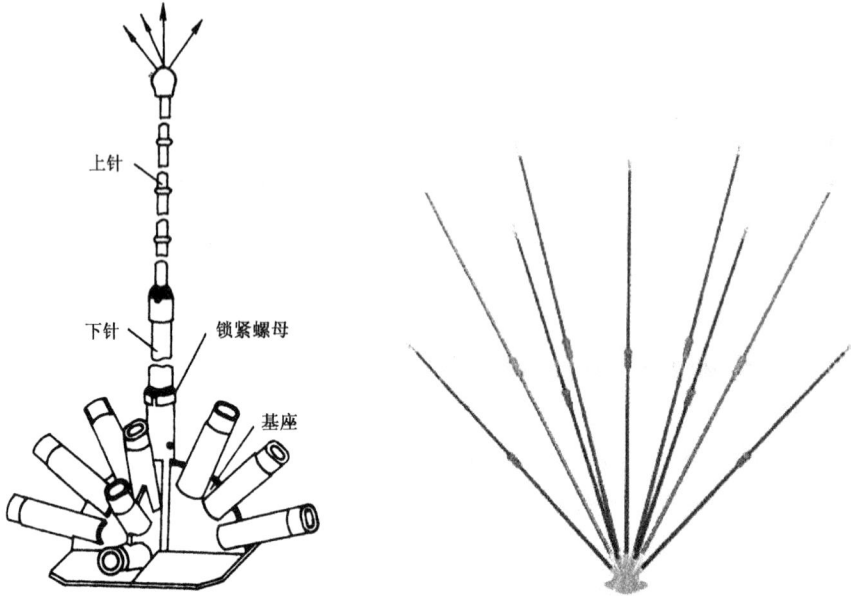

图 7.3　半导体消雷器的结构图

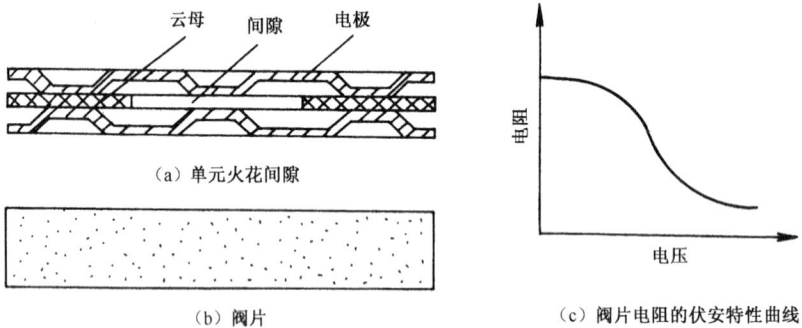

（a）单元火花间隙

（b）阀片

（c）阀片电阻的伏安特性曲线

图 7.4　阀式避雷器的组成及特性

　　阀式避雷器中的火花间隙和阀片的多少，与工作电压的高低成正比例。图 7.5 分别是 FS₄—10 型高压阀式避雷器和 FS—0.38 型低压阀式避雷器的结构图。

　　磁吹阀式避雷器（FCD 型）的内部附有磁吹装置来加速火花间隙中电弧的熄灭，它专门用来保护重要的或绝缘较为薄弱的设备，如高压电动机等。

2．管式避雷器

　　管式避雷器的基本元件是安装在产气管内的火花间隙，所以也称排气式避雷器，结构如图 7.6 所示。火花间隙由内间隙和外间隙组成，灭弧管一般用纤维胶木制成，在高温下能产生大量气体，用于加速灭弧。当线路发生过电压时，管式避雷器的内外间隙被击穿，雷电流通过接地线泄入大地，随之而来的工频电流产生强烈电弧，使气管内产生大量气体从管口喷出，很快地吹灭电弧，这时外部间隙的空气恢复绝缘，使避雷器与系统隔开，系统恢复正常运行。

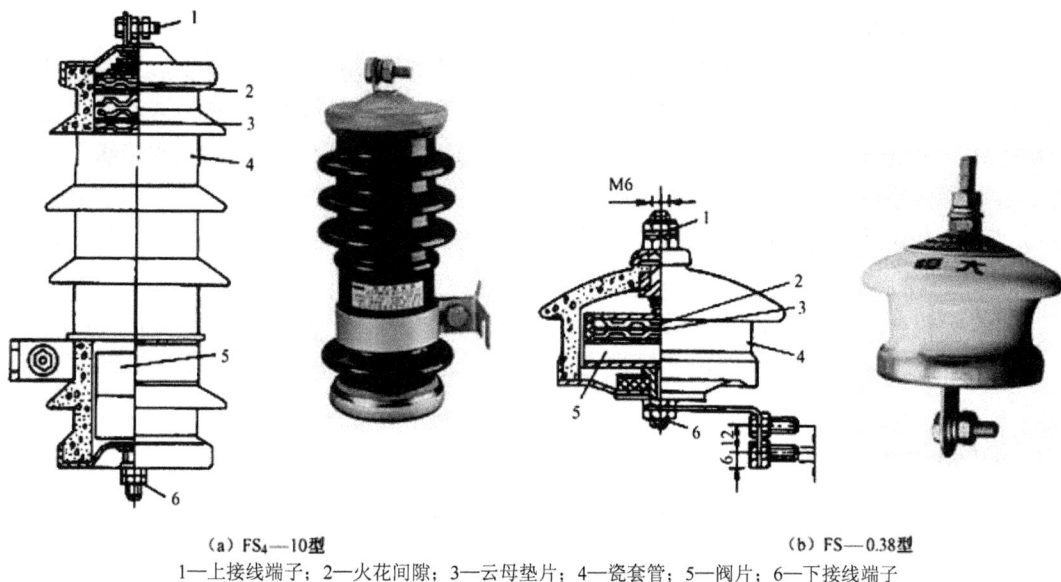

(a) FS₄—10型　　　　　　　　　　　(b) FS—0.38型

1—上接线端子；2—火花间隙；3—云母垫片；4—瓷套管；5—阀片；6—下接线端子

图 7.5　阀式避雷器

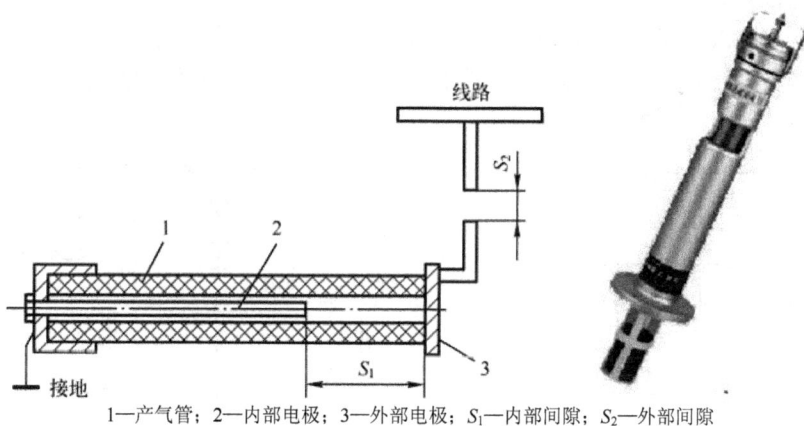

1—产气管；2—内部电极；3—外部电极；S_1—内部间隙；S_2—外部间隙

图 7.6　管式避雷器

这种避雷器简单经济，但动作时有气体吹出，因此一般只用于户外线路。

3．保护间隙

保护间隙又称角式避雷器，其原理与结构如图7.7所示。这种避雷器简单经济，维护方便，但保护性能差，灭弧能力弱，且容易造成接地或短路故障，因此一般利用（ARD）自动重合闸装置与之配合，以提高供电可靠性。

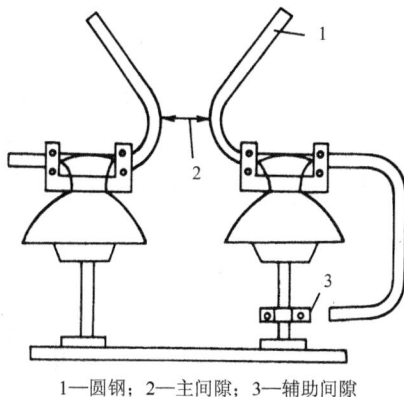

1—圆钢；2—主间隙；3—辅助间隙

图 7.7　保护间隙的原理与结构图

（四）防雷措施

1．架空线路的防雷措施

（1）装设避雷线，以防止线路遭受直接雷击。此方法一般用于 10 kV 以上架空线路，10 kV

以下一般不装设避雷线。

（2）加强线路绝缘或装设避雷器，以防线路绝缘闪络。为防止雷击时避雷线对导线或引下线对导线发生闪络现象，应改善避雷针（线）的接地，或适当加强线路绝缘，或在绝缘薄弱处装设避雷器。在 10 kV 的架空线路上采用木横担、瓷横担，或采用高一级电压的绝缘子，在三角形排列中顶相用针式，而下面两相改用悬式绝缘子（一针二悬），以提高防雷水平。

（3）采用自动重合闸装置（ARD）。当架空线路遭雷击而跳闸时，为迅速恢复供电，应尽量采用自动重合闸装置。

（4）低压架空线路的保护。为防止雷击时雷电沿低压架空线路侵入建筑物，一般应将进户线电杆上绝缘瓷瓶的铁脚接地，其接地电阻不大于 30 Ω，同时在架空线路安装避雷器并可靠接地。

2．变配电所的防雷措施

变配电所的防雷措施有以下几点：

（1）装设避雷针或避雷线，用于防直击雷。

（2）装设避雷器。装设避雷器主要用来保护主变压器，以免雷电冲击波沿高压架空线路侵入变电所内。避雷器与被保护电气设备的距离应尽量短，其接地线应与变压器低压侧接地中性点及金属外壳连在一起接地，如图 7.8 所示。

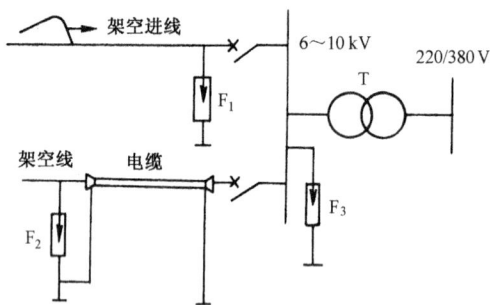

图 7.9 是 6～10 kV 配电装置对雷电波侵入的保护接线示意图。在多雷区为防止雷电波沿低压线路侵入而击穿变压器的绝缘，还应在低压侧装设阀式避雷器或保护间隙。

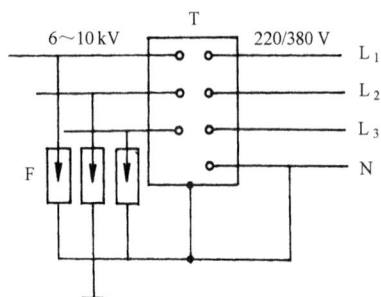

图 7.8　变压器防雷保护　　　图 7.9　6～10 kV 配电装置对雷电波侵入的保护接线示意图

3．高压电动机的防雷措施

高压电动机的绝缘水平较变压器低，因此高压电动机对雷电侵入波的防护应使用性能较好的 FCD 型磁吹阀式避雷器或金属氧化物避雷器，并尽可能地靠近电机处安装。图 7.10 为高压电动机的防雷保护接线示意图，图中电容器 C 的容量可选 0.25～0.5 μF，并联电容器的作用是可降低母线上的冲击波陡度。

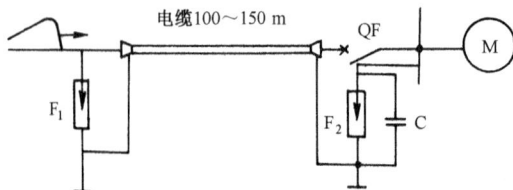

图 7.10　高压电动机防雷保护

4．建筑物的防雷措施

建筑物按其防雷要求可分为三类。

（1）第一类建筑物。凡存放爆炸性物品或在正常情况下能形成爆炸性混合物，因电火花而爆炸的建筑物，称为第一类建筑物。这类建筑物应装设独立避雷针以防止直击雷。为防感应过电压和雷电波侵入，对非金属面应敷设避雷网并可靠接地。室内的一切金属设备和管道，均应良好接地。电源进线处也应装设避雷器并可靠接地。

（2）第二类建筑物。其情况与第一类建筑相似，但电火花不易引起爆炸或不至于造成大破坏和人身伤亡。这类建筑物的防雷与第一类基本相同，要有防直击雷，感应雷和雷电侵入波的保护措施。

（3）第三类建筑物。凡不属于第一、二类建筑物又需做防雷保护的建筑物均为第三类建筑物。这类建筑物应有防直击雷和防雷电波侵入的措施。

7.2 电气设备接地

电气设备外露可导电部分接地的目的是保障人身安全，因此首先必须了解电流对人体的作用。

7.2.1 人体触电的原因及危害

当人体接触带电体或人体与带电体之间产生感应时，会有一定强度的电流通过人体，会导致人体伤亡，这种现象叫做触电。

人体触电有直接触电和间接触电两种。直接触电就是人体直接接触到带电体或是靠近高压设备，间接触电是人体触及到绝缘损坏而带电的设备外壳或与之相连接的金属构架。

（一）触电方式

按照人体触及带电体的方式和电流通过人体的途径，触电可分为以下三种情况。

1．单相触电

单相触电是指在地面或其他接地导体上，人体某部位触及一带电体，由带电体→人体某一部位→接地导体构成通电回路而形成的触电事故。

2．两相触电

两相触电是指人体两处同时触及同一电源的任何两带电体，由带电体→人体某一部位→人体另一部位→另一带电体构成通电回路而形成的触电事故。

3．跨步电压触电

当带电体接地有电流流入地下时，电流在接地点周围土壤中产生电压降，人在接触接地点周围时，两脚之间出现的电位差即为跨步电压，由此造成的触电事故称为跨步电压触电。

在低压 380 V 的供电网中，若有一根相线掉在水中或潮湿的地面，在此水中或潮湿的地面上就会产生跨步电压。

在高压故障接地处同样会产生更加危险的跨步电压，所以在检查高压设备接地故障时，室内不得接近故障点 4 m 以内，室外（土地干燥的情况下）不得接近故障点 8 m 以内。

（二）触电对人体的伤害

电流对人体的伤害主要是电击和电伤。

1. 电击

电击主要是指电流对人体内部的生理作用，轻微表现为肌肉痉挛，呼吸中枢麻痹，严重的电击导致人心室颤动，呼吸停止。220/380 V 工频电压下的触电死亡，绝大部分是由电击所致。

2. 电伤

电伤主要是电流对人体外部的物理作用，常见的形式有电弧烧伤（电灼伤）、电烙伤及金属溅伤。

（1）电弧烧伤（电灼伤）。电弧的高温或电流产生的热量所引起的皮内深度烧伤，可以造成残废或死亡。严重的电弧烧伤大多发生在高压设备上，以及由带负荷拉刀闸、短路而产生的强烈电弧所致。据统计，多数人在高压触电时因肌肉强烈收缩及因电弧的气浪作用而弹开。在低压设备短路或断开较大的电流时，也非常容易造成电弧烧伤。

（2）电烙伤。当人体与带电体良好接触时，会使人体皮肤变硬，形成黄色或灰色肿块。电烙伤在低压触电时常见。

（3）金属溅伤。被电流熔化和蒸发的金属微粒渗入人体表皮所造成的损害。

随着生产力的不断发展及科技的飞快进步，大功率的电器设备及高频的通信、射频设备的应用也日益广泛，由此而引起的电磁辐射对人体的危害也日渐严重，因此预防电磁干扰和电磁辐射也尤为重要。在供配电系统中，主要应对强电设备预防电磁场的干扰和伤害，此时只要充分考虑人与带电体的最小安全距离即可，其规定如下：

电压为 0.4 kV 时，人与带电体的最小安全距离不小于 0.4 m。

电压为 10 kV 时，人与带电体的最小安全距离不小于 0.7 m。

电压为 35 kV 时，人与带电体的最小安全距离不小于 1 m。

7.2.2 触电因素对人体的伤害程度及触电防护

（一）电流大小

通过人体的电流越大，致命危险就越大。对于工频交流电，按照通过人体的电流大小不同，以及人体呈现的不同状态，可将电流划分为三级。

1. 感知电流

引起人的感觉的最小电流称感知电流。试验证明，成年男性的平均感知电流有效值为 5.2 mA，成年女性的平均感知电流有效值为 3.5 mA。

2. 摆脱电流

人触电后能自行摆脱电源的电流最大值称为摆脱电流。一般男性的平均摆脱电流为 9 mA，成年女性的平均摆脱电流为 6 mA。

3. 致命电流

在非常短的时间内危及生命的电流称为致命电流。触电电流达到 50 mA 以上，就会引起心室颤动，有生命危险。不同电流对人体的影响如表 7.1 所示。

表 7.1　不同电流对人体的影响

50 Hz、60 Hz 电流有效值（mA）	通 电 时 间	人体的生理反应
0.5～5（摆脱电流）	连续、无危险	手指手腕等处没有痛感，没有痉挛，可以摆脱带电体
5～30	以数分钟为极限	不能摆脱带电体，呼吸困难、血压升高，但仍属可承受的极限
30～50	由数秒到数分	虽受强烈冲击，但未发生心室颤动
50～数百	低于心脏搏动周期	虽受强烈冲击，但未发生心室颤动
	超过心脏搏动周期	发生心室颤动、昏迷，接触部位有电场，心脏麻痹或停跳

从上表中的内容可以看出，触电时间越长，由于电击能量的积累，电击危险性就越大，越容易造成触电伤亡。

（二）电流路径及电流种类

1．电流路径

触电后电流通过人体的路径不同，伤害程度也不同。最危险的路径是由左手经胸部，这时心脏直接处在电路中，途径最短。

2．电流种类

各种形式的电流和静电荷对人体均有伤害作用，其反应如表 7.2 所示。从表中可以看出，人体对直流电流和高频电流的耐力相对来讲较强，而 25～300 Hz 的交流电对人体的伤害最严重。

表 7.2　人体对各种电流的反应

电流种类	人体反应
直流电流	最小感知电流 3.5～5.2 mA；平均摆脱电流 51～76 mA，引起心室颤动的电流均为 500 mA
高频电流	1000 Hz 以上，伤害程度明显减轻，1000 Hz 的最小感知电流为 8～12 mA，平均摆脱电流为 50～75 mA，引起心室颤动的电流约 500 mA
冲击电流	雷电、静电产生的冲击电流给人以冲击感，并引起强烈肌肉收缩，10～100 μs 时间内，接近 100 A 的冲击电流将不致引起心室颤动而致命
静电电荷	对人体的伤害与带电体电容和电压有关，冲击电流引起心室颤动的界限为 27 W/s
交流电流	工频（50Hz）交流电流的影响详见表 7.1

一般来说男性抗电流的能力要强一些，表 7.2 中所列的电流范围，下限是指女性的平均数值，上限是指男性的平均数值。

对患有心脏病、内分泌失调、肺病、精神病等的人，触电时最危险。另外，人体电阻对触电伤害的影响也比较大，人的皮肤干燥或者皮肤较厚的部位电阻值较高，皮肤出汗或皮肤较薄的部位电阻值较低，人体电阻值低通过电流时危险就比较大。

（三）触电的防护

1．绝缘防护

绝缘防护是用绝缘将带电体严密地包裹（封闭）起来，防止碰触而引发人体触电。绝缘材料的损坏除了自然老化、电化损伤、机械损伤外，如潮湿、腐蚀、热老化和电击穿也会造成绝缘的损坏。国际电气绝缘阻值规定 1 V 电压的绝缘阻值不应小于 1000 Ω，为了保证电气设备和人体的安全，通用标准是：电源电压为 380 V 的电气设备，绝缘阻值不应低于 0.5 MΩ；电源电压为 220 V 的电气设备，绝缘阻值不应低于 0.25 MΩ。

2．外壳防护

外壳防护是为了防止人员误触电气元件裸露的带电部位，将电气元件安装在金属箱或盒内，对人起到安全防护的作用。

遮栏防护常用于在带电的高压或低压电气设备的外围，用遮栏维护并在遮栏上悬挂"止步！生命危险！"或"高压！生命危险！"等字迹的标示牌。

3．屏护和间距

屏护为某些带电体在使用中不便于全部包裹绝缘材料，为了防止人体碰触带电部位，对带电部位采用的遮栏、护罩、护网、闸箱等措施。所有屏护装置不能接触带电体，要有一定机械强度和耐燃性能，金属屏护装置必须采取保护接地或保护接零措施。

间距是为了操作方便，防止人体触电，避免车辆或其他电器碰撞或接近带电体及防止发生火灾。安全距离的大小取决于电压的高低、设备的类型、安装的方式等因素。

4．采用安全电压

安全电压指人体较长时间接触而不致发生触电危险的电压。我国 GB 3805—83《安全电压》规定：工频交流电有效值的限值为 50 V，直流电压的限值为 120 V。还规定了安全电压系列，其额定值（工频有效值）的等级为 42 V、36 V、24 V、12 V、6 V。根据这一规定：手提式照明灯、机床工作台局部照明在干燥的场所下使用时，要采用 36 V 安全电压；工作地点狭窄、行动困难，以及周围有大面积接地导体如金属容器、管道、隧道内或特别潮湿环境时，应采用 12 V 安全电压。

安全电压的电源必须采用双绕组变压器或安全隔离变压器，严禁用自耦变压器代替。安全隔离变压器的初、次级绕组必须加装短路保护装置，次级绕组不得与大地、保护零线连接。

安全隔离变压器的初级要加装漏电断路器，变压器的外壳要采用保护接 PE 线。

5．采用漏电保护器

近年来，在供配电系统中，尤其是在低压供配电系统中大量采用了漏电保护器，极大地提高了电力系统的安全性和可靠性。漏电保护器是一种高灵敏度的控制电器，它不仅能有效地保护人身和设备安全，而且还能检测电气线路设备的绝缘。漏电保护装置与空气开关组装在一起，使漏电保护器具有断路、过载、漏电和欠压的保护功能（简称为漏电断路器）。漏电保护器的种类也很多，一般分为三相和单相两大类，在供电线路和电气设备上加装漏电保护器，当其电气绝缘损坏或发生漏电时，漏电保护器可及时动作，切断电源，以保护人身及整个系统的安全。

6．采用保护接地或保护接零

保护接地就是将电气设备在正常运行时的不带电的金属部分与大地做金属（电气）连接，以保障人身安全；保护接零则是在电气设备正常的工作情况下，将其不带电的金属部分与电网中的保护零线连接起来。

"保护接地"和"保护接零"是电力系统中的重要组成部分，是决定电力系统是否"安全"、"可靠"的因素，也是一项重要的电力工程，究竟是采用"接地"还是"接零"需要遵循许多相关的规定，它是电类从业人员必须掌握的知识。

7.2.3　接地及接地保护

（一）接地的有关概念

电气设备的某金属部分与大地之间有良好的电气连接，称为接地。与大地直接接触的金属部分，称为接地体或接地极。连接接地体及设备接地部分的导线称为接地线。接地体和接地线合称为接地装置。

当电气设备发生接地故障时，电流就通过接地体向大地做半球形散开，这一电流称为接地电流，用 I_E 表示，如图7.11所示。由于这个半球形的球面在距离接地体越远的地方球面越大，所以距接地体越远的地方散流电阻越小，其电位分布曲线如图 7.11 所示。

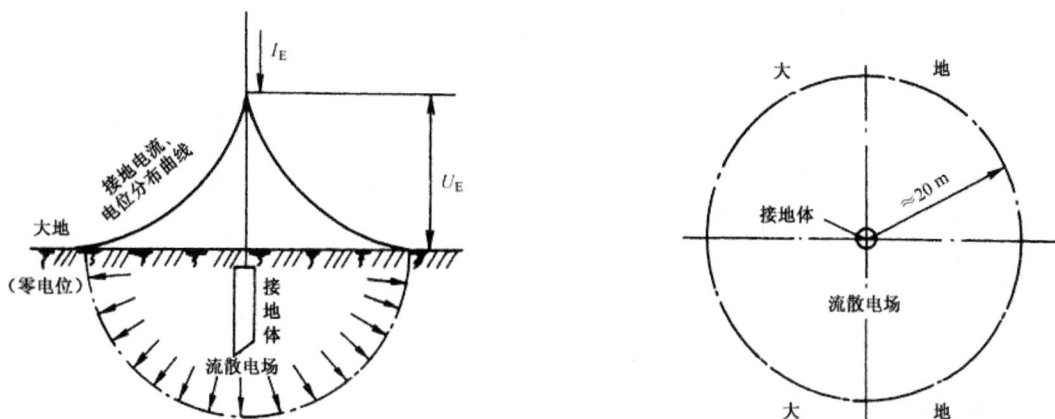

图 7.11　接地电流、对地电压及接地电流、电位分布曲线

实验证明，在距接地体或故障点 20 m 左右的地方，实际上散流电阻已近似为零，也就是说此处电位已趋于零。这点称为电气上的"地"或"大地"。

电气设备的接地部分，如接地的外壳和接地体等，与零电位的"大地"之间的电位差称为接地部分的对地电压，如图 7.11 所示的 U_E。

人站在发生接地故障的电气设备旁边，手触及设备外露的可导电部分，此时手与脚的两点之间所呈现的电位差称为接触电压 U_{tou}。由接触电压引起的触电称为接触电压触电，如图7.12所示。人在接地故障点周围行走，两脚之间的电位差称为跨步电压 U_{step}，由跨步电压引起的触电称为跨步电压触电，如图 7.12 所示。

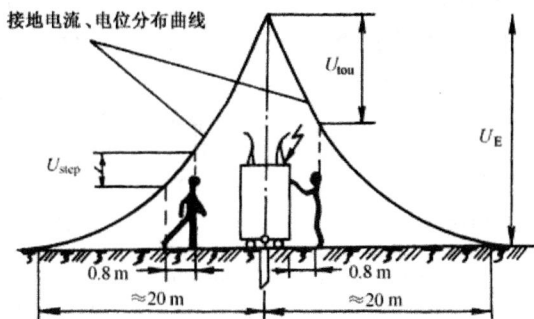

图 7.12　接触电压和跨步电压

（二）接地类型

电力系统和设备的接地，按工艺分为临时接地和固定接地，临时接地有检修接地和事故接地两种；检修接地是指检修供电线路或电气设备时，在与检修点相连的各个线路接口处均要封

挂临时接地线；而事故接地则是指由于意外的原因，使带电体与地连接，造成供电中断或人身触电等事故。

固定接地按其功能分为工作接地和保护接地。一般供配电系统都有两个接地问题：一是系统内电源侧带电导体的接地；二是负荷侧外露可导电部分的接地。前者通常是指发电机、变压器等的中性点的接地，称为系统接地或称工作接地；后者则通常是指电气设备的外壳、布线用金属管槽等外露可导电部分的接地，称为保护接地。系统接地（工作接地）的主要作用是保证供配电系统的正常运行；保护接地则对电气安全十分重要。

1. 工作接地

电力系统中，凡运行所需的接地均可称为工作接地，如前所叙述的电源中性点的直接接地或经消弧线圈接地的系统接地，还有一种观点将防雷接地、防静电地和屏蔽接地也都划分在工作接地的类型中，而这一类的接地一般都具有双重功能。

2. 保护接地

低压接地系统按接地形式可分为 IT、TT 和 TN 三种类型，这些接地系统的字母符号的含义如下。

第一个字母说明电源与大地的关系。

T：电源的一点（中性点）与大地直接连接。

I：电源与大地隔离或电源的一点经高阻抗（1000 Ω）与大地直接连接。

第二个字母说明电气装置的外露可导电部分与大地的关系。

T：外露可导电部分直接接大地，它与电源的接地无联系。

N：外露可导电部分通过与接地的电源中性点连接而接地。

（1）TT 系统。TT 系统的电源中性点直接接地，也引出 N 线，属三相四线制系统，而设备的外壳分别经各自的 PE 线分别直接接地，其功能可用图 7.13 表示。

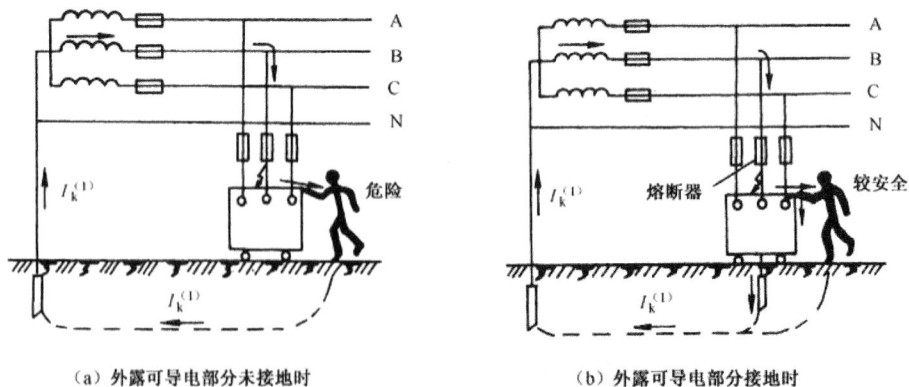

图 7.13　TT 系统保护接地功能说明

图7.13（a）为设备的外露可导电部分未接地，一旦电气设备漏电，这一漏电电流可能较小，不足以使过流保护装置动作（或熔断器熔断），从而使设备外壳存在危险的相电压，若人体误触其外壳，就有触电的危险。

图7.13（b）为采用保护接地，当电气设备外壳漏电时，由于外壳接地，故障电流 I_k 通过保护接地电阻 R_E 和中性点接地电阻回到变压器中性点，这一电流通常足以使电路中的过电流保护装置动作（或熔断器熔断）迅速切除故障设备，从而大大减少了人体触电的危险。即使在故障

未切除时，人体触及故障设备的外露可导电部分，也由于人体电阻大于保护接地电阻，因此通过人体的电流也比较小，对人体的危险性也较小。

由上述分析可知，TT 系统的使用能减少人体触电的危险，但是还不够安全。因此，为保障人身安全，这种系统应加装漏电保护器（漏电开关）。

（2）IT 系统。IT 系统电源中性点不接地或经约 1000 Ω阻抗接地，且通常不引出 N 线，而电气设备的金属外壳经各自的 PE 线分别直接接地，因此又称为三相三线制系统。

在 IT 系统中，当电气设备发生单相接地故障时，接地电流将通过人体和电网与大地之间的电容构成回路，如图 7.14 所示，由图可知，流过人体的电流主要是电容电流。

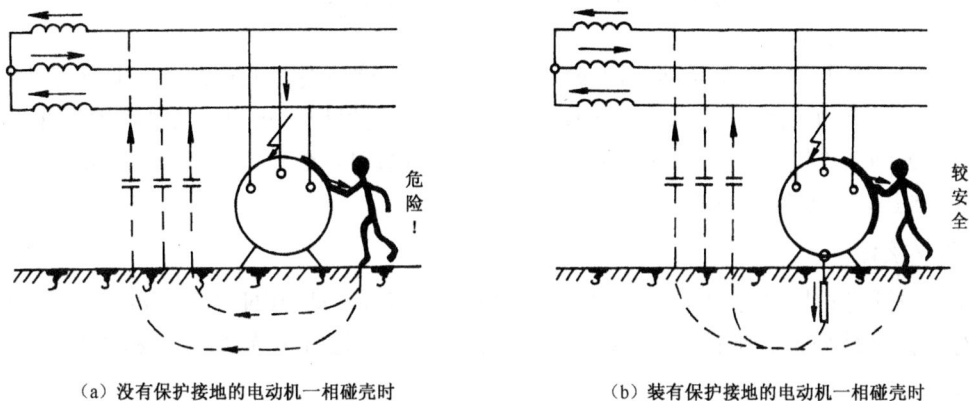

（a）没有保护接地的电动机一相碰壳时　　　　　　（b）装有保护接地的电动机一相碰壳时

图 7.14　保护接地的作用

一般情况下，此电流是不大的，但是如果电网绝缘强度显著下降，这个电流可能会达到危险程度。在 IT 系统中，如果一相导体已经接地而未发现，人体又触及另一相正常导体，这时人体所承受的电压将是线电压，这是非常危险的。因此，为确保安全，必须在系统内安装绝缘监察装置，当发生单相接地故障时可及时发出灯光或音响信号，提醒工作人员迅速清除故障，以绝后患。

（3）TN 系统。TN 系统有三种形式即 TN-S、TN-C 和 TN-C-S 系统。其接线图见第 1 章图 1.11。

① TN-S 系统。这种系统的中性线（N 线）和保护线（PE 线）是分开的。用电设备外露可导电部分通过 PE 线连接到接地体上，此种保护接地形式在部分从业人员中又俗称为"保护接零"。在图 1.11 中可以看到，连接电源中性点的 N 线和 PE 线分别接在各自接地体上，这两个接地体可以是一个共用接地体。但在实际的操作工艺上，N 线应该从变压器中性点的输出端子（或套管）中引出，而 PE 线可以从与接地体连接的端子上引出，布线时对这两种线径和外皮颜色有相关的规定（参见第 3 章），不得相混。TN-S 系统的最大特征是 N 线与 PE 线在系统中性点分开后，不能再有任何电气连接，这个条件一旦破坏，TN-S 系统便不能成立。

除非施工安装有误，除很小的对地泄漏电流外，PE 线平时不通过电流，其电位也为零。它只在发生接地故障时通过故障电流，因此平时电气装置的外露可导电部分对地电位为零，比较安全。TN-S 系统是我国电力管理部门大力推广的一种系统，应用也极为广泛，自带变配电所的建筑物中几乎无一例外地采用此系统，我国颁布的安全法规中也规定新建的民用建筑必须采用 TN-S 系统。

② TN-C 系统。此种系统将 PE 线和 N 线功能综合起来，由一根 PEN 线（保护中性线）来

同时承担，在用电设备处，PEN 线既连接到负荷中性点上，又连接到设备的外露可导电部分。这样一来，必然带来一些技术上的弊端，例如，某设备外壳上的故障电压可能经 PEN 线窜到其他设备外壳；当 PEN 线断线时，设备外壳上可能带上危险的故障电压；正常工作时，PEN 线因通过中性线电流而产生电压降，从而使所接设备的金属外壳对地具有一定的电位。

TN-C 系统曾在我国广泛应用，由于它固有的弊端，现在正逐步地被改造或淘汰。

③ TN-C-S 系统。按照国家安全法规规定，要将 TN-C 系统改造为 TN-S 系统，这就出现了 TN-C-S 系统，在此系统中，从电源出来的那一段采用 TN-C 系统，在这一段中无用电设备，只起电能的传输作用。到用电负荷附近的某一点处，将 PEN 线分开为 N 线和 PE 线，至此点以后就相当于 TN-S 系统。应用 TN-C-S 系统时要注意，在将 PEN 线分开的那点上一定要重复接地，以提高系统的安全性。

由于 TT 系统和 TN 系统原则上均属三相四线系统，这是根据 IEC 规定，按照带电导体的相数和根数来分类的，PE 线不带电，因此不计数。在采用保护方式的时候"接地"和"接零"不能混用，否则当"接地"保护的设备发生"碰壳"事故时，会使"接零"保护的设备外壳上带 1/2 的相电压，这是很危险的。

3. 重复接地

在电源中性点直接接地的 TN 系统中，为确保公共 PE 线或 PEN 线安全可靠，除在电源中性点进行工作接地外，必须在 PE 线或 PEN 线的一些地方进行多次接地，这就是重复接地。如图 7.15 所示。

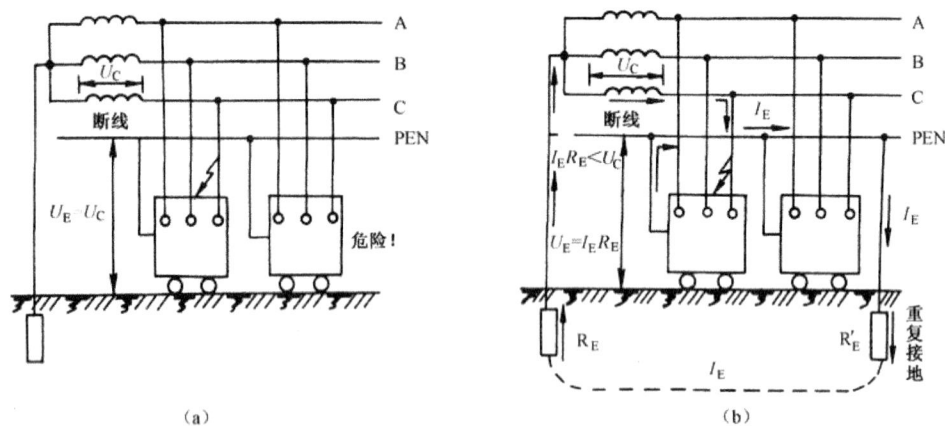

图 7.15　重复接地示意图

需要重复接地的地方一般在架空线路的干线和分支线的终端点及沿线每间隔 1 km 处；电缆和架空线在引入车间或大型建筑物处。

在 TT 和 IT 系统中电气设备外露可导电部分的保护接地电阻值 R_E 按规定应满足下列条件，即在接地电流 I_E 通过电阻 R_E 时产生的对地电压 $U_E \leqslant 50\,\text{V}$，因此应有

$$R_E \leqslant \frac{U_E}{I_E}$$

一般取 $R_E \leqslant 100\,\Omega$，以确保安全。

（三）接地装置的装设

在设计和安装接地装置时，首先应当充分利用自然接地体，以节约投资。如果实地的自然

接地体电阻能满足接地电阻值的要求，可不必再装设人工接地装置，否则应装设人工接地装置作为补充。

1．自然接地体

建筑物的金属构件、埋地的金属管道（可燃液体和可燃可爆气体的管道除外）及敷设于地下而数量不少于两根的电缆金属外层等，均可作为自然接地体。

2．人工接地体

人工接地体的埋设有垂直埋设和水平埋设，如图7.16所示。当土壤电阻率偏高时，为降低接地装置的接地电阻，可采用下列措施：

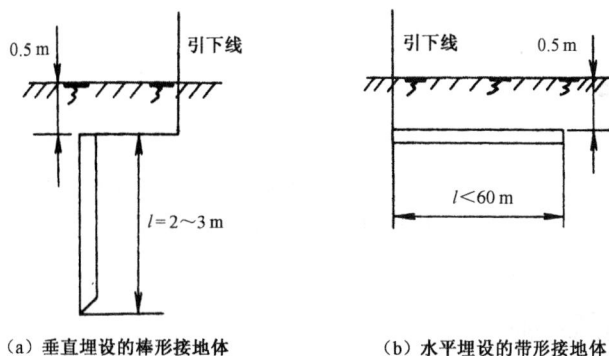

（a）垂直埋设的棒形接地体　　　（b）水平埋设的带形接地体

图 7.16　人工接地体

（1）采用多支线外引接地装置。

（2）采用深埋式接地体。

（3）局部进行土壤置换处理，换电阻率较低的黏土或黑土，或进行土壤化学处理，填充降阻剂，或者采用专用的复合降阻剂。

当采用多根接地体时，垂直接地体的间距一般不宜小于 5 m，水平接地体之间也不宜小于 5 m。

3．接地、接零装置的安全要求

（1）导电的连续性。必须保证从电气设备至接地之间的导电良好。自然接地装置和人工接地装置要连接可靠，在建筑物伸缩处的接地干线要有补偿措施；自然接地线跨接的地方要加跨接线。

接地体的连接要电焊；扁钢搭接长度为宽度的两倍，且至少三个边通焊；圆钢搭接长度为直径的 6 倍，且至少两个边焊接。

（2）足够的机械强度。接地线、接零线应尽量安装在人不易触及而又明显的地方，便于经常检查。有震动的地方要加减震措施，过墙时要加套管。

（3）要防腐蚀。埋地部分最好用镀锌件，除接地体外可以涂沥青油防腐，强烈腐蚀土壤中要加大接地体截面。

（4）地下安装距离。接地体与建筑物的距离应不小于 1.5 m，与独立避雷针的接地体之间要相距 3 m 以上。

（5）保护接地（接零）支线不得串接。这是为提高保护接地（接零）线的可靠性。一般变配电所的接地，既是变压器工作接地又是高低压设备的保护接地，所以这部分也不得串联连接。变配电所最少要有两处以上用地线与接地体相连接。

（6）接地电阻的确定。低压电气设备保护的接地电阻不大于4 Ω，小接地短路电流（500 A 以下）的高压保护接地电阻不大于 10 Ω，大接地短路电流（500 A 以上）的高压保护接地电阻不大于 0.5 Ω，变压器中性点接地电阻不大于 4 Ω，重复接地电阻不大于 10 Ω。若土壤电阻率过高，可以采取外引接地体的方法、对土壤化学处理的方法、换土质的方法、深埋法、延长接地体的方法，以及采用网络接地装置等方法，以达到降低接地电阻的目的。

（四）防雷装置的接地

避雷针的接地装置应独立敷设，而且应与电气设备保护接地装置相隔一定的安全距离，一般不小于10 m。为降低跨步电压，防护直击雷的接地装置距离建筑物出入口及人行道，不应小于 3 m。

7.3　电气安全

电能是现代国民经济中使用极为普遍的一种能源，电气化给人类社会带来了巨大的进步，但同时也常给人类带来灾害。因此在用电的时候，必须安全用电，防止触电及电火灾的发生，以保证人身、电气设备和供电系统的安全。

7.3.1　安全用电的措施

安全用电，是指在保证人身及设备安全的前提下，正确地使用电能及为此目的而采取的科学的措施和手段。

1．保证电气安全的一般措施

（1）加强安全教育。触电事故与各部门电气工人的业务水平、安全工作意识有直接关系。因此电气人员应该了解本行业的安全要求，熟悉本岗位的安全操作规程，加强安全教育，力争使供电系统无事故运行，消灭人身触电事故。

（2）建立和健全规章制度。供电系统中的很多事故都是由制度不健全或违反操作规程而造成的，因此必须建立和健全必要的规章制度，特别是建立和健全岗位责任制。

（3）加强电气安全检查。电气装置长期缺陷运行，电气工人违章操作，这些均为事故隐患，应加强正常运行维护工作和定期检修工作，及早发现并消除隐患。

（4）采用电气安全用具。为防止电气人员在工作中发生触电事故，必须使用电气安全用具。通常将电气安全用具分成基本安全用具和辅助安全用具两大类。基本安全用具是指安全用具的绝缘强度能长期承受工作电压，如绝缘棒、绝缘夹钳、低压试电笔等；辅助安全用具是指其绝缘强度不能长期承受工作电压，常用来防止接触电压、跨步电压、电弧灼伤等的危害，如高压绝缘手套、绝缘垫等。

2．安全用电的技术措施

在供电系统的运行、维护过程中，电气工作人员在全部停电或部分停电的电气设备上工作，必须采取下列技术措施。

（1）停电。停电时，必须把来自各途径的电源断开，且各途径至少有一处明显断点。检修时，工作人员应与带电部分保持一段距离。

（2）验电。通过验电可以明显地验证停电设备，确定其有无电压，从而防止重大事故的发生。验电时要采用可靠的验电器。

（3）装设临时接地线。装设临时接地线是为了防止维修时突然来电，以保证人身安全的可靠措施。装设临时接地线必须先接接地端，后接设备端，拆除临时接地线的顺序与此相反。装拆临时接地线应使用绝缘棒或绝缘手套。

（4）悬挂标志牌和装设临时遮栏。标志牌用来对所有人员提出危及人身安全的警告及应注意事项，如"禁止合闸，有人工作"、"高压危险"等；临时遮栏是为防止工作人员误碰或靠近带电体，以保证安全检修。

3．安全用电的组织措施

安全用电的组织措施，是为保证人身和设备安全制定的各种制度、规定和手续。在对供电系统检修时，为保证安全，工作人员应遵循下列几点规定。

（1）工作票制度。工作票是准许在电气设备或线路上工作的书面命令，也是执行保证安全技术措施的书面依据。工作票的主要内容包括工作内容、工作地点、停电范围、停电时间、许可证开始工作时间、工作终结及安全措施等。

（2）操作票制度。操作票制度是在全部停电或部分停电的电气设备或线路上工作的人员必须执行的操作制度，该制度是人身安全和正确操作的重要保证。操作票的内容应包括操作票编号、填写日期、发令人、受令人、操作开始和结束时间、操作任务、项目、操作人、监护人及备注等。

（3）工作许可制度。此制度是为了进一步加强工作责任感。工作许可人负责审查工作票所列安全措施是否正确完备，是否符合现场条件。

（4）工作监护制度。该制度是保护人身安全及操作正确的措施。监护人的主要职责是监护人员的活动范围、工具使用、操作方法正确与否等。

（5）工作终结及送电制度。全部工作完毕后，工作人员应清理现场，清点工具。一切正确无误后，全体人员撤离现场，方可办理送电手续。

*7.3.2　触电急救处理

由于某种原因，发生人员触电事故时，对触电人员的现场急救，是抢救过程中的一个关键，如果正确并及时处理，就可能使因触电而假死的人获救，反之，则可能带来不可弥补的后果。因此，电气工作人员必须熟悉和掌握触电急救技术，这也是电气安全知识考核的重要内容。

1．脱离电源

使触电人员尽快脱离电源是救治触电人员的首要一步，具体做法如下。

（1）如果开关就在附近，应迅速切断电源。

（2）如果电源开关不在附近，可用电工钳、干燥木柄的刀、斧等利器切断电源线。

（3）如果导线搭在触电者的身上或压在身下时，可用干燥的木棒、竹杆挑开导线，使其脱离电源。

（4）如果触电人衣服是干燥的，且电线并非紧缠其身时，救护人员可站在干燥的木板上用一只手拉住触电人的衣服，将他拉离带电体。但此法只适用于低压触电的情况。

（5）如果人在高空触电，还必须采取安全措施，以防电源断电后，触电人从高空掉下。

（6）应该注意的问题是，触电者未脱离电源前，救护人员不准直接用手触及触电者。

2．急救时应注意的问题

（1）触电者脱离电源后，视触电者状态确定正确的急救方案。

（2）被救人不能躺在潮湿冰凉的地面，要保持被救人的身体余温，防止血液凝固。

（3）触电急救必须争分夺秒，立即在现场迅速用心肺复苏法进行抢救，抢救不得中断，在抢救时不要为方便而随意移动被救人，如正确有必要移动时，抢救中断时间不应超过 30 s。移动或送医院的途中，必须保证被救人平躺在车上，必须保证呼吸道的通畅，不准将被救人半靠或坐在轿车里送往医院。如呼吸或心脏停止跳动，应在车上进行心肺复苏法，抢救不得中断。

（4）心肺复苏法的实施要迅速准确，要保证将气吹到被救人的肺中，要保证压在被救人心脏的准确位置。

（5）高压触电时，应在确保救护人员安全的情况下，因地制宜地采取相应救护措施。

3．根据触电者的状况采用正确急救方法

（1）被救人若神志清醒，应使其就地躺平，严密观察，暂时不要站立或走动。

（2）被救人若神志不清或呼吸困难，应使其就地仰面躺平，且确保气道通畅，迅速测心跳情况，禁止摇动被救人头部呼叫被救人。要严密观察被救人的呼吸和心跳，并立即联系救护中心，联系车辆送往医院抢救。

（3）被救人如意识丧失，应在 10 s 内，用看、听、试的方法判定被救人呼吸心跳情况。如果呼吸停止，则应立即在现场采用口对口的呼吸。如果呼吸、心跳都停止，则应立即在现场采用心肺复苏法抢救。在运送被救人的途中，要继续在车上对被救人进行心肺复苏法抢救。

4．心肺复苏法

（1）通畅气道，如发现被救人口内有异物，可将其身体及头部同时侧转，迅速用一个手指或用两手指交叉从口角处插入，取出异物，操作中要注意防止将异物推到咽喉深处。

（2）通畅气道后，可采用仰头抬颌法，如图7.17所示，用左手放在被救人前额，另一只手的手指将其下颌向上抬起，两手协同将头部推向后仰，鼻孔朝上，舌根随之抬起，气道即可通畅，如图7.17（a）所示。严禁用枕头或其他物品垫在被救人头下。头部抬高前倾，或头部平躺会加重气道阻塞，如图7.17（b）所示，并且使胸处按压时，流向脑部的血流减少。

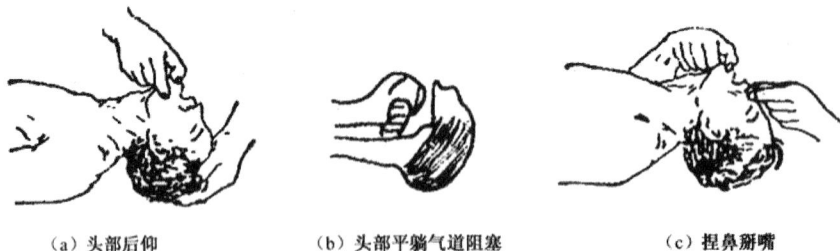

（a）头部后仰　　　　　（b）头部平躺气道阻塞　　　　　（c）捏鼻掰嘴

图 7.17　仰头抬颌法

（3）口对口（鼻）人工呼吸，如图7.18所示。

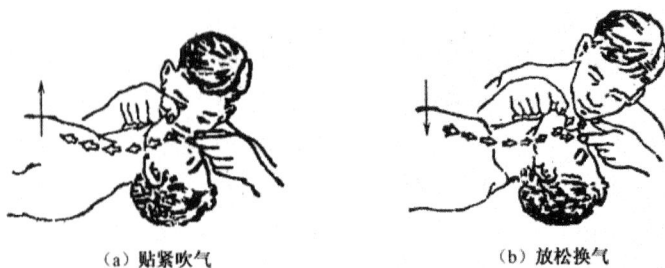

（a）贴紧吹气　　　　　　　（b）放松换气

图 7.18　口对口（鼻）人工呼吸

① 在保持被救人气道通畅的同时，救护人员用放在被救人额上的手指捏住被救人的鼻翼，救护人员深吸气后，与被救人口对口贴紧，在不漏气的情况下，先连续大口吹气两次，每次吹气 1～1.5 s（放 3.5～4 s，每 5 s 一次）。两次吹气后速测颈动脉，若无搏动可判为心跳已经停止，要立即同时进行胸外心脏按压。

② 除开始时大口吹气外，正常口对口（鼻）呼吸吹气量不需过大，以免引起胃膨胀。吹气和放松时要注意被救人胸部应有起伏的呼吸动作。吹气时如有较大阻力，可能是头部后仰不够，应及时纠正。

③ 被救人如牙关紧闭，可进行口对鼻人工呼吸。口对鼻人工呼吸吹气时，要将被救人嘴唇紧闭防止漏气。

（4）胸外心脏按压法。正确的按压位置是保证胸外心脏按压效果的重要前提。确定正确按压位置的步骤如下。

① 右手的食指和中指并拢沿被救人的两侧最下面的肋弓下缘向上，找到肋骨接合处的中点。两手指并齐，中指放在切迹中点（剑突底部），左手的掌根（即大拇指最后一节1/2处）紧挨食指上缘，左手置于胸骨上即为正确按压位置，如图 7.19 所示。

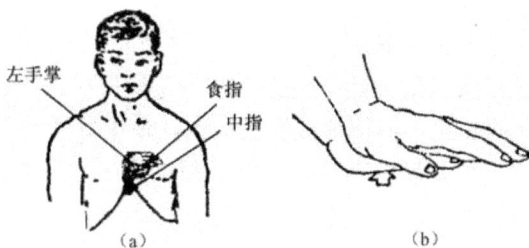

图 7.19　正确按压位置

② 使被救人仰面躺在平硬的地方，救护人员跪在被救人右侧肩位旁，两臂伸直，肘关节固定不屈，两手掌根相叠，手指敲起，不接触被救人胸壁。以髋关节为支点，利用上身的重力，垂直将被救人胸骨压陷 3～5 cm（儿童和瘦弱者酌减）。压至要求程度后，立即全部放松，但放松时救护人员的掌根不得离开胸壁，如图7.20 所示。按压必须有效，有效的标志是在按压过程中可以触摸到颈动脉搏动。

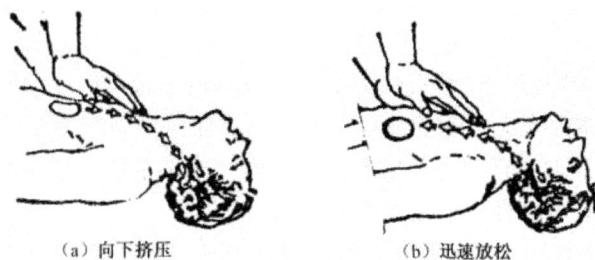

（a）向下挤压　　　　　　（b）迅速放松

图 7.20　正确按压方法

（5）操作频率。胸外按压要速度均匀地进行，成年人每分钟 80 次，儿童每分钟 100 次，每次按压和放松时间相等。胸外按压与口对口（鼻）要同时进行，单人抢救时每按压 15 次后，吹气 2 次（15:2），反复进行；双人抢救时，每按压 5 次后由另一个人吹气一次（5:1），反复进行。

（6）抢救过程中的判定。

① 按压吹气 5 min 后（相当于单人抢救时做了 4 个 15∶2 压吹循环），用看、听、试方法在 5～7 s 时间内完成对伤员呼吸和心跳是否恢复的判定。

② 若判定颈动脉已有搏动但无呼吸，则暂停胸外按压，而再进行口对口人工呼吸，5 s 完成一次（即每分钟 12 次）。如脉搏和呼吸均未恢复，则继续坚持心肺复苏法抢救。

③ 在抢救过程中，要每隔数分钟再判定一次，每次判定时间均不得超过 5～7 s。在医生未接替抢救前，现场抢救人员不得放弃抢救。现场触电抢救，对采用肾上腺素等药物应持慎重态度。若没有必要的诊断设备条件和足够的把握，不得乱用。在医院内抢救触电者时，由医务人员经医疗仪器设备诊断后，根据诊断结果决定是否采用。

7.3.3　电气防火和防爆

电气火灾和爆炸事故对国民经济和人民生活危害极大，它不仅直接造成电气设备的毁坏和人身的伤亡，而且还可能造成大规模、长时间的停电，带来不可估量的间接损失，因此电气防火和防爆也是电气安全的一项重要工作。

1．产生电气火灾和爆炸的原因

产生电气火灾和爆炸的原因有以下几个。

（1）电气设备或导体过流造成的过热。电力系统正常运行时，不会产生过热，当流过导体的电流超过正常值时，产生的热量不能很快散发到周围，使电气设备和导体过热。

（2）电路中局部电阻增大也会导致电气某装置局部过热，如开关触点接触不紧密，导线连接过松等。

（3）由电火花、电弧引起。开关通断、电路短路和接地故障等都会产生电火花或电弧。

（4）散热不良。由各种电气设备在设计和安装时的散热或通风不好所引起。

2．电气防火和防爆的措施

由于电气火灾和爆炸的原因往往是各种因素的集合，所以防火和防爆措施也是综合性的措施。

（1）根据不同的使用环境和危险程度合理选择电气设备和电气线路。

（2）电气设备要正确安装，包括防火间距、密封、通风、接地等。

（3）保护电气设备的正常运行。

3．电气灭火知识

电气火灾有如下两个特点：一是着火后电气设备可能是带电的，如不注意可能引起触电事故；二是有些电气设备本身充有大量的油，可能发生喷油甚至爆炸事故。

（1）带电灭火安全要求。有时为了争取灭火时间，来不及断电或因其他原因不允许断电，则需带电灭火。带电灭火需注意以下几点。

① 选择适当的灭火剂。二氧化碳、二氟一氯一溴甲烷及干粉灭火机的灭火剂都是不导电的，可用于带电灭火。

② 采用喷雾水枪。这种水枪通过水柱的泄漏电流较小，带电灭火比较安全。

③ 人体与带电体之间保持必要的安全距离。

（2）充油设备灭火要求。充油设备起火有较大的危险性，如果只在设备外部起火，可用二氧化碳、干粉等灭火机带电灭火。如果火势较大，应切断电源，并可用水灭火。如果油箱破坏，喷油燃烧，除切断电源外，有事故储油坑的应设法将油放进储油坑，坑内和地上的油火可用泡沫扑灭，要防止燃烧着的油流入电缆沟，电缆内的油只能用泡沫覆盖扑灭。

思考题与习题

1．填空

（1）过电压是指供电系统正常运行时，由于某种原因使_____或_____出现了_____的电压，并损坏其_____。

（2）过电压按产生的原因分为_____和_____。

（3）雷电过电压常见的形式有_____和_____。

（4）雷电大体可分为_____、_____、_____和_____等。

（5）防雷装置是指_____、_____、_____、_____及其他连接导体的总和。

（6）安全电压指人体_____而不致发生_____的电压。

（7）电气设备的某金属部分与大地之间有良好的_____，称为_____。与大地_____的金属部分，称为_____或_____。连接_____及设备_____称为接地线。

（8）TN-S 系统的最大特征是_____在系统_____分开后，不能再有任何_____。

（9）安全用电，是指在保证_____安全的前提下，正确地_____及为此目的而采取的科学的_____。

（10）发生人员触电事故时，对触电人员的_____，是抢救过程中的一个_____，因此电气工作人员必须_____触电急救技术。

2．判断（正确用√，错误用×表示）

（1）当电力系统内的设备或建筑物遭受雷击或产生雷电感应时，都可能会产生很高的电压。　　（　　）

（2）感应雷过电压是指雷电对电力设备、线路的静电感应所引起的过电压。　　（　　）

（3）避雷针实质上是引雷针，它把雷电流引向自身并释放到大地中去。　　（　　）

（4）高压电动机的绝缘水平较变压器低，避雷器尽可能地靠近电源处安装。　　（　　）

（5）电气设备外露可导电部分"接地"的目的就是保障人身安全。　　（　　）

（6）除了触电对人体的伤害以外，电磁辐射对人体的危害也日渐严重。　　（　　）

（7）安全电压的电源采用双绕组变压器或安全隔离变压器，也可以用自耦变压器代替。　　（　　）

（8）由接触电压引起的人体触电即为接触电压触电。　　（　　）

（9）一般供配电系统都有两个接地问题，即工作接地和保护接地。　　（　　）

（10）建筑物的金属构件、埋地的金属管道都可以作为自然接地体。　　（　　）

（11）装设临时接地线必须先接接地端，后接设备端，拆除临时接地线的顺序与此相反。　　（　　）

（12）使触电人员尽快脱离电源是救治触电人员的首要一步。　　（　　）

3．问答

（1）什么是过电压？什么是内部过电压和雷电过电压？

（2）雷电对供电系统的危害主要表现在哪几个方面？

（3）避雷器的主要功能是什么？

（4）架空线路有哪些防雷措施？一般工厂 6～10 kV 架空线路采取哪些防雷措施？

（5）变配电所有哪些防雷措施？

（6）建筑物的防雷分为几类？各类防雷建筑物有哪些措施？

（7）什么叫工作接地？什么叫保护接地？各自的功能是什么？举例说明。

（8）保证电气安全的一般措施是什么？

（9）安全用电有哪些技术措施？

（10）发现有人触电应如何急救处理？

（11）产生电气火灾和爆炸有哪些主要原因？

（12）如何带电灭火？

*第8章 工厂的电气照明

【课程内容及要求】

内容：（1）工厂常用电光源和灯具；

（2）工厂常用灯具及布置；

（3）照明供电系统及其导线截面的选择。

要求：（1）了解工厂常用的电光源和灯具；

（2）理解并掌握灯具的选择和布置；

（3）掌握照明供电系统的导线截面的选择。

8.1 常用的电光源和灯具

8.1.1 工厂常用的电光源

（一）工厂常用的电光源类型

电光源按发光形式分为热辐射光源、气体放电光源和电致发光光源三类。

1. 热辐射光源

热辐射光源是利用辐射发光的原理制成的光源，如白炽灯、卤钨灯（包括碘钨灯、溴钨灯）等。

（1）白炽灯。它靠灯丝（钨丝）通过电流加热到白炽状态从而引起热辐射发光，其结构如图8.1所示。其优点是结构简单，价格低廉，辐射光谱连续，显色性好，使用方便，因而得到广泛应用。其缺点是光效低（热辐射只有2%～3%为可见光），寿命短，耐震性能较差。

（2）卤钨灯。它实质上是在白炽灯内充入微量的卤素或卤化物，利用卤钨循环的作用，有效地避免了玻壳的黑化，抑制了钨丝蒸发，从而提高了灯的使用寿命和光效。最常见的为碘钨灯，其结构如图8.2所示。

卤钨灯的玻管不易发黑，灯丝损耗极少，其使用寿命比白炽灯大大延长，其光效也比白炽灯高。

为了使卤钨灯的卤钨循环顺利进行，安装时必须保持灯管水平，且不允许采用人工冷却措施（如使用电风扇）。由于卤钨灯工作时管壁温度可达600℃，因

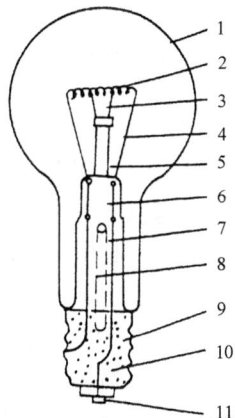

1—玻壳；2—灯丝（钨丝）；3—支架（钼丝）；4—电极（镍丝）；5—玻璃芯柱；6—杜美丝（铜铁镍合金丝）；7—引入线（铜丝）；8—抽气管；9—灯头；10—金属螺旋端；11—锡焊接触端

图 8.1 白炽灯

此不能太靠近易燃物。卤钨灯的显色性好，无须点燃附件，安装使用方便，主要用于需高照度的工作场所。其耐震性更差，要注意防震。

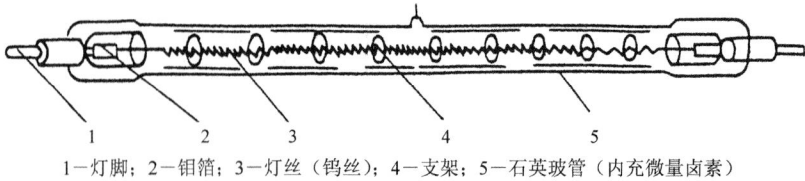

1—灯脚；2—钼箔；3—灯丝（钨丝）；4—支架；5—石英玻管（内充微量卤素）

图 8.2　卤钨灯

2．气体放电光源

气体放电光源是利用气体放电时发光的原理制成的光源，如荧光灯、高压汞灯、高压钠灯、金属卤化物灯、氙灯和高频无极灯等。

（1）荧光灯（日光灯）。它的优点是光效比白炽灯高得多，使用寿命比白炽灯长；缺点是功率因数低，显色性差，有频闪效应，不宜在有旋转机械的车间里使用，其灯管结构如图 8.3 所示。

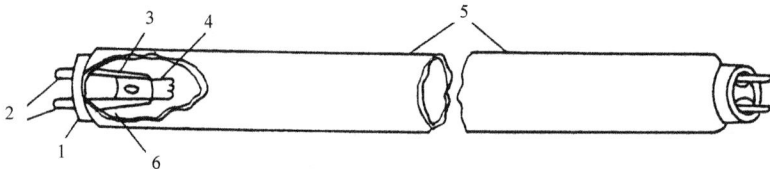

1—灯头；2—灯脚；3—玻璃芯柱；4—灯丝（钨丝，电极）；5—玻管（内壁涂荧光粉，充惰性气体）；6—汞（少量）

图 8.3　日光灯管

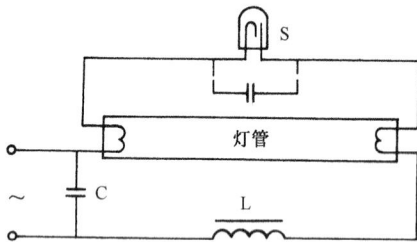

图 8.4　日光灯电路

图 8.4 为日光灯电路。图中 S 是启辉器，它有两个电极，放在充满氖气的氖泡内，其中弯成 U 形的电极是双金属片，和两极并联的电容器是用来吸收日光灯启动时产生的高频波，以免对其他电器（如收音机、电视机）造成信号干扰。

荧光灯技术在不断发展，目前市面上的灯管有 U 形和环形、高显色性、三基色、彩管等，镇流器有了电子镇流器。

（2）高压汞灯。它又叫高压水银荧光灯，属于高气压（压强可达 10^5 Pa 以上）的汞蒸气放电光源，其结构有以下三种类型。

① GGY 型荧光高压汞灯，如图 8.5 所示。

② GYZ 型自镇流高压汞灯，利用自身的灯丝兼作镇流器。

③ GYF型反射高压汞灯，外玻璃壳内壁上部镀有铝反射层，使光线集中均匀地定向反射。

高压汞灯不需启辉器来预热灯丝，但它必须与相应功率的镇流器 L 串联使用（除 GYZ 型外），其接线如图8.6所示。工作时，第一主电极与辅助电极（触发极）间首先击穿放电，使管内的汞蒸发，导致第一主电极与第二主电极间汞蒸气击穿，发生弧光放电，使管壁的荧光粉受激，产生大量的可见光。高压汞灯的光效高，可达 40～60 lm/W，寿命长，其有效寿命（光通量输出衰减到70%时）可达到 5000 h 左右，质量高的可达 24 000 h 左右，但是显色性差，平均显色指数为 20～30，启动时间较长。

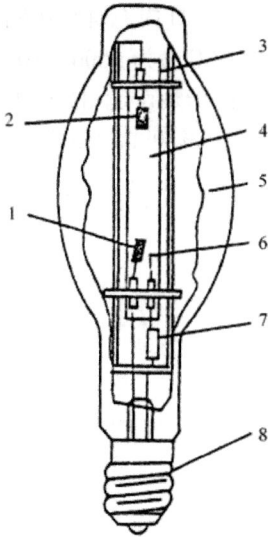

1—第一主电极；2—第二主电极；3—金属支架；
4—内层石英玻壳（内充适量汞和氩）；5—外层
石英玻壳（内涂荧光粉，内外玻壳间充氮）；
6—辅助电极（触发极）；7—限流电阻；8—灯头

图 8.5　高压汞灯（GGY 型）

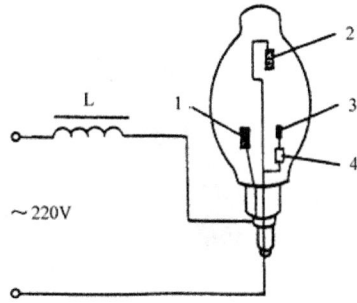

1—第一主电极；2—第二主电极；
3—辅助电极（触发极）；4—限流电阻

图 8.6　高压汞灯接线图

（3）高压钠灯。它是一种高气压（压强可达 10^4 Pa）的钠蒸气放电光源，其结构如图 8.7 所示，其接线与高压汞灯（如图 8.6 所示）相同。高压钠灯辐射光的波长集中在人眼较敏感的区域内，所以光效比高压汞灯还要高。此外，它还有寿命长、紫外线辐射少，透雾性好等优点。但其显色性较差，启动时间较长，常用于道路等室外照明。用高压钠灯替代目前使用较多的高压汞灯，在相同照度条件下，可节电 37%。

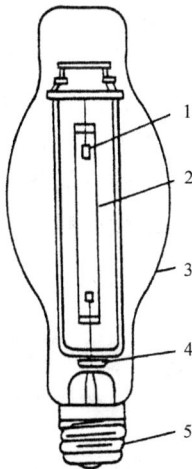

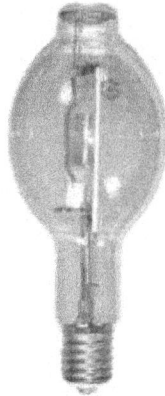

1—主电极；2—半透明陶瓷放电管（内充钠、汞及氙或氖氩混合气体）；
3—外玻壳（内壁涂荧光粉，内外壳间充氮）；4—消气剂；5—灯头

图 8.7　高压钠灯

（4）金属卤化物灯。金属卤化物灯（如图 8.8 所示）是在高压汞灯基础上，为改善光色和光效而发展起来的一种新型光源。它具有光色好、光效高、寿命长等优点，是目前比较理想的光源。金属卤化物灯是在汞灯里加进某些金属卤化物（如碘化钠、碘化铊）并控制适当的浓度，制成各

种光色的金属卤化物灯。目前常用的金属卤化物灯有钠铊铟灯，其灯内充有碘化钠或碘化铊或碘化铟，它的平均显色指数为 60～65，光效达 75～80 lm/W，平均寿命为 5000～10 000 h。还有镝灯，其内充有碘化镝、碘化铊，它的光色很好，类似日光，显色指数可达 85 以上。金属卤化物灯可用于室内和室外照明。用它替代目前使用较多的高压汞灯，在相同照度条件下，可节电 30%。

图 8.8　金属卤化物灯

（5）氙灯。氙灯（如图 8.9 所示）是惰性气体弧光放电灯，氙气在高压下放电能产生很强的白光，类似太阳光，故有"人造小太阳"之称。氙灯的特点是点燃的瞬间即能达到 80% 的光输出，发光效率达 22～50 lm/W，光源显色性好，工作稳定，寿命在 1000～5000 h。由于其光色接近天然光，故适合于需要正确辨色的场合，又因其功率大（可达100 kW），亮度高，适用于广场、车站、大型工地等大面积的照明。

（6）高频无极灯。

① 高频无极灯工作原理。高频无极灯（如图 8.10 所示）在结构上由三部分组成，即高频发生器（高频电源）、功率耦合器和涂有稀土荧光粉的玻璃泡壳。它集电子、电磁、真空等技术于一体，是 21 世纪"绿色照明"领域最新应用技术的节能环保新光源。电流通过高频发生器时，产生一个 2.68 MHz 的高频正弦电压，并同时产生一个 3000 V 左右的点火电压，通过功率耦合器在涂有稀土荧光粉的玻璃泡壳内瞬间建立一个高频磁场，在高频磁场的作用下，泡壳内部的惰性气体（氪气和氩气的混合气体）发生电离并进而产生雪崩效应，从而产生强紫外线，稀土荧光粉在强紫外线的作用下发出可见光。由于玻璃泡壳内壁涂有氧化铝金属粉层，相当于在泡壳内壁建立了一个金属屏蔽层，从而阻挡了电磁波外泄，这使高频无极灯不会产生超出国家标准的电磁空间辐射。

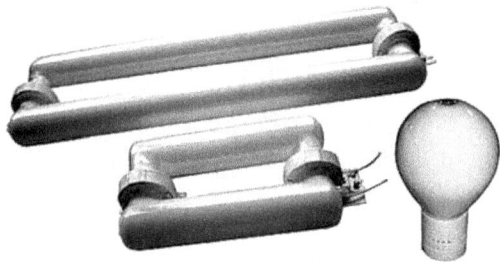

图 8.9　氙灯　　　　图 8.10　高频无极灯

② 高频无极灯分类。高频无极灯主要有以下三种。

a. 低压气体高频无极灯（将作为重点讲述）：低压汞和稀有气体混合后在电场中放电，从而产生紫外辐射光子，辐射光子撞击灯壁上的三基色粉后转换成可见光。工作频率为 2.2～3.0 MHz；格林莱的 GL 灯即属此类，目前最大功率为 165 W，光效 63～76 lm/W。

b. 微波灯：由磁控管微波发生器通过微波谐振腔，激发有特定填充剂的石英球泡，石英泡内由 10 个大气压（atm）的硫蒸气分子辐射产生白光，工作频率 2450 MHz，功率达 1000 W，光效为 120 lm/W。

c. 环形日光灯式电磁感应灯，工作频率 250 kHz。

③ 高频无极灯的特点。

a. 高效节能。高频无极灯的功率因数大于98%，辐射同样的光通量，耗电仅为白炽灯的1/4～1/5，发光强度能达到 76 lm/W（流明/瓦）；尽管发光强度没有高压钠灯和金卤灯高，但是发光面积是它们的数倍以上，如果选用专用灯具，65～165 W 的无极灯可根据不同高度代替 150～400 W 的高压钠灯和金卤灯；和同样瓦数的节能灯相比，其亮度是节能灯的 2～3 倍，穿透性是节能灯的 3 倍以上。

b. 寿命长。无极灯没有灯丝和电极，激励源在灯泡外，使自身的发热量仅为高压钠灯、金卤灯的 1/4 以下，灯泡寿命仅决定于荧光粉的自然衰减，以上的诸多优点使无极灯的寿命达 60 000 h 以上（正常使用约 10 年），是白炽灯的 60 倍，卤素灯的 20 倍，钠灯的 15 倍，金卤灯的 10 倍。

c. 无频闪。无极灯的工作频率达 2.68 MHz，能有效地把电能转换成可见光，不会造成眼睛疲劳。

d. 高显色性。无极灯的显色指数达88，高亮度，低眩光，光色度接近太阳光，光线柔和，能真实地呈现出被照物体的自然色泽。

e. 启动快。无极灯能瞬间启动，只需 0.5 s，无须预热，并可以重复启动。

f. 环境适应性强。无极灯的工作温度在−20～+50℃，输入电压在 88～265 V 范围内波动，灯泡能照常启动工作，并且输出的光通量恒定。

④ 高频无极灯应用范围。无极灯可用于工厂车间、礼堂大厅、会议室、学校教室、图书馆、大型商场、隧道、路灯、标灯、桥梁灯、地铁、水下灯、城市亮化、温室蔬菜植物棚、危险地域等的照明。它特别适用于换灯困难且费用昂贵的场所及对安全要求高的重要场所。

3．电致发光光源

电致发光光源是在电场作用下，使固体物质发光的光源。它将电能直接转变为光能。它包括场致发光光源和发光二极管（LED）光源两种，这里主要介绍发光二极管光源。

LED 光源（如图 8.11 所示）在照明领域的应用，是半导体发光材料技术高速发展及"绿色照明"概念逐步深入人心的产物，是发展和推广高效、节能照明器具，节约照明用电，减少环境及光污染，建立一个优质高效、经济舒适、安全可靠、有益环境的照明系统的重要途径。

图 8.11　LED 光源

（1）LED 光源的基本概念。LED（Lighy Emitting Diode），又称发光二极管，它们利用固体半导体芯片作为发光材料，当其两端加上正向电压时，半导体中的载流子会发生复合，放出过剩的能量从而引起光子发射产生可见光。

近年来，随着 LED 制造工艺的不断进步和新材料（氮化物晶体和荧光粉）的开发和应用，各种颜色的超高亮度 LED 取得了突破性进展，其发光效率提高了近 1000 倍，色度方面也已实现了可见光波段的所有颜色，其中最重要的是超高亮度白光 LED 的出现，使 LED 应用领域跨越至高效率照明光源市场成为可能。曾经有人指出，高亮度 LED 将是人类继爱迪生发明白炽灯泡后，最伟大的发明之一。长期以来，其应用主要集中在各种显示领域，如在汽车上的应用。随着超高亮度 LED（特别是白光 LED）的出现，使其在照明领域的应用成为可能。据国际权威机构预测，21 世纪将进入以 LED 为代表的新型照明光源时代。它被称为第四代新光源，是取代白炽灯、钨丝灯和荧光灯的最大潜力商品。

（2）LED 光源的基本特征。

① 发光效率高。LED 经过几十年的技术改良，其发光效率有了较大的提升。白炽灯、卤钨灯光效为 12~24 lm/W，荧光灯为 50~70 lm/W，钠灯为 90~140 lm/W，大部分的耗电变成热量损耗掉了。LED 光效经改良后将达到 50~200 lm/W，而且其光的单色性好、光谱窄，无须过滤可直接发出有色可见光。

② 耗电量少。LED 单管功率为 0.03~0.06 W，它采用直流驱动，单管驱动电压为 1.5~3.5 V，电流为 15~18 mA。

它的反应速度快，可在高频下操作。同样照明效果的情况下，LED 的耗电量是白炽灯泡的 1/8，荧光灯管的 1/2。据日本估计，如采用光效比荧光灯还要高两倍的 LED 替代日本一半的白炽灯和荧光灯。每年可节约相当于 60 亿升的原油。

③ 使用寿命长。采用 LED 灯，它具有体积小、质量轻、环氧树脂封装、可承受高强度机械冲击和震动、不易破碎、平均寿命达 10 万小时的特点。LED 灯具的使用寿命可达 5~10 年，可以大大降低灯具的维护费用，避免经常换灯之苦。

④ 安全可靠性强。LED 光源发热量低，无热辐射，属于冷光源，可以安全触摸；能精确控制光型及发光角度，光色柔和，无眩光；不含汞、钠元素等可能危害健康的物质。LED 光源的内置微处理系统可以控制发光强度，调整发光方式，实现光与艺术的结合。

⑤ 有利于环保。LED 为全固体发光体，耐震、耐冲击、不易破碎、废弃物可回收、没有污染。光源体积小，可以随意组合，易开发成轻便、薄、短小型的照明产品，也便于安装和维护。

（3）照明应用中存在的主要技术问题。近年来，LED 的发光效率正在逐步提高，商品化的器件已达到白炽灯的水平，景观灯采用的白色 LED 发光效率已接近荧光灯的水平，并在稳步增长中。但是，在照明普及应用方面仍存在一些技术性问题：一是光通量有待进一步提高；二是 LED 发出的光与自然光仍有一定的差距；三是目前价格较高。

（4）性能对比。与传统照明光源节能灯、金属卤素灯、钨丝灯、镁氖灯、日光灯相比，LED 光源到底有哪些优势呢？表 8.1 是通常情况下 LED 光源和常见光源的性能比较。

表 8.1　LED 光源和常见光源的性能比较

名　称	耗电量（W）	工作电压（V）	协调控制	发热量	可靠性	使用寿命（h）
金属卤素灯	100	220	不易	极高	低	3000
镁氖灯	16 W/m	220	较好	较高	较好	6000
日光灯	4~100	220	不易	较高	低	5000~8000

续表

名　　称	耗电量（W）	工作电压（V）	协调控制	发 热 量	可 靠 性	使用寿命（h）
钨丝灯	15～200	220	不宜	高	低	3000
节能灯	3～150	220	不宜调光	低	低	5000
LED 灯	极低	直流 12～36 V（可用 220 V）	多种形式	极低	极高	10 万

注：镁氖灯是装饰用带型灯，其长短根据需要决定，它的功率单位为 W/m。

（二）常用电光源的特性

电光源的主要性能指标有光效、寿命、色温、显色指数、启动性能等。我国生产的常用电光源的主要技术特性如表 8.2 所示，供对照比较。

表 8.2　常用电光源的主要技术特性比较

光源名称 主要特性	白 炽 灯	卤 钨 灯	荧 光 灯	高压汞灯	高压钠灯	金属卤化物灯	管 形 氙 灯
额定功率（W）	15～1000	500～2000	6～125	50～1000	35～1000	125～3500	1500～10 000
光效（lm/W）	10～15	20～25	40～90	30～50	70～100	60～90	20～40
使用寿命	1000	1000～1500	1500～5000	2500～6000	6000～12 000	3000	1000
显色特性	高	高	一般	低	很低	一般	高
色温（K）	2400～2900	3000～3200	3000～6500	5500	2000～4000	4500～7000	5000～6000
启动时间	0	0	1～3s	4～8 min	4～8 min	4～8 min	0
再启动时间	0	0	0	5～10 min	10～15 min	10～15 min	0
功率因数	1	1	0.33～0.7	0.44～0.67	0.44	0.4～0.6	0.4～0.9
频闪效应	不明显	不明显	明显	明显	明显	明显	明显
表面亮度	大	大	小	较大	较大	大	大
光通量受电压波动的影响	大	大	较大	较大	大	较大	较大
光通量受环境温度的影响	小	小	大	较小	较小	较小	小
耐震性	较差	差	一般	好	较好	好	好
附件	无	无	启辉器、镇流器	镇流器	镇流器	触发器、镇流器	触发器、镇流器

（三）工厂常用电光源的选择

工厂的照明光源应根据被照场所的具体情况及对照明的要求来进行合理选择。通常考虑以下几点：

（1）对光源显色性要求较高，开关通断频繁，瞬时点燃，防止电磁干扰等场所，宜采用白炽灯或卤钨灯。

（2）因频闪效应影响视觉效果的场所，不宜采用气体放电灯。

（3）对于一般场所，且灯具悬挂高度在 4 m 以下时，宜采用荧光灯。

（4）灯具的悬挂高度大于 4 m 以上时考虑采用高强气体放电灯。对于照度要求高，被照面积大的室外场所（如广场等）宜采用管形氙灯或金属卤化物灯。

（5）由于高压钠灯光色为黄色，分辨率高，透雾性好，光效高且寿命长，因此对道路照明、室外照明及显色性要求不高的场所宜优先采用。

（6）当采用一种光源不能满足光色或显色性要求时，可采用两种或多种光源的混合照明，以提高发光效率和保证较好的光色。混光光源的混光光通量比，宜按表 8.3 选取。

表 8.3　混光光源的混光光通量比

混 光 光 源	光通量比（%）	一般显色指数（R_a）	色彩辨别效果
DDG+NGX	40～60	≥80	除个别颜色为"中等"外，其他颜色均为"良好"
DDG+NG	60～80		
KNG+NG	50～80	60～70	除部分颜色为"中等"外，其他颜色均为"良好"
DDG+NG	30～60	60～80	
KNG+NGX	40～60	70～80	
GGY+NGX	30～40	60～70	
ZJD+NGX	40～60	70～80	
GGX+NG	40～60	40～50	除个别颜色为"可以"外，其他颜色均为"中等"
KNG+NG	30～50	40～60	
GGY+NGX	40～60	40～60	
ZJD+NG	30～40	40～50	

注：1. GGY—荧光高压汞灯；DDG—镝灯；KNG—钪钠灯；NG—高压钠灯；NGX—中显色性高压钠灯；ZJD—高光效金卤灯。

　　2. 混光光通量比是指前一种光源的光通量与两种光源的光通量之和的比。

　　3. 辨别效果顺序：良好—中等—可以。

8.1.2　工厂常用灯具及布置

1. 工厂常用灯具的特性

光源与灯罩等附件的组合叫灯具或照明器。灯具的特性一般可用以下三个指标来描述。

（1）配光曲线。裸露的光源所发出的光线是射向四周的，为了充分地利用光能，加装灯罩后可使光线重新分配，称为配光。为了表示光源加装灯罩后，光强在各个方向的分布情况而绘制在对称轴平面上的曲线，称为光强分布曲线，也叫配光曲线，如图 8.12 所示。图中，灯具在 $\theta = 0°$ 时光强最大，在 $\theta = 90°$ 时光强最小，即为 0。现对图中几种配光曲线的形状做如下说明。

均匀配光：光线在各个方向的发光强度大致相等，灯具不带反射器。如灯罩为乳白色玻璃圆球的灯具。

深照配光：光线的最大发光强度范围在 0°～30° 的狭小立体角之内。

广照配光：光线的最大发光强度范围在 50°～90° 之间，在较大的平面上形成较均匀的照度。

余弦配光：光线在空间各方面的发光强度近似值符合公式 $I_\theta = I_0 \cos\theta$，$\theta = 0°$ 时发光强度最大为 I_0。

（2）保护角。一般灯具的保护角为灯丝水平线的最边缘点和灯罩边界的连线同灯丝水平线之间的夹角，如图 8.13 所示。照明器的保护角应配置适当，使在保护角范围内看不到光源直射光以避免直射眩光。保护角越大，眩光越小，但保护角不能太大，要求在 15° 与 30° 之间。

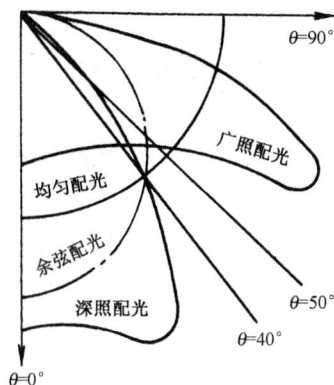

图 8.12 灯具的配光曲线

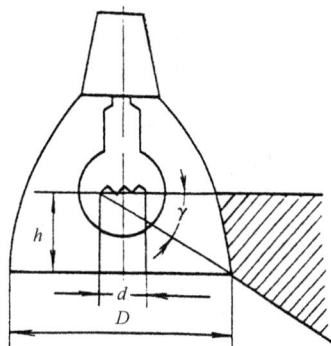

图 8.13 灯具的保护角

（3）灯具的效率。灯具的光通量与光源辐射出的光通量之比称为灯具的效率。公式为

$$\eta = Q_1/Q_2 \times 100\% \qquad (8-1)$$

式中，η 为灯具的效率；Q_1、Q_2 分别为灯具和光源辐射出的光通量。

由于灯罩配光时总会引起光通量损失，所以灯具的效率一般在 0.5 与 0.9 之间，其大小与灯罩所用材料、灯罩形状及光学中心位置有关。

2. 工厂常用灯具的分类

灯具的分类方法有多种，目前主要按灯具的配光曲线及结构特点来分类。

（1）CIE（国际照明学会）配光分类法。它以灯具上半球与下半球发出光通量的百分比为依据，共分五类，如表 8.4 所示。从表中可以看出，直接照明类灯具输出光通量的 90%～100% 向下半球发射，是照明效率最高的一类灯具，广泛用于工厂车间等场所，深照、广照、余弦配光均属于此类照明。

表 8.4 CIE 配光分类法

类 型		直 接 型	半 直 接 型	漫 射 型	半 间 接 型	间 接 型
光通量分布特性（占灯具总光通量的百分比）（%）	上半球	0～10	10～40	40～60	60～90	90～100
	下半球	100～90	90～60	60～40	40～10	10～0
特点		光线集中，工作面上可获得充分照度	光线能集中在工作面上，空间也能得到适当照度，比直接型眩光小	空间各个方向光强基本一致，可达到无眩光	增加了反射光的作用，使光线比较均匀柔和	扩散性好，光线柔和均匀，避免了眩光，但光的利用率低

（2）按灯具的结构特点分类。它以灯具适用的不同环境，从灯罩的不同结构来分，共分四类，如表 8.5 所示。

表 8.5 按灯具结构特点分类

结构形式	结 构 特 点	举 例
开启型	光源与外界的空间相通	配照灯、广照灯、深照灯
闭合型	光源罩上透明罩，但内外空气能流通	圆球灯、吸顶灯
密闭型	光源被透明罩密封，内外空气不能对流	防水灯、密闭荧光灯
防爆型	光源被高强度透明罩封闭，防爆是靠灯座的法兰与灯罩的法兰之间的一防爆间隙，使灯具内气体爆炸时产生的高温高压气体，逸出后得到冷却，不致引起环境中爆炸性混合气体爆炸。灯罩外部有金属防护网罩	防爆安全灯、荧光安全防爆灯

3. 工厂常用灯具的选择

灯具的选择是很重要的，如果选择不当，会造成灯具投资加大，电能消耗增加，照明达不到要求，影响生产安全。选择灯具一般考虑以下几个方面：

（1）首先考虑从照度上满足生产条件，尽量选用光效高、寿命长、直接配光的灯具，以达到合理利用光通量和减少能耗的目的。

（2）其次考虑灯具的种类与使用的环境相匹配。一般场所，应尽量选用开启型灯具，以得到较高的效率；在相对湿度大于85%的潮湿场所宜采用防潮灯具或带防水灯头的开启型灯具；在有腐蚀性气体的场所，宜采用耐腐蚀材料制成的密闭型灯具；在高温场所，宜采用带有散热孔的开启型灯具；在多尘的场所，应按防尘的保护等级来选择灯具；在有爆炸和火灾危险的场所，宜采用防爆型灯具。

（3）最后考虑灯具的安装高度及安装后更换灯泡（管）是否容易。如果灯具安装高度过高，一方面降低了工作面上的照度，而要满足照度要求，势必增大光源功率，不经济，同时也给维护带来困难。但安装高度也不能过低，如安装高度过低，一方面容易被人碰撞，不安全；另一方面会产生眩光，降低人的视力。室内一般照明灯具的最低悬挂高度如表8.6所示。

表8.6 室内一般照明灯具的最低悬挂高度

光 源 种 类	灯 具 型 式	光源功率（W）	最低悬挂高度（m）
白炽灯	有反射罩	≤100	2.5
		150～200	3.0
		300～500	3.5
	乳白玻璃漫射罩	≤100	2.0
		150～200	2.5
		300～500	3.0
荧光灯	无反射罩	≤40	2.0
		>40	3.0
	有反射罩	≤40	2.0
		>40	2.0
高压汞灯	有反射罩	<125	3.5
		125～250	5.0
		≥400	6.0
	有反射罩带格栅	<125	3.0
		125～250	4.0
		≥400	5.0
卤钨灯	铝抛光反射罩	500	6.0
		1000～2000	7.0

（4）考虑经济性。在满足技术要求的前提下，应尽量降低灯具的投资费用及年运行维护费用。

以上几点是选用灯具的大致原则，可根据这些原则去选用相对符合要求的灯具。目前我国市场上的照明灯规格繁多，尚无统一标准，新光源不断出现，因此具体选用时可参考相应的技术手册和产品说明书。如图8.14所示是常用的几种灯具的外形和符号，以供参考。

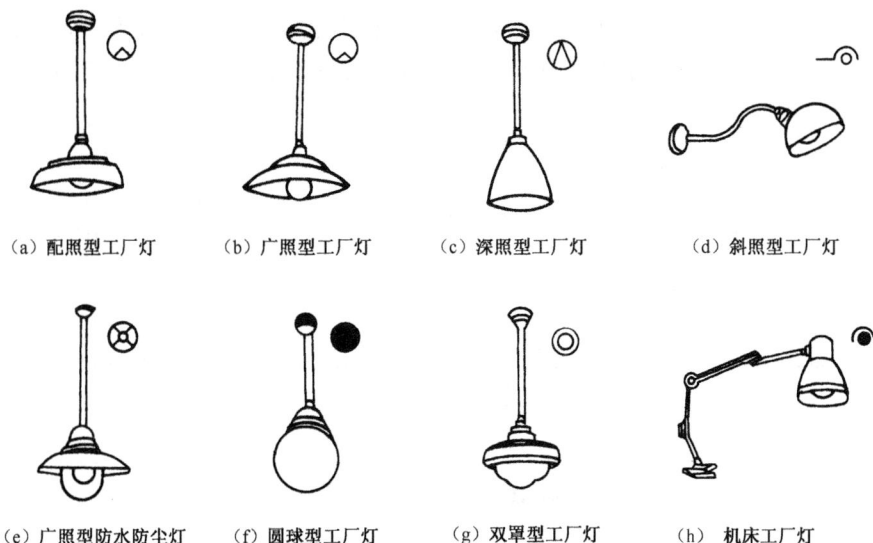

(a) 配照型工厂灯　　(b) 广照型工厂灯　　(c) 深照型工厂灯　　(d) 斜照型工厂灯

(e) 广照型防水防尘灯　　(f) 圆球型工厂灯　　(g) 双罩型工厂灯　　(h) 机床工厂灯

图 8.14　工厂常用的几种灯具

4. 室内灯具的布置方案

灯具的布置就是确定灯具在房间的空间位置。灯具的布置对照明质量有很大的影响。对灯具布置的要求是：

(1) 要保证工作面上的照度不低于标准。

(2) 要使工作面上的照度均匀，光线射向适当，无眩光，无阴影。

(3) 要整齐美观，与环境协调。

(4) 要维修方便，安全经济。

灯具的布置通常有均匀布置和选择布置两种方案，如图 8.15 所示。

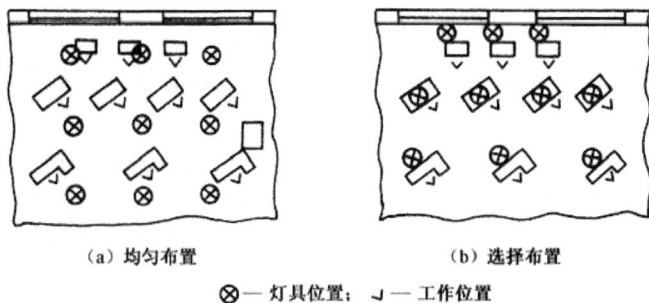

(a) 均匀布置　　　　　　　　　　　(b) 选择布置

⊗—灯具位置； ↵—工作位置

图 8.15　一般照明灯具的布置

(1) 均匀布置。灯具在整个车间内均匀分布，其布置与设备位置无关，如图 8.15 (a) 所示。

(2) 选择布置。灯具的布置与生产设备的位置有关。大多按工作面对称布置，力求使工作面获得最有利的光照并消除阴影，如图 8.15 (b) 所示。

由于均匀布置比选择布置美观，且使整个车间照度较为均匀，所以在既有一般照明又有局部照明的场所，其一般照明宜采用均匀布置，均匀布置的灯具可排列成矩形或菱形，如图 8.16 所示。

图 8.16 中，l 为灯距，l' 为行距，l'' 为最边缘一列灯具离墙的距离。矩形排列的等效灯距

$l = \sqrt{ll'}$，当 $l = l'$ 时，照度最为均匀。菱形排列，当 $l' = \sqrt{3}\, l$ 时，照度最为均匀。最边缘一列灯具离墙的距离 l'' 的选定：靠墙有工作位置时，可取 $l'' = (025 \sim 03)\, l$；靠墙为通道时，可取 $l'' = (0.4 \sim 0.6)\, l$。

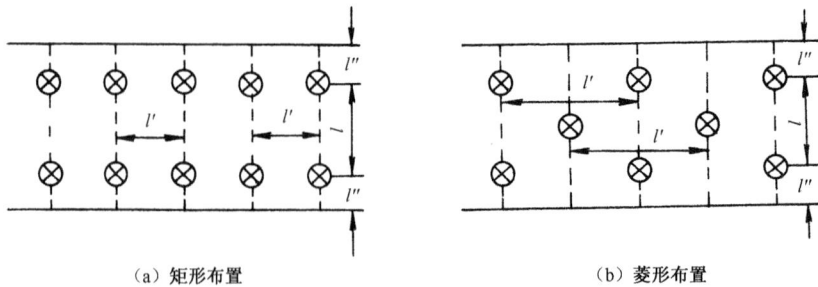

（a）矩形布置 　　　　　　　　　　　　（b）菱形布置

图 8.16　灯具的均匀布置

灯具布置是否合理，照度是否均匀，主要取决于等效灯距与灯具悬挂高度 h（h 是指光源至工作面之间的高度）的比值，该比值 l/h 称为距高比。l/h 小，照明的均匀度好，但经济性能差；l/h 大，照明的均匀度就不能保证。较合理的距高比一般不超过各类灯具规定的最大距高比。各类灯具较佳布置的距高比如表 8.7 所示。

表 8.7　灯具较佳布置的距高比（l/h）

灯 具 类 型	l/h		单行布置时房间最大宽度（m）
	多 行 布 置	单 行 布 置	
配照型、广照型、双罩型工厂灯	1.8～2.5	1.8～2.0	1.2h
深照型、镜面深照型、乳白玻璃罩灯	1.6～1.8	1.5～1.8	1.0h
防爆灯、圆球灯、吸顶灯、防水防尘灯、防潮灯	2.3～3.2	1.9～2.5	1.3h
荧光灯	1.4～1.5	—	—

【例 8-1】　某车间的平面面积为 40×20 m²，桁架的跨度为 20 m，桁架之间相距 5 m，桁架下弦离地 5.5 m，工作台面离地 0.8 m。拟采用带反射罩的 40 W 荧光灯做车间的一般照明，试确定灯具的布置方案。

解：根据车间的建筑结构，灯具宜悬挂在桁架上。如灯具下吊 0.7 m，则灯具的悬挂高度（工作台面以上的高度）$h = 5.5 - 0.8 - 0.7 = 4$ m > 2 m（查表 8.6 提供的最低悬挂高度可知）。

由表 8.7 知，荧光灯的最大距高比 $l/h = 1.5$，因此灯具间的合理距离为

$$l \leqslant 1.5h = 1.5 \times 4 = 6 \text{ m}$$

因此，灯距取 5.5 m（指两个日光灯中心到中心的距离），采用矩形布置，由于桁架距为 5 m，则灯距的行距 l' 为 5 m，如图 8.17 所示，则等效灯距为

$$l = \sqrt{ll'} = \sqrt{5.5 \times 5} = 5.24 \text{ (m)}$$

实际的距高比为

$$l/h = 5.24/4 = 1.31 < 1.5$$

故符合要求。

再检验靠墙一行灯具的对墙距离为

$$l'' = 0.4l = 0.3 \times 5.24 = 2.1 \text{(m)}$$

现取 1.75 m，故符合要求。

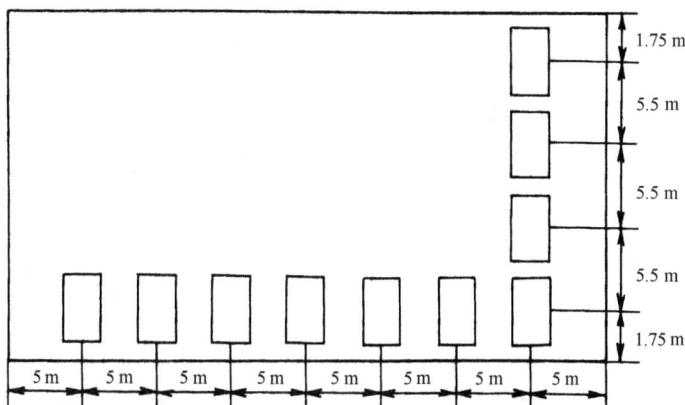

图 8.17　例 8-1 的灯具布置方案（单位：m）

8.2　照明供电系统及其导线截面的选择

8.2.1　照明供电系统

1．照明电压的选择

照明电压的选择条件是：

（1）在正常环境中，一般照明采用交流 220 V 三相四线制系统供电。

（2）在严重潮湿（相对湿度在 90% 以上）、高温（环境温度在 40 ℃ 以上）、导电（空间充满导电性尘埃）的危险环境中，以及移动灯具或安装在 2.4 m 以下的固定式灯具，采用安全电压 36 V 供电。

（3）电缆隧道及其他地下坑道照明电压采用安全电压 36 V，但安装高度或灯具的结构满足安全要求时，可以采用交流 220 V 供电。

（4）由蓄电池供电时，可根据容量大小、电源条件、使用要求等因素分别采用直流 36 V、24 V、12 V 供电。

2．照明系统的供电方式

照明系统按其功能可分为工作照明（一般照明）和事故照明（应急照明）两大类。

（1）工作照明的供电方式。在普通场所，照明负荷与动力负荷可由同一台变压器供电，但照明负荷供电应从变电所低压配电屏处单独引出，与动力负荷分开，如图 8.18 所示。如果动力负荷引起的电压偏移或波动较大，影响照明质量时，照明也可考虑由单独的变压器供电。

（2）事故照明的供电方式。在较重要的工作场所或为疏散人员而设置的事故照明，其电源可考虑与工作照明合用一台变压器，如图 8.18 所示，只是线路分开。但此时的事故照明必须有备用电源（如蓄电池），如果母线出现故障时，备用电源自动投入（APD），如图 8.19 所示。当正常电源停电时，接触器 KM_1 的动铁芯因失电而跳开，主触点 KM_1 打开，同时 KM_1 的常闭触点 1～2 闭合（KM_2 的常闭触点 1～2 已是闭合的），使时间继电器 KT 动作，其延时常开触点 1～2 经 0.5 s 延时后闭合，使接触器 KM_2 线圈接通，主触点 KM_2 闭合，投入备用电源。KM_2 的常开触点 3～4 闭合，保持 KM_2 带电，KM_2 的常闭触点 1～2 打开，切断时间继电器 KT 回路，

KT 的触点 1～2 打开，KM_2 的常闭触点 5～6 打开，切断 KM_1 吸合线圈回路。

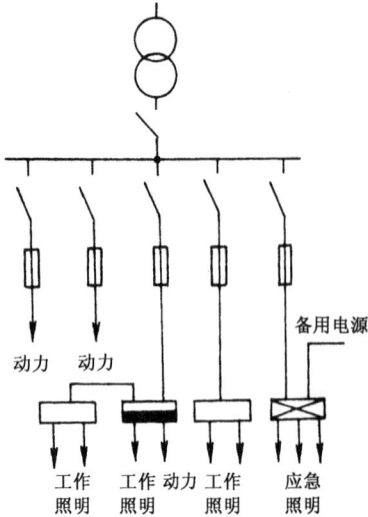

图 8.18　一台变压器的照明供电系统　　　图 8.19　采用 APD 的应急照明控制回路

　　当设置的事故照明灯个数不多时，也可采用应急照明灯。这种应急灯内带有蓄电池，正常照明时，蓄电池处于充电状态；当交流电源突然停电时，能自动地将蓄电池与灯接通，蓄电池放电使灯继续点燃。这种应急灯目前应用广泛。

　　重要场合的照明，可考虑由两台变压器交叉供电，如图 8.20 所示。

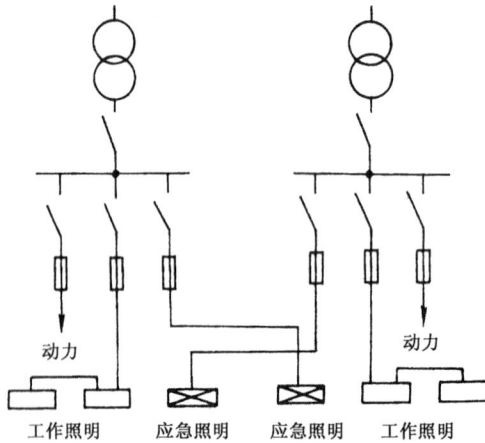

图 8.20　两台变压器交叉供电的照明供电系统

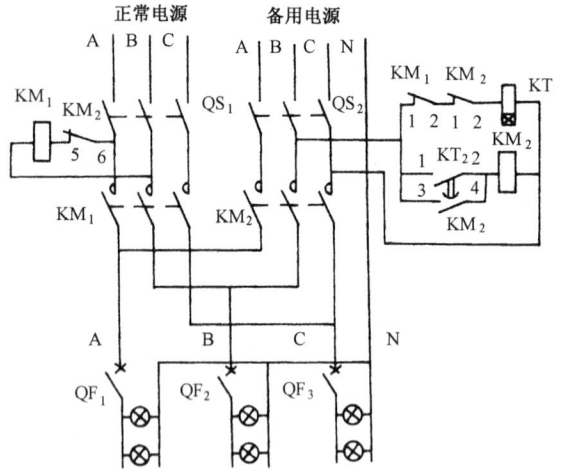

3．电气照明的平面布线图

　　为了表示电气照明的平面布线情况，设计时应绘制其平面布线图。如图 8.21 所示是一机械加工车间一般照明的电气平面布线图（只绘出车间一角）。由图 8.21 可以看出，在平面布线图上必须表示所有灯具的位置、灯数、灯具型号、灯泡容量、安装高度及安装方式等。按国家标准规定，照明灯具标准的格式如下：

$$a-b\frac{c\times d\times l}{e}f \tag{8-2}$$

式中，a 为灯具的盏数；b 为灯具型号或编号；c 为每盏灯的灯泡或灯管数；d 为灯泡（管）的功率（W）；e 为灯具安装高度（"—"无 e 时，为吸顶安装）；f 为灯具安装方式，X—线吊式，L—链吊式，G—管吊式；l 为光源类别，B—白炽灯，L—卤钨灯，Y—荧光灯，G—高压汞灯，N—高压钠灯，X—氙灯，JL—金属卤化物灯。

另外，在灯具旁还需注明其平均照度，如⑩表示平均照度为 50 lx。

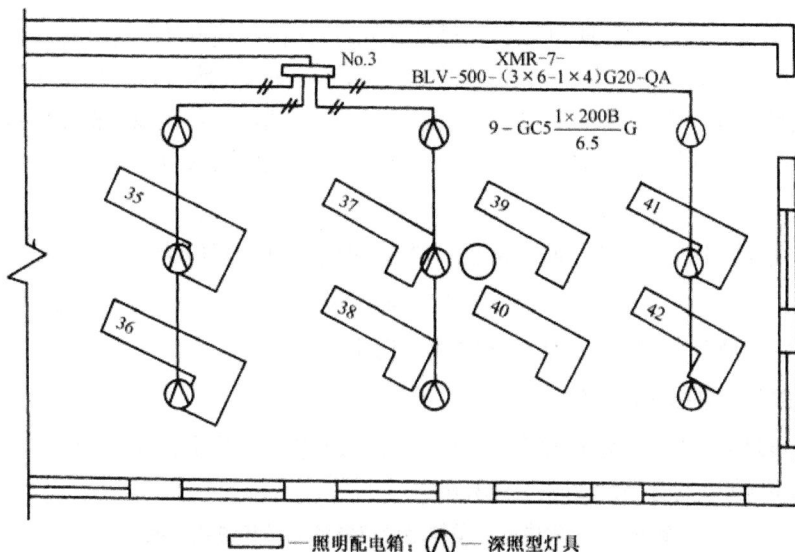

注：配电至所有灯具的支线均采用 BLV-500（2×2.5）-LCJ

图 8.21　机械加工车间（一角）一般照明的电气平面布线图

8.2.2　照明供电系统导线截面的选择

照明光源对电压的变化很敏感，电压的变化直接影响其照明质量。国家标准规定，对于视觉要求较高的室内照明，其允许电压偏移为 +5%、−2.5%，一般工作场所为 ±5%。对于视觉要求较高的室内照明线路，允许电压降为 2%～3%，而一般照明线路的允许电压降为 5%。因此，照明线路截面的选择，通常先按允许电压损失选择，然后再按发热条件和机械强度校验。

1．均一照明线路导线截面的选择

均一照明线路导线截面的选择，可按相关技术手册中的方法进行。

2．有分支照明线路导线截面的选择原则

有分支照明线路导线截面的选择原则是：在技术上要满足允许电压降，发热及机械强度的要求，同时又要符合有色金属消耗量最小的条件。按允许电压降选择有分支照明线路干线截面的近似公式为

$$S = \frac{\Sigma M + \Sigma \alpha M'}{C \Delta I U_{al}\%} \qquad (8-3)$$

式中，ΣM 为计算线段及其后面具有与计算线段配线根数相同的各段的功率矩（$M = PL$）之和；$\Sigma \alpha M'$ 为后面各段配线根数与计算线段配线根数不同线段的功率矩（$M' = PL$）之和，这些功率矩应分别乘以对应的功率矩换算系数 α（如表 8.8 所示）后再相加；$U_{al}\%$ 为从计算线段首端起至整个线路末端止的允许电压损失百分值；C 为计算系数。

表 8.8　功率矩换算系数 α 值

干　线	分 支 线	换算系数 α		干　线	分 支 线	换算系数 α	
		代　号	数　值			代　号	数　值
三相四线	单相	α4-1	1.83	两相三线	单相	α3-1	1.35
三相四线	两相三线	α4-2	1.37	三相三线	两相三线	α3-2	1.15

　　应用上述近似公式进行计算时，应从最靠近电源的第一段干线开始，依次向后计算各支线段的导线截面。计算出导线截面后，应选取相近且稍大的标准截面值，然后再进行发热条件及机械强度的校验。除相线截面外，如果需要，还应按规定确定其中性线、保护线或保护中性线的截面。

　　在某段线路的导线截面选定之后，即可按下式计算该线段的实际电压降：

$$\Delta U\% = \Sigma M / CA \tag{8-4}$$

　　在计算后一段线路的导线截面时，后面线路总的允许电压降应为

$$\Delta U'_{al}\% = \Delta U_{al}\% - \Delta U\% \tag{8-5}$$

　　以此类推，直到将所有分支线路的导线截面选出为止。

3. 照明线路导线种类的选择

　　照明线路导线种类选择应从环境条件、敷设方式及方便安装维护等方面来考虑。常用橡皮、塑料绝缘电线的品种和主要用途如表 8.9 所示。

表 8.9　常用橡皮、塑料绝缘电线的品种和主要用途

类别	产品名称	型　号		工作电压（V）	长期允许工作温度（℃）	主 要 用 途
		新	旧			
橡皮、塑料绝缘电线	铝芯氯丁橡皮线 铜芯氯丁橡皮线	BLXF BXF	BLXF BXF	交流：500 直流：1000	65	固定敷设用，尤其适用于户外，可明敷或暗敷
	铝芯橡皮线 铜芯橡皮线	BLX BX	BBLX BBX	交流：500 直流：1000		固定敷设用，可明敷或暗敷
	铜芯橡皮软线	BXR	BBXR	交流：500 直流：1000		室内安装，要求较柔软的场所
	铝芯橡皮绝缘氯丁橡皮护套电线 铜芯橡皮绝缘氯丁橡皮护套电线	BLXHL BXHL	BLXHF BXHF	交流：500 直流：1000	65	敷设于较潮湿的场所，可明敷或暗敷
	铝芯聚氯乙烯绝缘电线 铜芯聚氯乙烯绝缘电线	BLV BV	BLV	交流：500 直流：1000	65	固定敷设于室内外及电气装备内部，可明敷或暗敷。最低敷设温度不低于-15℃
	铝芯耐热105℃聚氯乙烯绝缘电线 铜芯耐热105℃聚氯乙烯绝缘电线	BLV-105 BV-105	BLV-105 BV-105	交流：500 直流：1000	105	固定敷设于高温环境的场所，可明敷或暗敷。最低敷设温度不低于-15℃
	铜芯聚氯乙烯软线	BVR	BVR AVR	交流：500 直流：1000	65	固定敷设，安装要求柔软时。最低敷设温度不低于-15℃
	铝芯聚氯乙烯绝缘聚氯乙烯护套电线 铜芯聚氯乙烯绝缘聚氯乙烯护套电线	BLVV BVV	BLVV BVV	交流：500 直流：1000		固定敷设于潮湿的室内和机械防护要求高的场所，可明敷、暗敷或直埋地下。最低敷设温度不低于-15℃
	铜芯耐热105℃聚氯乙烯绝缘软线	BVR-105	AVR-105	交流：500 直流：1000	105	同BV-105，安装时要求柔软的场所

续表

类别	产品名称	型号		工作电压 (V)	长期允许工作温度（℃）	主要用途
		新	旧			
橡皮、塑料绝缘电线	丁腈聚氯乙烯复合物绝缘电气装置用电线 丁腈聚氯乙烯复合物绝缘电气装置用软线	BVF BVFR	AVF AVFR	交流：500 直流：1000	65	电气、仪表等装置做连接线用
	聚氯乙烯绝缘单芯软线 聚氯乙烯绝缘二芯平型软线 聚氯乙烯绝缘二芯绞型软线	RV RVB RVS	BVR RVB RVS	交流：250 直流：500	65	供各种移动电器、仪表、电信设备、自动化装置接线用，也可作为内部装置接线用。使用环境温度不低于−15℃
	耐热聚氯乙烯绝缘软线	RV105	RVRT	交流：250 直流：500	105	同 RV，用于 40℃以上高温环境中
	聚氯乙烯绝缘和护套软线	RVV	RVZ	交流：500 直流：1000	65	同 RV，用于潮湿和机械防护要求较高、经常移动和弯曲的场所
	丁腈聚氯乙烯复合物绝缘平型软线 丁腈聚氯乙烯复合物绝缘绞型软线	RFB RFS	RFB RFS	交流：250 直流：500	70	同 RVB、RVS，但低温柔软性较好
	棉纱编织橡皮绝缘平型软线 棉纱编织橡皮绝缘绞型软线 棉纱总编织橡皮绝缘软线	RXB RXS RX	RXB RXS RX	交流：250 直流：500	65	室内日用电器、照明用吊灯电源线

4．照明供电线路保护装置的选择

照明供电线路可采用熔断器或低压断路器进行短路和过负荷保护。考虑到各种不同光源点燃时的启动电流不同，因此不同光源的保护装置电流也有所区别，如表 8.10 所示。

表 8.10　照明供电线路保护装置的选择

保护装置类型	保护装置电流/照明线路计算电流		
	白炽灯、卤钨灯、荧光灯、金卤灯	高压汞灯	高压钠灯
RL1 熔断器	1	1.3～1.7	1.5
RC1A 型熔断器	1	1.0～1.5	1.1
带热脱扣器低压断路器	1	1.1	1
带瞬时脱扣器低压断路器	6	6	6

注：保护装置电流——熔断器为熔体额定电流，低压断路器为其脱扣电流。

注意：用熔断器保护照明线路时，熔断器应安装在不接地的相线上，而公共 PE 线和 PEN 线上不能安装熔断器。用低压断路器保护照明线路时，其过流脱扣器也应安装在不接地的相线上。

思考题与习题

1．填空

（1）电光源按发光形式分为_____、_____和_____三类。

（2）气体放电光源是利用_____的原理制成的_____，如荧光灯、高压汞灯等。

（3）高压钠灯具有光效高、_____、_____、_____等优点，常用于道路等室外照明。

（4）发光二极管利用_____作为发光材料，当其两端加上_____时，半导体中的载流子会发生_____，放出_____，从而引起_____产生可见光。

（5）灯具的选择是很重要的，如果选择不当，会造成灯具_____，_____增加，_____达不到要求，影响_____。

（6）照明系统按其功能可分为_____和_____两大类。

2．问答

（1）简述 LED 光源的基本特征。

（2）工厂常用灯具选择的要素是什么？

（3）室内灯具布置的要求是什么？

（4）什么是灯具的距高比？距高比与光照均匀度的关系如何？

（5）画出事故照明由两台变压器交叉供电的照明供电系统图。

第9章 工厂的电能节约

【课程内容及要求】

内容：（1）电能节约的意义；

（2）工厂节能的措施；

（3）提高功率因数、无功功率补偿的办法。

要求：（1）理解电能节约的意义；

（2）理解并掌握节能的措施；

（3）掌握无功功率补偿的方法。

9.1 电能节约的意义

能源是发展现代化社会生产和提高人民生活水平的重要物质基础，它在国民经济的发展中起着十分重要的作用。对能源的开发和利用也从一个方面反映了一个国家的经济发达与物质文明的程度。电能作为一种最重要的二次能源，具有质量可靠、转换方便、使用便捷、高效清洁等优点，它在能源中的所占比重越来越大，对国民经济发展起着重要的作用。

我国电能资源虽然总量相当丰富，但电力发展受资源、环境、运输和经济条件等方面的制约，电能资源开发不足，电力短缺，尤其是局部地区和季节性缺电情况依然存在，再加上人口众多，人均电能消费量与发达国家差距较大，不到世界平均水平的一半，在一定程度上制约了国民经济的发展；而另一方面我国电能的利用率低，存在着较严重的浪费，造成单位产品的电耗大，加大了生产成本。

节约电能具有十分重要的意义，既可以降低生产成本、提高经济效益、增加产品的竞争力、促进国民经济的发展，又可以缓解能源供需之间的矛盾，同时也能减少对能量资源的开采，有利于环境保护。总之，节约能源（电能）可以同时获得较好的经济效益和社会效益。

9.2 工厂电能节约的一般措施

在我国的能源消耗中，工业企业所占的比重最大，约占总消耗电能的70%以上，因此工厂在节电方面的潜力很大，做好工厂的节能降耗工作显得尤为突出和重要。

做好节能节电工作，挖掘节电潜力，主要有以下几方面措施。

（1）加强节电宣传，提高节电意识。我国的能源工作总方针是"开发和节约并重"，"把节约放在优先位置"。工厂应采用多种方式宣传节能节电的概念、政策和意义及方法、途径等，提高全体职工的节电意识，并树立长期节电的思想。

（2）加强领导，建立健全的节电管理机构。工厂要建立能源管理机构，负责贯彻执行有关节电的政策、法规和标准等，制定并组织实施工厂的节能节电的计划和技术措施，做好电能的科学管理工作和节电培训工作，切实搞好节能降耗工作。

（3）科学、合理地进行分部门成本核算，利用"经济杠杆"落实节电。由于电能不能大量储存，电能的生产、运输、分配和使用过程是同时进行的，其中任何一个环节发生故障，都将影响电能的生产和供应，所以对这种特殊的商品必须要有统一的管理、调度、分配，要按照市场经济规律实行节电。

工厂用户应按照市场经济规律合理地使用电能，工厂各车间内部也要按合理的成本核算实行计划用电，并加强用电管理和计量，使有限的电力发挥最大的效益。供电部门对企业用电执行节约有奖，超用受罚的制度。

目前我国电力供应紧张的矛盾仍很严重，开发新能源，提高能源的综合利用，仍是今后经济发展中的重要课题和任务。

（4）合理调整电力负荷，充分发挥电力设备的潜力，提高供电能力。调整负荷的主要目的就是，根据用电单位的不同用电规律和供电系统的供电情况，合理地调整各用电单位的用电负荷和用电时间，"削峰填谷"，即降低用电高峰时的负荷量，提高低谷时的负荷量，均衡负荷，充分发挥电力设备的潜力，合理地利用电力资源。

调整负荷的主要措施有：

① 错开上下班时间，使工厂各车间高峰负荷分散，达到削减工厂负荷高峰的目的。

② 调整生产班次和工作时间，增加深夜用电量，提高低谷负荷，尽可能地均衡负荷。

③ 大设备让峰，即对大功率的设备用电时间进行调整，尽量在低谷时间使用，避开高峰时用电。

④ 采用蓄冷、蓄热节电新技术。蓄冷技术也就是在低谷时制冷并把冰或水等蓄冷介质存储起来，在负荷高峰时把冷量释放出来。蓄热技术就是在负荷低谷时把锅炉或电加热器生产的热能储存在蒸汽或热水蓄热器中，在高峰时用于生产或生活，达到削峰填谷的目的。

总之，通过调整负荷，可以减小变压器容量，降低高峰负荷和电能损失，减少基本电费开支，降低生产成本。

（5）大力推广高效能设备，淘汰低效率用电设备。通过生产设备的更新，提高生产效率，降低设备损耗，是节电的一项基本措施。变压器是输变电系统中的主要设备之一，其数量多，总容量大，据统计变压器的损耗占系统总量的2%左右，其节电潜力大。例如，采用冷轧硅钢片SL7-1000/10型变压器取代同样容量的热轧硅钢片 SJL 老型号变压器，仅空载损耗一项每年可节电$(3.9-1.8)kW×8760 h = 18\,396\,kW·h$（两者的空载损耗分别是 1.8 kW 和 3.9 kW）。由此可见，大力推广使用低耗能变压器，改造高耗能变压器是降耗节电的有效途径。我国 20 世纪 80 年代研制了小型 Y 系列和中型 YR 系列高效电动机，其中 Y 系列平均效率比老 JO2 系列提高 0.41%，如果按年产 2000 万千瓦，每年运行 4000 h 计算，则可节电 $2000×10^4\,kW×4000×0.41\% = 3.3×10^8\,kW·h$。工厂应通过不断更新设备，大力推广节能电机新产品，才能提高效率，达到节能降耗的目的。

（6）合理选择设备容量，采用新技术新工艺，提高设备运行效率。合理地选择设备的容量，提高设备的负荷率和运行效率，也是节电降耗的措施之一。工厂应根据全厂的用电负荷，合理地选择和配置变压器容量和台数及选择最经济的运行方式，当变压器负荷长期低于30%的额定容量时，变压器的使用效率低，应考虑更换容量小的变压器；对长期处于满载、超载运行的变压器，应更换容量大的变压器；对并联运行的变压器，在低负荷时可切除一台变压器，以达到变压器的经济运行。

（7）电动机系统的节能。电动机是应用最广的电气设备之一，电动机所消耗的电能占全部工业生产用电的 60% 左右，故电动机的节能十分重要，被列为国家级十大节能措施之五。节能的主要措施是：

① 推广应用高效节能电动机，如新型的 Y 系列电动机与老型号 J02 系列电动机相比，效率提高了 0.413%，虽然此类电机价格稍贵一些，但综合性能好，运行费用低，总的经济效益还是高的。

② 合理选择电动机的类型和容量，合理选择的概念是根据用途选择类型，根据负荷确定容量。使用的电机一定要适用、对路、功率匹配，避免"大马拉小车"现象。

③ 交流异步电动机的变频调速。交流异步电机，尤其是笼型异步电机，以其结构简单紧凑，价格低廉，运行稳定等优势在各个领域得到极广泛的应用。由于其转速是由电源频率和磁极对数决定的，所以不能改变。这样，在以风机、水泵类为拖动对象的系统中，电能的浪费是巨大的。如果配上变频器，采用交流变频调速技术，平均可节电 20%～30%，不仅可以极大地节约电能，也可以极大地提高电机的输出特性，调速范围大，平滑性能好，能够实现恒转矩调速或恒功率调速。变频技术发展很快，随着中、低档变频器的国产化，各类变频器的价格一降再降，普及变频技术，为每一台交流电机配上一台变频器不再是梦想。如此一来，可以节约多少电能！目前我国这一项技术普及得还不够，变频器驱动异步电机不足 3%～4%，而世界上先进国家此项技术的普及率可达到 60% 以上。显然我国的节能工作还大有潜力可挖。凡是此项技术应用比较好的工矿企业，其经济效益，社会效益均很好。天津市津酒集团在其主要生产工序上采用此项技术（供水、罐装、锅炉送风等），取得了非常好的效益，2003 年还被评为"天津市节能一等奖"。

（8）利用 Y-△ 转换措施节电。电动机节电措施除了采用高效电动机、变频器驱动以外，还应正确选择电动机的容量。电动机的效率一般在负荷为 75%～80% 时最佳，负荷下降时，功率因数也随之下降，应根据实际负载，合理选择电动机容量，尽量避免轻载或空载现象，减小运行中电机的损耗，节约电能。因此，可以利用 Y-△ 转换措施节电，当电机在空载或轻载运行时，可将电机由 △→Y 接法，则定子绕组电压降为原来的 $1/\sqrt{3}$，励磁电流降为原来的 $1/\sqrt{3}$，定子铁损耗降至原来的 1/3 左右，其绕组的有功损耗减少，一般可以节约有功功率 20% 左右，节约无功功率达 50% 以上。此外，还可以采用电机的调压、调速节电等技术，提高其运行效率，降低损耗。

（9）推广使用节能灯。我国新生产的一种涂覆稀土元素荧光粉的节能荧光灯，其 9 W 的照度相当于 60 W 白炽灯的照度，而使用寿命又比普通白炽灯泡长 2 倍以上，我们将所有普通的照明灯都采用这种节能灯的话，年节约的电能将十分可观。

所有的新技术、新产品的推广一靠宣传，二靠政府的扶植，三靠销售策略，应薄利多销，且不可谋暴利。

（10）改善功率因数，提高设备的供电能力。在电力系统中，有许多根据电磁感应原理工作的设备，如变压器、电机、感应炉等，它们都是感性负载，需依靠磁场来传递和转换能量，因而这些设备在运行中，不仅消耗有功功率，而且还需要一定数量的无功功率。

当有功功率一定时，如果无功功率增大，将使视在功率增大，功率因数减小。因此为满足用电单位的需求，就必须增大供电变压器的容量和线路导线的截面积，这样不仅加大投资费用，而且还会因线路的总电流增大，使线路和设备的铜损加大，造成电力的浪费及电压损失增大，电压质量下降。

提高功率因数，首先要设法提高用户的自然功率因数，即指不添加任何无功补偿设备，采用各种技术措施，减少企业供电设备的无功功率消耗量，提高功率因数。

当提高自然功率因数仍不能满足要求时，就得采用人工补偿无功功率的方法来提高功率

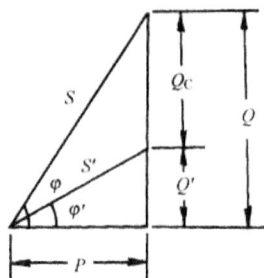

图 9.1 并联电容器的无功功率补偿原理

因数。应用人工补偿无功功率的方法有：采用同步补偿机和并联电容器。同步补偿机是一种专门用来改善功率因数的同步电动机，通过调节其励磁电流，可以起到补偿功率因数的作用。它通常用在大电网中枢调压或地区降压变电所中。并联电容器也称移相电容器，是一种专门用于改善功率因数的电力电容器，其补偿作用可由图 9.1 来解释：感性负载建立磁场需要吸收的无功功率 Q，可以从电容器输出的无功功率 Q_C 中得到补偿，这样电源输送的无功功率就减少为 $Q'=Q-Q_C$，

$\varphi'<\varphi$，功率因数也就提高了。与同步补偿机相比，并联电容器没有旋转部分，运行维护方便，有功损耗也小，占无功功率容量的 0.25%～0.5%，所以在工厂供电系统中得到十分广泛的应用。

9.3 无功功率的人工补偿

9.3.1 并联电容器的接线及补偿方式

1. 并联电容器的接线

用于无功功率补偿的并联电容器分高压和低压两种，高压电容器大多数是单相的，低压电容器大多数是三相的，接线方式有△形和Y形两种，但在实际接线中，采用△形接线方式较多，原因如下。

（1）电容量相同的电容器△形接线时比 Y 形接线时的等效容量大。

设三相线路的线电压为 U，三个电容器电容量均为 C，当△形接线时，有

$$Q_{C(\triangle)} = 3Q_C = 3U^2/X_C = 3\omega C U^2 \tag{9-1}$$

若采用 Y 形接线，由于每相电容器实际承受的电压为三相电路的相电压 U_φ，即 $U_\varphi = 1/\sqrt{3}\,U$，有

$$Q_{C(Y)} = 3U_P^2/X_C = U^2/X_C = 1/3\,Q_{C(\triangle)} \tag{9-2}$$

（2）采用△形接线时，如果其中一相电容器断线，三相电路仍可得到无功补偿，而采用 Y 形接线时，一相电容器断线时，则该相将失去补偿。

当然，△形接线也存在缺点，若其中一相发生击穿短路时，会造成两相短路，短路电流很大，有可能引起电容器爆炸。

若采用 Y 形接线，电容器正常工作时，有

$$I_A = I_B = I_C = 3U_P/X_C \tag{9-3}$$

当 A 相短路时，$U_B = U_{AB}$，短路电流为

$$I''_A = I''_B = \sqrt{3}\,U_{AB}/X_C = \sqrt{3} \times \sqrt{3}\,U_P/X_C = 3I_A \tag{9-4}$$

短路电流仅为正常工作电流的 3 倍，比较安全，所以国家标准中规定：在高压电容器组的容量超过 400 kvar 时，宜采用 Y 形接线（中性点不接地），其余情况一般宜接成△形连接方式。

三相线路中电容器 Y 形连接时的电流分布如图 9.2 所示。

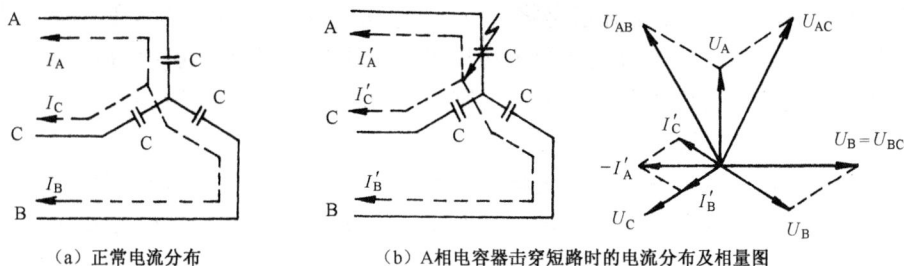

（a）正常电流分布　　　　（b）A相电容器击穿短路时的电流分布及相量图

图 9.2　三相线路中电容器 Y 形连接时的电流分布

2．并联电容器的补偿方式

并联电容器按装置的位置分为高压集中补偿、低压集中补偿和低压就地补偿三种方式，如图 9.3 所示。

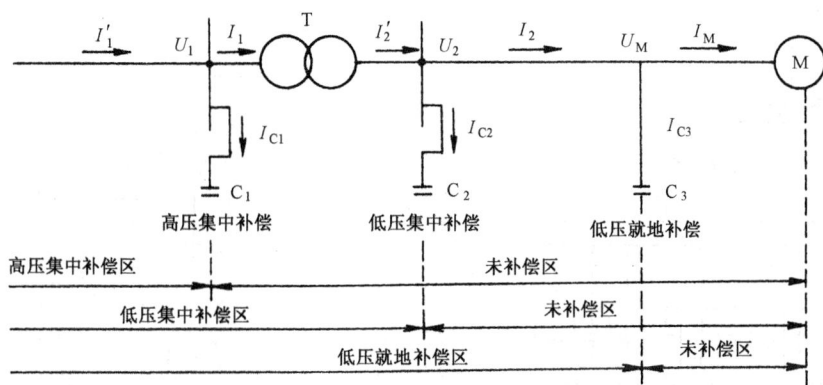

图 9.3　并联电容器在工厂供电系统中的装设位置

（1）高压集中补偿。该种补偿方式是将电容器组集中安装在工厂变配电所 6～10 kV 的母线上，其接线如图 9.4 所示。这种补偿方式只能补偿 6～10 kV 母线前的无功功率，不能补偿低压网络的无功功率。电容器组接成△形，需要放置在高压电容器柜中。为防止电容器击穿造成相间短路，各边接有高压熔断器，控制方式为手动投切。这种补偿方式的初投资较少，电容器的利用率高，可以提高总功率因数，且便于集中运行维护，在一些大中型工厂中应用较为普遍。

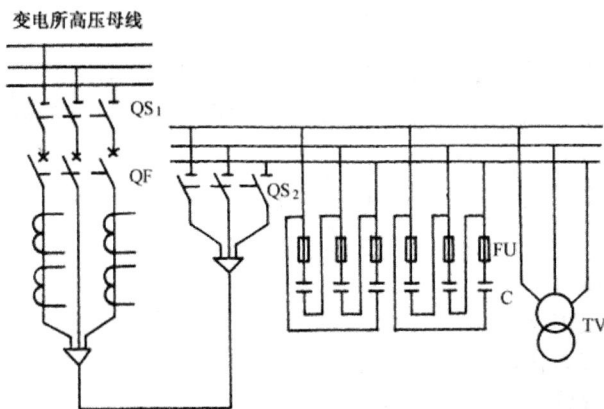

图 9.4　高压集中补偿电容器组接线图

（2）低压集中补偿。低压集中补偿是将低压电容器集中安装在低压母线上，其接线如图 9.5 所示。这种补偿方式能补偿低压母线前的无功功率，能使变压器的无功功率得到补偿，可以减少变压器的容量。它安装在低压配电室内，控制方式为手动投切或自动控制，运行维护方便，在工厂供配电中应用非常普遍。

（3）低压就地补偿。低压就地补偿是将电容器组安装在需要进行无功功率补偿的各用电设备附近，如图 9.6 所示，这种补偿方式可以补偿安装位置以前所有高、低压线路和变压器的无功功率，补偿范围最大、最彻底，且不占用专门的场地，但它的缺点是总的投资较大，电容器的利用率相对低些。这种补偿方式适用于长期运行的大容量电气设备及所需无功补偿较大的负载。

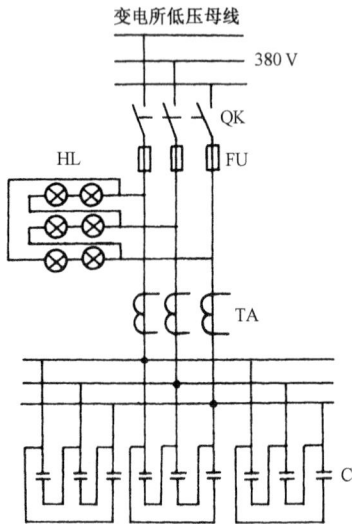

图 9.5　低压集中补偿电容器组接线图　　　　图 9.6　电动机就地补偿电容器组接线图

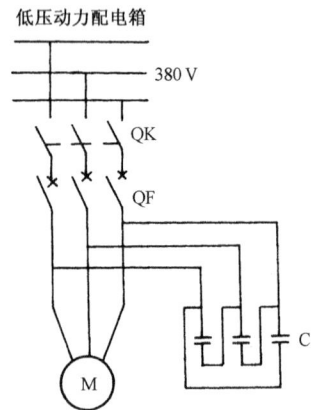

总之，工厂采用哪种补偿方式最为合适，需进行技术、经济比较后再加以确定。

9.3.2　并联电容器在运行中的一些规定及注意事项

1．并联电容器的投入和退出运行时的有关规定

正常情况下，补偿电容器组在供电系统中的投入运行或退出运行应根据供电系统功率因数或电压情况来决定。

当功率因数过低或电压过低时，应投入电容器组或增加投入；当电容器母线电压超过电容器额定电压的1.1倍，或者电流超过额定电流的1.3倍及电容器工作环境温度超过+40℃时，应切除电容器组。

当发生下列情况之一时，应当立即切除电容器组：

（1）电容器爆炸。

（2）电容器喷油或起火。

（3）瓷套管发生放电闪络。

（4）接头严重过热或熔化。

（5）电容器内部有异常响声。

（6）电容器外壳有异常膨胀。

此外，如遇变配电所停电，应将电容器组切除，以免恢复送电时母线电压过高，造成电容器严重喷油或鼓肚等现象，损坏电容器。

2．电容器的放电

电容器是储能元件，当电容器从电网上切除后，极板上仍储有电荷，因此极板上有残余电压存在，其数值最高可达电网峰值电压。当电容器绝缘良好时，绝缘电阻R 的阻值很大，电容器通过绝缘电阻自行放电的速度很慢，不能满足要求。所以每次切除后，必须使电容器通过放电回路自行放电，高压电容器放电时间应超过 5 min，低压电容器放电时间应超过 1 min。

高压集中补偿电容器组通常利用电压互感器的一次绕组来放电，如图 9.4 所示。

低压集中补偿电容器组一般利用220 V、15～25 W 的白炽灯灯丝电阻来放电，这些白炽灯同时也作为电容器组运行的指示灯，如图 9.5 所示。

低压就地补偿电容器一般利用用电设备本身的绕组电阻来放电，如图 9.6 所示。

为确保可靠放电，放电回路不允许装熔断器或开关。即使经过放电回路放电后，电容器仍会有部分残余电压，还需进行一次人工放电。放电时应先将接地端与接地网固定好，再用接地棒多次对电容器放电，直至无火花和放电声为止。

此外，检修人员在接触故障电容器前，除进行自动放电和人工放电外，还应戴绝缘手套，用短路线接触故障电容器的两端，使其彻底放电。

3．正常运行电容器组的检查

对运行中的电容器组应进行日常巡视检查，主要检查电容器的电压、电流及室温等，夏季应在室温最高时进行，其他时间可在系统电压最高时进行。注意检查电容器外壳有无膨胀、漏油的痕迹，有无异常的响声及火花，熔断器是否正常，放电回路是否完好，指示灯是否正常等。

对电容器组每月还应进行一次停电检查，检查内容除上述外，还应检查各螺钉接点的接触情况，清除电容器外壳、绝缘子、支架、通风道等处的灰尘及电容器外壳的保护接地线，检查继电保护装置的动作情况等。

对发生断路器跳闸、熔断器熔断等现象的电容器，除立即进行上述检查外，必要时还要对电容器进行试验，在未查出原因之前，不能合闸送电。

对电容器还应定期进行预防性实验，以确保电容器的安全可靠。

思考题与习题

1．填空

（1）节约电能具有十分重要的意义，既可以降低_____、提高_____、_____的竞争力，促进_____，又可以缓解_____的矛盾，同时也能减少_____的开采，有利于环境保护。

（2）通过生产设备的_____，提高_____，降低_____，是节电的一项_____。

（3）合理地选择设备的_____，提高设备的_____，也是_____的措施之一。

（4）交流异步电动机配上变频器，采用交流_____技术，不仅可以极大地_____，也可以极大地提高电动机的_____，调速_____，_____好，能够实现恒转矩调速或恒功率调速。

（5）并联电容器按装置的位置分为_____、_____和_____三种方式。

（6）正常情况下，补偿电容器组在供电系统中的_____或_____应根据_____功率因数或电压情况来决定。

2．问答

（1）工厂节约电能的措施有哪些？

（2）什么叫负荷调整？工厂有哪些主要的调荷措施？

（3）提高供配电系统的功率因数对节能有何意义？

（4）电容器的补偿方式有哪几种？各有什么优、缺点？各适用于什么场合？

（5）为什么并联补偿电容器的接线多采用△形接线？对容量较大的高压电容器为什么宜采用 Y 形接线？

（6）补偿电容器组投入或退出运行时有哪些规定？

（7）对运行中的电容器组进行巡视检查的内容是什么？

第10章 工厂供配电系统的运行维护与检修

【课程内容及要求】

内容：（1）工厂变配电所的运行维护知识；

（2）工厂电力线路的运行维护知识；

（3）工厂变配电所主要设备的检修试验知识及电工安全用具的使用。

要求：（1）熟知工厂变配电所一切有关规章制度，熟知倒闸、停电、送电等重要操作的要领和要求，熟知变配电所主要设备巡视检修的内容；

（2）熟知工厂电力线路运行维护的要求、线路巡视检修的内容，掌握事故停电的处理方法；

（3）掌握变配电所主要设备的检修试验知识及电工安全用具的使用方法。

本章介绍这些的知识恰好也是考取"电工安全上岗操作证"时必须掌握的知识，因此建议采用适当的教学方法，使学习卓有成效，如采用"情景模拟、实操演练"等方法，提高学员的岗位职业能力。

10.1 工厂变配电所的运行维护

10.1.1 变配电所的值班

1. 变配电所的值班制度

为保证电气设备的安全运行，要随时掌握电气设备的运行参数，及时发现设备的缺陷和故障并做到正确处理，除采用保护装置、自动装置和安装各种测量仪表之外，对运行中的电气设备还必须设专人值班。

值班人员必须持证上岗，身体健康，熟悉变配电所的一、二次系统的接线，以及电气设备的构造、原理及其性能，熟悉本工作的运行规程和安全规程。

由于电气工作的安全不仅关系到电工自身的人身安全，也关系到电气设备的广大使用者的安全和电气设备的安全，因此必须对电气工作人员进行各种电气技术的基本知识和有关规程的培训与考核。培训工作应当区分工种和专业，但不论是哪个工种的电气工作人员，均应具备必要的电气知识，且按其职责和工作性质，熟悉《电业安全工作规程》（发电厂和变电所电气部分、电力线路部分、热力和机械部分）中，关于安全工作的组织措施和技术措施、触电紧急救护法、安全用具的正确使用等基本知识。

电气运行工作人员必须熟练掌握所管辖的电气系统及其设备规范、运行负荷情况、设备完好状况、检修试验情况，并且能够熟练掌握正常运行操作、异常运行的判断和事故处理。

此外，他们还应能够分析总结运行记录报表，熟练、正确地部署安全工作措施，以及和有关供电部门的运行工作联系等。

值班人员应严格执行上级部门所规定的值班制度；对单人值班的变电所，值班员不得单独一人从事修理工作。

不论高压设备带电与否，值班人员不得单独移开或越过遮栏进行工作，若有必要移开时，必须有监护人在场。对于不停电的电气设备，值班人员在工作时必须与带电设备保持一定的安全距离，该距离须符合 DL 408—91《电业安全工作规程》的相关规定，如表 10.1 所示。

表 10.1　设备不停电时的安全距离

电压等级（kV）	安全距离（m）	电压等级（kV）	安全距离（m）
10 及以下（0.38）	0.70	154	2.00
20～35	1.00	220	3.00
44	1.20	330	4.00
60～110	1.50	500	5.00

2．值班人员的职责

（1）监视和调整电气设备的各项参数，如电压、电流、温度和声音等，使其在规定的范围内。如发现问题要及时采取必要的处理措施，并做好有关记录，以备查考。

（2）巡视和维护运行中的电气设备，使其正常工作。保证运行方式合理，使其管辖范围内的电气设备和系统安全、经济地运行。

（3）值班人员在当班时间内应具有高度责任感，集中思想，按照规定抄报各种运行数据，记录运行日志。变配电所的运行日志一般应包括以下内容：一、二次系统的电压、电流和功率记录，有功、无功电量的小时记录，功率因数和负荷率的记录，各路出线的负荷记录，主设备的温度记录，冷却系统的运行情况记录和充油设备的油位指示记录，异常现象和事故处理（包括故障处理和停、送电时间）记录，接、发令操作任务记录等。

（4）做好备品（如熔断器、电刷等）、安全用具、资料图表、图纸、钥匙、电工仪表、消防器材等的管理工作和保持变配电所内设备、环境的清洁卫生。

（5）按规定进行交接班。未办完交接手续，不得擅自离岗。

3．值班人员应知内容

（1）熟知本所内一切有关规章制度。10 kV 变电所应具备的各种基本制度有以下 8 个。

① 值班人员岗位责任制；

② 交接班制度；

③ 倒闸操作票制度；

④ 检修工作票制度；

⑤ 设备缺陷管理制度；

⑥ 巡视检查制度；

⑦ 工、器具管理制度；

⑧ 安全保卫制度。

35 kV 以上变电站除基本规章制度外，还应有变电站长岗位责任制、事故处理规程、巡视检查路线图、卫生制度、调度协议等。

（2）在变配电所（室）进行停电检修或安装工作时，应执行保证人身及设备安全的组织措施和技术措施。组织措施是：工作票制度、工作许可制度、工作监督制度、工作间断、转移和终结制度。技术措施是：停电、验电、封挂地线、悬挂标示牌和装设遮栏。变配电所进行停电检修或安装工作的依据是收到有效的第一种工作票方可进行停电工作。执行工作票制度的本身就执行了工作许可、监护、中断、转移和终结制度及技术措施中的停电、验电、封地线、挂牌和设遮栏制度。《电业安全工作规程》中规定：工作票分为第一种工作票和第二种工作票。同时又规定了填用第一种工作票的工作为：

① 高压设备上工作需要全部停电或部分停电者；

② 高压室内的二次接线和照明等回路上的工作，需要将高压设备停电或做安全措施者。

填用第二种工作票的工作为：

① 带电作业和在带电设备外壳上的工作；

② 控制盘和低压配电盘、配电箱、电源干线上的工作；

③ 二次接线回路上的工作，无须将高压设备停电者；

④ 转动中的发电机、同步调相机的励磁回路或高压电动机转子回路上的工作；

⑤ 非当值值班人员用绝缘棒和电压互感器定相或用钳型电流表测量高压回路的电流时的工作。

从以上的规定可以看出，变电所的检修或清扫应填用第一种工作票。第一种工作票的格式如表 10.2 所示，第二种工作票的格式化如表 10.3 所示。

表 10.2　第一种工作票格式

发电厂（变电所）第一种工作票　　　　　　　编号_____

1．工作负责人（监护人）：_____ 班组：_____

2．工作班人员：_____ 共_____人

3．工作内容和工作地点：_____

4．计划工作时间：自_____年_____月_____日_____时_____分
　　　　　　　　至_____年_____月_____日_____时_____分

5．安全措施：

下列由工作票签发人填写	下列由工作许可人（值班员）填写
应拉断路器和隔离开关，包括填写已拉断路器和隔离开关（注明编号）	已拉断路器和隔离开关（注明编号）
应装接地线（注明确实地点）	已装接地线（注明接地线编号和装设地点）
应设遮栏，应挂标志牌	已设遮栏、已挂标志牌（注明地点）
	工作地点保留带电部分和补充安全措施
工作票签发人签名：_____ 收到工作票时间：____年____月____日____时____分 值班负责人签名：_____	工作许可人签名：_____ 值班负责人签名：_____

（发电厂值班长签名：_____）

6．许可开始工作时间：____年____月____日____时____分
　　工作许可人签名：_____工作负责人签名：_____

7．工作负责人变动：
　　原工作负责人_____离去，变更_____为工作负责人。
　　变动时间：_____年_____月_____日_____时_____分
　　工作票签发人签名：_____

8．工作票延期，有效期延长到：____年____月____日____时____分
　　工作负责人签名：_____值班长或值班负责人签名：_____

9．工作终结：
　　工作班人员已全部撤离，现场已清理完毕。
　　全部工作于_____年_____月_____日_____时_____分结束。

续表

　　工作负责人签名：＿＿＿＿＿＿＿　工作许可人签名：＿＿＿＿＿＿＿

　　接地线共＿＿＿＿＿＿＿组已拆除

　　　　　　　　　　　　　　　　　　值班负责人签名：＿＿＿＿＿＿＿＿＿

10．备注：＿＿＿＿＿＿＿＿＿＿＿＿＿＿＿＿

表10.3　第二种工作票格式

发电厂（变电所）第二种工作票　　　　　　　编号＿＿＿＿＿

1．工作负责人（监护人）：＿＿＿＿＿＿　班组：＿＿＿＿＿＿

　　工作班人员：＿＿＿＿＿＿＿＿　共＿＿＿＿＿＿人

2．工作内容和工作地点：＿＿＿＿＿＿＿＿＿＿＿＿＿＿＿＿

3．计划工作时间：自＿＿＿年＿＿＿月＿＿＿日＿＿＿时＿＿＿分

　　　　　　　　　至＿＿＿年＿＿＿月＿＿＿日＿＿＿时＿＿＿分

4．工作条件（停电或不停电）：

＿＿＿＿＿＿＿＿＿＿＿＿＿＿＿＿＿＿＿＿

5．注意事项（安全措施）：＿＿＿＿＿＿＿＿＿＿＿＿＿＿＿

　　　　　　　　　　　　　　　工作票签发人签名：＿＿＿＿＿＿＿

6．工作许可人（值班员）签名：＿＿＿＿＿＿＿工作负责人签名：＿＿＿＿＿＿

7．工作结束时间：＿＿＿年＿＿＿月＿＿＿日＿＿＿时＿＿＿分

　　工作负责人签名：＿＿＿＿＿＿＿　工作许可人签名：＿＿＿＿＿＿

8．备注：＿＿＿＿＿＿＿＿＿＿＿＿＿＿

工作票在填写和执行过程中要注意以下几点。

①　工作票要用钢笔或圆珠笔填写，一式两份，应正确清楚，不得任意涂改，个别错漏字需要修改时应字迹清楚。工作负责人才可以填写工作票。

②　工作票签发人应由工区、变电所具有较高技术水平、熟悉设备情况、熟悉安全规程的生产领导人、技术人员或主管领导批准的人员担任。工作许可人不得签发工作票。工作票签发人员名单应当面公布。工作负责人和允许办理工作票的值班员（工作许可人）应由主管生产的领导当面批准。工作票签发人不得兼任所签发任务的工作负责人。

③　每一个值班员和检修工作人员都应切记，自许可工作命令发出时起，检修现场即无电开始检修，第一种工作票始终在现场。检修完毕后，工作票离开现场之时即认为电已到现场，即"票走电到"。

4．变配电所的特殊巡视检查

在下列几种情况下，应对变配电所进行特殊巡视检查。

（1）严寒：着重检查充油设备的油面是否过低，以及导线是否拉得过紧。

（2）降雪：检查室外设备上的积雪情况，并检查瓷瓶上的结冰情况；在雨雪交加的天气，若冰柱过长，可用电压等级合适的绝缘杆将其轻轻打掉。

（3）高温：重点检查充油设备的油面是否过高，变压器等设备的油温是否超过规定值，以及导线接头是否过热等。

（4）大风：大风前清除室外导线或设备附近的蒿草、草堆等杂物，大风时注意导线摆动幅度是否过大，接头是否断裂。

（5）大雨：下大雨时检查开关室和控制室的门窗是否渗入雨水，屋顶、墙壁等处是否漏雨。

（6）雷击：雷击后检查避雷器、瓷瓶、瓷套管等有无闪络放电痕迹。

（7）雾天：检查设备的瓷绝缘有无放电、电晕等异常现象。

（8）过负荷：电气设备过负荷运行时，应重点检查各部分连接点的发热情况。

（9）事故后：除按事故处理规定，检查保护装置的动作情况和故障设备的伤损程度外，还应检查受事故影响的线路、设备和绝缘。

10.1.2　变配电所的倒闸与送、停电操作

1．倒闸操作

倒闸操作就是将电气设备由一种状态转换到另一种状态。这种操作一般是指闭合或断开断路器、隔离开关和熔断器，以及与此有关的一些操作，如交、直流操作回路的合上或拉开，继电保护及自动装置的投入或停用，整定值的变更，临时接地线的装拆，核定相位及测量绝缘电阻等。

倒闸操作是供用电系统运行过程中一项经常性的重要工作。倒闸操作的正确与否，关系到操作人员的人身安全和设备、系统的正常运行，也直接关系到生产的顺利进行，因此必须严格执行操作票制度和操作监护制度。《电业安全工作规程》和现场规程对倒闸操作都有详细规定，每个运行人员都必须严格执行。

凡接到任何违反电气安全工作规程制度的工作命令时，应拒绝执行，同时对发令人指出错误的地方及不能执行的理由。若看到有人违反电气安全工作规程制度，以及可能涉及人身安全或造成事故的情况时，除应设法阻止外，并应及时报告上级领导。如果违反这些制度和规定，将会造成带负荷拉合隔离开关、带电挂地线、未拆除接地线就送电等误操作，从而导致恶性事故的发生，影响生产的正常进行。

（1）倒闸操作的基本要求。变配电所的一切操作任务（事故情况下除外），都应执行操作票制度。变配电所的一切操作，必须由两名正式值班电工来进行，一般是级别高的人监护，级别低的人操作，执行唱票复诵制。穿戴好安全防护用具后，其中一人操作、一人监护。特别是事故处理工作，一般不允许独自一人采取任何处理步骤。必须严格按规定的操作步骤，一步一步进行，不得任意简化。操作完毕后，应在模拟图板上正确反映出系统中的设备运行状态。

（2）表 10.4 是一张倒闸操作样票。在倒闸操作中，应做好如下几个环节。

表 10.4　倒闸操作票

执行日期：　　年　月　日		操作开始时间：　　时　　分 操作结束时间：　　时　　分	
出票人		出票日期	
审核人		审核日期	
操作内容：			
执行记号	操作顺序	操作项目	
	1		
	2		
	3		

续表

	4	
	…	
备注：		

监护人_____ 操作人_____ 值班负责人_____ 值班长_____

① 操作准备。执行操作任务时，操作人员必须明确操作目的和停、送电范围，充分研究，做好准备。

② 接受命令。把上级下达的操作命令逐项记入操作票的任务栏内，然后向上级发令人复诵一遍。对命令有疑问应及时提出，无误后再填写操作票。

③ 操作票填写。根据操作任务，对照模拟图板填写操作步骤，不得凭记忆办事，不得随意涂改。操作人员确认无误后签字并记录操作开始时间。不得擅自更改操作票。

④ 核对模拟图板。操作前，应先在模拟图板上进行核对性操作，并检查无误后再进行实际操作。

⑤ 操作人员必须穿戴绝缘保护用具。其中室内戴绝缘手套，室外穿高压绝缘靴，戴高压绝缘手套。这个要求不只限于倒闸操作，而且包括验电、封地线等。

⑥ 操作监护。监护人待操作人站对位置后再下操作令，操作人要手指被操作部位的设备编号并复诵一声命令，无误后，监护人发出"执行"命令，操作人才动手操作。操作中遇有事故或异常现象时，则应立即停止操作，并向值班调度员或值班负责人汇报，弄清问题后再继续以下的操作步骤。如发生人身触电事故时，为了抢救触电者，可不经许可，立即断开有关设备的电源，但事后需报告上级。

⑦ 质量检查。每步操作后，应通过目测机构或仪表、信号等指示来检查操作的质量，严防带负荷拉合刀闸。无误后，监护人再在该步骤上划"√"记号。

⑧ 操作完毕后，应立即向上级发令部门报告，并记下操作完成时间，对操作票加盖"已执行"印章，按编号统一保存。

2. 变配电所的停电操作

停电前明确工作（操作）票内容，核对要停电的设备；根据工作需要，穿戴合格的绝缘靴和绝缘手套；在专人监护下进行操作。停电后进行检查，并采取接地线、装设遮栏、悬挂警告牌等安全措施；无论高压、低压，一合闸即送电到工作地点的断路器，其手柄应上锁并挂警告牌。

变配电所停电时，一般从负荷侧的开关拉起，依次拉到电源侧开关，但是在有高压断路器、隔离开关及有低压断路器、刀开关的电路中，停电时一定要按照高压或低压断路器→负荷侧隔离开关或刀开关→母线侧隔离开关或刀开关的拉闸顺序依次操作。

3. 变配电所的送电操作

应有工作负责人签署的送电工作票，或领导的送电命令；送电前明确工作（操作）票内容，核对要送电的设备；根据工作需要，穿戴合格的绝缘靴和绝缘手套；拆除临时接地线、遮栏等设施；在专人监护下摘下停电警告牌，合闸送电。

变配电所送电时，一般应从电源侧开关合起，依次合到负荷侧的开关。但是，在有高压断路器、隔离开关及有低压断路器、刀开关的电路中，送电时一定要按照母线侧隔离开关或刀开关→负荷侧隔离开关或刀开关→高压或低压断路器的拉闸顺序依次操作，与停电时的操作顺序相反。

如果是事故停电后的恢复送电，则操作顺序根据变配电所装设的开关类型而定。

（1）如果电源进线装设的是高压断路器，则高压母线发生短路故障时，断路器自动跳闸，在消除故障后，则可直接合上断路器，恢复供电。

（2）如果电源进线装设的是高压负荷开关，在消除故障后，先更换熔断器的熔管，然后合上负荷开关即可恢复供电。

（3）如果电源进线装设的是高压隔离开关（熔断器），则在消除故障后，先更换熔断器的熔管，并断开所有出线开关，然后合上隔离开关，最后合上所有出线开关，以恢复供电。

（4）如果电源进线装设的是跌开式熔断器，送电操作顺序与进线装设的是高压隔离开关（熔断器）的操作顺序相同。

10.1.3　电力变压器的并列运行与维护

1．电力变压器的并列运行

将两台或多台电力变压器的一次侧及二次侧同极性的端子之间，通过同一母线分别互相连接，这种运行方式叫电力变压器的并列运行。电力变压器的并列运行必须满足下列条件。

（1）变压比相等（允许有±0.5%的差值）：当并列运行变压器的接线组别相同，短路电压相等，而变比不等时，那么并列运行变压器的二次电压不等。当两台变压器空载时，二次回路就会有电压差，因此会产生环流，引起电能损耗，严重时将烧坏变压器绕组。

（2）接线组别相同：当并列运行变压器的变比和短路电压相同，而接线组别不同时，变压器并列运行的回路中会产生环流，这个环流会烧坏变压器，因此接线组别不同的变压器绝对不能并列运行。

（3）短路电压（阻抗电压）相等（允许差值范围为±10%）：当并列运行变压器的接线组别和变比都相同，而短路电压不等时，变压器二次回路不会有环流，但会影响两台变压器间的负荷分配。由于负荷分配与短路电压成反比，也就是短路电压小的变压器分配的负荷大，如果这台变压器的容量小，则将首先达到满载甚至过载，而另一台变压器容量没有充分利用。

（4）容量比最好相同或接近（一般不超过3:1）：由于不同容量的变压器，其阻抗值相差较大，负荷分配不平衡，同时从运行角度考虑，小容量变压器起不到备用作用，所以容量比一般不超过 3:1。但是，在两台变压器均未超过额定负荷运行时，容量比可大于 3:1。

2．电力变压器的运行维护

（1）一般要求。

变压器在运行中，值班人员应定期进行检查，以便了解和掌握变压器的运行情况，如发现问题应及时解决，力争把故障消除在萌芽状态。同时，还要依靠运行值班人员的各种感官去观察、监听，及时发现仪表所不能反映的问题，如运行环境的变化、变压器声响的异常等。即使是仪表装置反映的情况也需要通过检查、分析才能做出结论。因此，运行值班人员对变压器的巡视检查是十分必要的。

变压器的巡视检查周期要求：变压器容量在 500 kV·A 及以上而且无人值班的，应每周巡视检查 1 次；变压器容量在 500 kV·A 以下的可适当延长巡视检查周期，但变压器应在每次合闸前及拉闸后检查 1 次；强迫油循环水冷或风冷的变压器，不论有无值班人员，均应每小时巡视 1 次。

负荷急剧变化或变压器受到短路故障后，应增加特殊巡视。巡视检查的重点是：

① 当系统发生短路故障时，应立即检查变压器系统有无爆裂、断脱、移位、焦味、变形、烧损、闪络、烟火和喷油等现象。

② 下雪天气，应检查变压器引线接头部分有无落雪立即融化或蒸发冒气现象，导电部分有无积雪、冰柱。

③ 大风天气，应检查引线摆动情况和是否搭挂杂物。

④ 雷雨天气，应检查瓷套管有无放电闪络现象（大雾天气也应进行此项检查），以及避雷器放电记录器的动作情况。

⑤ 天气骤变时，应检查变压器的油位和油温是否正常，伸缩节导线和接头有无变形或发热等现象。

在巡视检查过程中，一般可以通过仪表（有功表、无功表、电流表、电压表、温度计等）、保护装置及各种指示信号等设备了解变压器的运行情况，并每小时记录仪表指示值一次。若变压器在过载下运行，除了应积极采取措施（如改变运行方式或降低负荷等）外，还应加强监视，每隔半小时记录仪表指示值一次。

（2）巡视检查项目。

① 允许温度。变压器运行时各部分的温度是不相同的，绕组温度最高，其次是铁芯，绝缘油的温度最低。为了便于监视运行中变压器各部分温度的情况，规定以上层油温来确定变压器运行中的允许温度。

变压器上层油温最高不超过95℃，而在正常情况下，为使绝缘油不致快速氧化，上层油温不应超过85℃。对于采用强迫油循环水冷和风冷的变压器，上层油温不宜经常超过75℃。

若变压器的温度长时间超过允许值，则变压器的绝缘容易损坏。因为绝缘长期受热后要老化，温度越高，绝缘老化越快。当绝缘老化到一定程度时，绝缘容易破裂，且容易发生电气击穿而造成故障，同时其使用寿命将缩短。使用年限的减少一般可按"八度规则"计算，即温度每升高8℃，使用年限将减少1/2。

② 变压器的响声是否正常。变压器正常运行时，一般有均匀的低频嗡嗡声，这是由于交变磁通引起铁芯振动而发出的声音。如果运行中有其他声音，则属于声音异常。

如果声音较平时沉重，说明变压器过负荷；如果声音较平时尖锐，说明电源电压过高；内部接触不良或绝缘有击穿时，变压器会发出放电的"噼啪"声；系统短路或接地时，会通过很大的短路电流，使变压器有很大的噪声；系统发生铁磁谐振时，变压器会发出粗细不匀的噪声；个别零件松动（如铁芯的穿芯螺丝夹得不紧）时，变压器会发出强烈而不均匀的噪声。

③ 绝缘套管是否清洁，有无破损裂纹及放电烧伤痕迹。防爆管上的防爆膜应完整，无裂纹，无存油。

④ 冷却装置运行情况是否正常。对于强迫油循环水冷或风冷的变压器，应检查油、水、温度、压力等是否符合规定。冷却器出水中不应有油，水冷却器部分应无漏水。注意风扇、油泵、水泵运转是否正常。

⑤ 检查变压器的引线接头，过松则接触不良、过紧易变形，故接头应接触良好，不应过松过紧；检查电缆、母线有无发热，有载分接开关的分接位置及电源指示是否正常；检查变压器接地是否完好。

⑥ 吸湿器应畅通，硅胶吸潮不应达到饱和（通过观察硅胶是否变色来鉴别）。

⑦ 检查变压器油枕内和充油套管（如果充油套管的构造适于检查）内的油色，油面高度和有无渗油、漏油现象；油枕的集泥器内有无水和脏物，如果有，则应打开底部塞子排出。

⑧ 检查变压器及其周围有无影响安全运行的易燃、易爆、腐蚀性等物体和异常现象。

10.1.4　配电装置的运行维护

1．一般要求

配电装置在运行过程中，由于过负荷、气候变化或制造、检修质量不良，可能使设备产生各种缺陷，甚至发生故障或短路，因此必须按照规定的周期定期地对配电装置进行巡视和检查。对于有人值班的工业企业变配电站，每班至少应巡视检查 1 次。无人值班的变配电站，每星期内白天和夜间各巡视 1 次。巡视检查工作应在高峰负荷时进行。遇有大风、暴雨、霜、冰、雪、雾等恶劣天气或配电装置发生故障后，还应进行特殊巡视。

2．巡视检查项目

（1）检查绝缘子、绝缘套管、穿墙套管等绝缘是否清洁，有无破损裂纹及放电痕迹；母线和各连接点是否有过热现象，示温蜡片是否熔化；注油设备的油位是否正常，油色是否变深，有无渗漏油现象。

（2）检查母线连接处接触是否良好，以及支架是否坚固。

（3）检查断路器和隔离开关的机械联锁是否灵活可靠。如果采用电磁联锁装置，则需通电检查电磁锁动作是否灵活，开闭是否准确。

（4）检查断路器和隔离开关的各部分：

① 触点接触是否良好。

② 各相接触的先后是否符合要求。

③ 传动装置内电磁铁在规定电压范围内的动作情况。

④ 合分闸回路的绝缘电阻。

⑤ 合分闸时间及速度是否符合规定。

（5）开关柜中各电气元件在运行中有无异常气味和声响；仪表、信号、指示灯等指示是否正确；继电保护压板位置是否正确；继电器及直流设备运行是否良好等。

（6）接地和接地装置的连接线有无松脱和断线；高低压配电室和电容室的通风、照明及安全防火装置是否正常。

（7）配电装置本身和周围有无影响安全运行的易燃、易爆、腐蚀性等物体和异常现象。

（8）停电检查的设备，有无在其电源侧断开的开关操作手柄处悬挂"禁止合闸，有人操作"之类的警示牌，有无装设必要的临时接地线等。

运行经验证明，认真进行配电装置的巡视检查工作，能及时发现设备运行中的缺陷和不正常现象。对所发现的缺陷及时处理后，能减少事故的发生，提高供电的可靠性。

10.2　工厂电力线路的运行维护

10.2.1　架空线路的运行维护

1．一般要求

由于架空线路长期处于露天之下，线路的杆塔、导线和绝缘子不仅承受着正常的机械荷重和电力负荷，而且还经常受到各种自然条件的影响，如风、雨、冰雪、雷电等，这种影响将使线路各元件逐渐损坏。又由于技术管理不当，安装不合理等原因，往往使架空线路的事故比其他电气设备的事故多。因此，对于工厂的配电线路，应做好以下几方面的运行维护工作。

（1）定期巡视。巡视周期应根据架空线路的运行状况，沿线环境及重要性等综合确定。一般情况下，35 kV 及以上架空线路每两个月至少巡视 1 次，10 kV 及以下架空线路每季度至少巡视 1 次，一般对厂区架空线路每个月巡视 1 次。

（2）遇有恶劣天气时，应根据架空线路、周围环境的不同特点，进行不同性质的特殊巡视。

（3）根据架空线路所带负荷情况，适当进行夜间巡视。

（4）架空线路发生故障后，应根据变电站出线开关保护动作情况进行故障后的巡视。

2．巡视检查项目

巡视检查项目如下：

（1）木杆根部是否腐烂，钢筋混凝土电杆有无混凝土酥松和脱落现象；杆基是否下沉、塌陷，附近是否有人挖坑取土；杆身是否歪斜、弯曲、变形或受外力损坏；构件是否缺少或变形等。

（2）沿线地区有无堆放易燃、易爆和强腐蚀性的物体；有无危及安全的挖土、堆土、建筑和起重机装卸、爆破、射击等活动。

（3）拉线是否松弛、断股、锈蚀；绝缘子有无裂纹，有无闪络痕迹；螺栓、螺母是否松脱、歪斜。

（4）检查导线接头是否变形或过热，接触是否良好；导线上是否悬挂外来杂物，如树枝、风筝等，若有，应设法及时清除。

（5）检查防雷和接地装置是否完整无损，避雷器的瓷套有无裂纹、掉渣现象和放电痕迹；接地引线是否破损、折断，接地装置是否因雨水冲刷而外露。在雷雨季节到来之前，应重点检查，以确保防雷安全。

（6）线路上的各种开关、控制设备安装是否牢固可靠；指示标志是否明显、正确；各种标示牌是否齐全，悬挂是否正确，字迹是否清楚。

巡视中如果发现一般性的缺陷，可根据其性质分类详细记录巡视手册，登记时应注明缺陷所在的线路、杆号、相别、缺陷内容等。如果发现外界的某些不安全因素，应根据危害的轻重程度，向领导汇报，并与有关单位交涉，防止危险因素发展而造成事故。

10.2.2 电缆线路的运行维护

1．一般要求

电缆线路一般是敷设在地下的，要做好电缆的运行维护工作，必须清楚电缆的敷设方式、结构布置、路径走向及电缆接头的位置。

电缆线路的运行维护工作主要包括线路的巡查与守护、负荷测量、温度检查、预防腐蚀、绝缘预防性试验等五项工作，充油电线还需增加对油压和护层的绝缘监视。电缆线路的事故，很大一部分是由于外力机械的损伤而造成的，如在电缆线路的路面上堆放重物压伤电缆，在电缆线路上打桩或用挖土机或铁铲挖土损坏电缆。为防止电线线路的外力破坏，必须十分重视线路的巡查和守护工作。

敷设在土中、隧道中、沟道中及沿桥梁架设的电缆应每 3 个月巡视检查 1 次；竖井内敷设的电缆应至少每半年巡视检查 1 次；变配电室内的电缆终端接头可按高压配电装置的巡视与检查周期进行；室外电缆终端接头应每月巡视检查 1 次；暴雨后，对有可能被雨水冲刷的地段，应进行特殊巡视。

2．巡视检查项目

（1）巡视检查直埋电缆线路，应包括以下几项：

① 电缆路径附近的地面是否正常，有无挖掘，是否进行土建施工。

② 有无堆放的瓦砾、矿渣、砖瓦、建筑材料、笨重物件，以及其他临时建筑物。

③ 电缆路径地面有无酸碱腐蚀性排泄物及堆放的石灰等。

④ 线路的路标是否完整无缺。

⑤ 对室外露出地面的电缆的保护钢管或角钢有无锈蚀、移位等现象，其固定是否可靠。

⑥ 进入室内电缆的穿管是否封堵严密，有无进水现象。

（2）巡视检查沟道和隧道内的电缆线路，应包括以下几项：

① 门锁是否完备，出入通道是否畅通，沟道的盖板是否完整齐全。

② 电缆支架是否牢固，有无锈蚀现象。

③ 沟道内是否有积水或其他杂物，电缆沟进出房屋处有无渗漏水现象。

④ 电缆铠装是否完整，涂料是否脱落，有无锈蚀，裸铝（铅）包有无龟裂、腐蚀。

⑤ 全塑电缆有无被老鼠咬伤的痕迹。

⑥ 对充油电缆要取油样进行油压试验，并定期抄录油压值；对单芯电缆要测量护层的绝缘电阻。

⑦ 检查接地是否良好，必要时要测量接地电阻。

⑧ 隧道内的照明设施是否完好，防火和通风设备是否完善、齐全，并记录温度。

（3）洪水及暴雨后对电缆线路的巡视检查：电缆线路地面上有无严重的冲刷和塌陷；室外电缆沟道的排水是否畅通；电缆沟井内有无积水和淤泥等。

10.2.3　车间配电线路的运行维护

1．一般要求

车间电气线路在投入运行前，应建立设备技术管理卡片、标明规范及负荷名称，并在运行维护后及时填写有关检查项目，如负荷情况、绝缘情况、存在缺陷等，以便经常掌握线路的运行状况。每年雷雨季节前，应对线路做一次全面安全检查，按检查结果和发现缺陷的程度安排统一检修计划。

运行中的车间线路一般巡视检查期限规定如下：一般性生产车间应每 3～6 个月巡视检查 1 次；对于多尘、潮湿、高温、腐蚀性及易燃、易爆等特殊场所的车间线路，每 1～3 个月巡视检查 1 次；对顶棚内的线路每年至少巡视检查维修 1 次；线路停电时间超过 1 个月以上，在重新送电前，应做巡视检查，并重新测量绝缘电阻。有专门的维修电工时，一般要求每周进行一次巡视检查。

2．巡视检查项目

巡视检查项目如下：

（1）检查导线与建筑物等是否有摩擦和相蹭之处，绝缘是否破损，绝缘支持物有无脱落。

（2）车间裸导线各相的弛度和线间距离是否相同，裸导线的防护网（板）与裸导线的距离是否符合要求。

（3）明敷设电线管及木槽板等是否有损坏、碰裂，车间地面下暗敷设的塑料管线路上方有无重物积压或冲撞。

（4）铁管或塑料管的防水弯头有无脱落或导线蹭管口的现象，铁管的接地是否良好。

（5）导线是否有长期过负荷的现象，导线的各连接点的接触是否良好，有无过热现象。特别是绝缘导线，不允许长期过负荷，否则可导致导线绝缘燃烧，引起电气失火事故。

（6）对三相四线制照明回路，应着重检查中性线回路各连接点的接触情况是否良好，有无腐蚀或脱开。

（7）线路上是否接用不合格的或容量不允许的电气设备，以及有无乱拉的临时线路。

（8）对敷设在潮湿、有腐蚀性物质场所的线路设备，要进行定期的绝缘检查。用500～1000 V兆欧表摇测线路绝缘。在潮湿车间，每伏工作电压的绝缘电阻值不得低于5000 Ω；干燥车间的每伏工作电压的绝缘电阻值不得低于1000 Ω。

（9）配电箱、分线盒、开关、熔断器、母线槽及接地装置等的运行是否正常；线路上及线路附近有无影响线路安全运行的异常情况。绝对禁止在绝缘导线和绝缘子上悬挂物件，禁止在线路旁堆放易燃、易爆物品。

3．线路运行中突然事故停电的处理

电力线路运行中突然停电，一般有以下几种情况，可分别予以处理。

（1）如果进线停电，则表明电力系统方面暂时中断电源，此时不必拉开总开关，但出线开关必须全部拉开，以免突然来电时用电设备全部同时启动，造成过负荷和电压骤降，影响正常用电。

（2）如果两条进线中有一条停电，应立即进行切换操作，将负荷（特别是重要负荷）转移到另一条进线上，由该进线供电。

（3）如果厂内架空配电线路发生故障而造成开关跳闸，而开关的断流容量又很大时，允许合闸，可以试合一次，争取尽快恢复供电。由于架空线路故障多属于暂时性的，所以在大多数情况下一般可以试合成功。若试合不成功，开关再次跳闸，说明线路上的故障未消除，此时应对故障线路进行停电隔离检修。

（4）车间线路在使用中发生故障时，首先向用电人员了解故障情况，找出原因，故障检查时，先查看用电设备是否损坏和熔断器中的熔丝是否烧断，然后逐级检查线路，一般方法如下：

① 熔丝未烧断。一般是断电故障，用试电笔测试电源端，氖泡不亮表示电源无电，说明是上一级的线路或开关出了毛病，应检查上一级线路或开关。也可能是电源中断供电，此时等待供电恢复；用试电笔测试电源端，氖泡发亮表示电源有电，说明是本熔断器以下的故障。如果用电设备未损坏（如灯丝完好未断），则可能是导线接头松脱、导线与用电设备的连接处松脱、导线线芯被碰断或拉断等，应逐级检查，寻找故障点。

② 熔丝已烧断。一般是短路故障，多数原因可能是用电设备损坏，发生碰线或接地等事故（如灯座内短路），应先对用电设备进行检查，发现用电设备的故障并修复后，便可继续供电使用；经检查用电设备如无短路点，那就是线路本身有短路点，这时应逐段检查导线有无因绝缘层老化和碰伤而发生相间短路或接地短路，然后采取措施恢复绝缘或更换新线。

（5）"分路合闸检查"法。放射式系统中采取故障线路的"分路合闸检查"法，可迅速找出故障线路，并迅速恢复其他完好线路的供电。以如图10.1所示的供电系统为例，假设故障发生在线路WL₈上，由于某种原因而引起WL₁的开关越级跳闸，"分路合闸检查"故障的步骤如下：

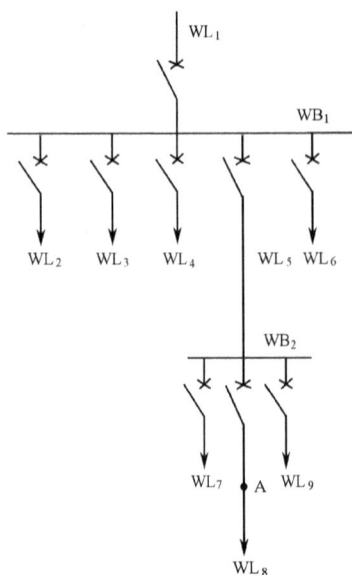

图10.1　供电系统的分路合闸检查示意图

① 将出线 $WL_2 \sim WL_6$ 的开关全部断开，然后合上 WL_1 的开关，由于母线 WB_1 正常，所以合闸成功。

② 依次试合 $WL_2 \sim WL_6$ 的开关，结果除 WL_5 的开关因其分支线路 WL_8 有故障又跳闸外，其余线路开关均合闸成功。

③ 将线路 $WL_7 \sim WL_9$ 的开关全部断开，然后合上 WL_5 的开关，由于母线 WB_2 正常，因而合闸成功。

④ 依次试合 $WL_7 \sim WL_9$ 的开关，结果除 WL_8 线路有故障又跳闸外，其余线路 WL_7、WL_9 开关均合闸成功，恢复供电。由此确定故障线路为 WL_8。

*10.3　变配电所主要电气设备的检修、试验

10.3.1　电力变压器的检修、试验

（一）电力变压器的检修

运行中的变压器由于受到电磁振动、机械磨损、化学作用、大气腐蚀、电腐蚀等，会使变压器的品质状况逐渐变坏。从技术标准来衡量，这时的情况已在一定程度上影响了变压器安全可靠地运行，因此变压器经过长期运行后必须进行检修，将不符合技术指标的部件更换或修复，使变压器恢复到原来的质量水平。

按计划规定进行的检修或检查，应按照相应的规定内容全部实施，且在工作完毕后进行相应的试验和检查工作并提供记录，同时还应填写检修或检查工作中所发现的缺陷和修复情况的明细表等资料。

按照检修工作的性质，变压器检修可分为大修、小修和非标准项目的检修。

1. 变压器大修

（1）变压器大修的周期。

① 按照电力行业标准 DL/T 573—95《电力变压器检修导则》的规定：新变压器在投入运行后的 5 年内应该进行一次吊罩（或吊器身）检查或大修。这是依据电网的运行经验，新变压器运行一个阶段之后，由于绝缘件的干缩和紧固件的松动，经常可能形成一些需要及时检查处理和大修的缺陷。变压器运行中发生故障或在预防性试验中发现问题，也应进行吊芯检修。

② 配电变压器若一直在正常负荷下运行，可考虑每 10 年大修 1 次。

③ 有载调压变压器的分接开关部分，当达到制造厂规定的操作次数后，应将切换开关取出检修。

④ 安装在污垢区的变压器，应根据日常积累的运行经验、试验数据及技术数据确定检修期限。

（2）变压器大修的步骤和项目。

大修前的准备：从运行记录中摘录已暴露出来的缺陷，并到现场进行核对，制定出消除缺陷的对策；如要消除重大缺陷，需要特殊的检修工艺才能解决时，则应制定专门的技术安全措施和组织措施。对检修中需用的设备、材料和工具应预先列出清单，并到检修现场检查环境、用具是否齐全。

① 吊开钟罩检修器身，或吊出器身检修；绕组、引线及磁（电）屏蔽装置的检修。

② 铁芯、铁芯紧固件（穿心螺杆、夹件、拉带、绑带等）、压钉、压板及接地片的检修。

③ 油箱及附件的检修，包括套管、吸湿器等。

④ 冷却器、油泵、水泵、风扇、阀门及管道等附属设备的检修。

⑤ 安全保护装置的检修；油保护装置的检修；测温装置的校验。

⑥ 操作控制箱的检修和试验。

⑦ 无励磁分接开关和有载分接开关的检修；全部密封胶垫的更换和组件试漏。

⑧ 必要时对器身绝缘进行干燥处理。

⑨ 变压器油的处理或换油；清扫油箱并进行喷涂油漆。

⑩ 大修的试验和试运行。按试验规程规定的项目进行测量和试验，试验合格后将变压器重新投入运行。

（3）变压器大修项目的要求。

① 为防止器身吊出后，因暴露在空气中的时间过长而使绕组受潮，应尽量避免在阴雨天吊。同时，吊出的芯子暴露在空气中的时间不应超过如下规定。

干燥空气（相对湿度≯65%）：16 h。

潮湿空气（相对湿度≯75%）：12 h。

当空气中的相对湿度大于75%时，不允许在户外进行吊罩检查或大修。

器身温度应不低于周围环境温度，否则应使用真空滤油机循环加热油，将变压器加热，使器身温度高于环境温度5℃以上。

② 对于运行时间较长的变压器（如超过20年运行的变压器），在吊芯时应重点检查绕组的绝缘是否老化。检查方法通常是用手指按压绕组表面的绝缘物，观察其变化。

绝缘状态可分为四级。

一级绝缘：绝缘有弹性，用手指按压后无残留变形，属良好状态。

二级绝缘：绝缘仍有弹性，用手指按压时无裂纹、脆化，属合格状态。

三级绝缘：绝缘脆化，呈深褐色，用手指按压时有少量裂纹和变形，属勉强可用状态。

四级绝缘：绝缘已严重脆化，呈黑褐色，用手指按压时即酥脆、变形、脱落，甚至可见裸露导线，属不合格状态。这时应更换绝缘。

③ 变压器线圈间隔衬垫应牢固，线圈不能有松动、变形或位移，高低压绕组应对称，并无油粘物。

④ 分接开关触点应牢固，绝缘纸板和胶管应完整无损。

⑤ 查对电压转换开关的触点、压紧螺钉、转动部分的通轴与顶盖上的标示文字应一致。

⑥ 铁芯不能有松动，铁芯与线圈间的通道（冷却孔）应畅通。检查铁芯外表是否平整，有无片间短路或变色、放电烧伤痕迹，绝缘漆膜有无脱落，上铁轭的顶部和下铁轭的底部是否有油垢杂物，可用洁净的白布或泡沫塑料擦拭。若叠片有翘起或不规整之处，可用木槌或铜锤敲打平整。

⑦ 穿芯螺拴的绝缘电阻，应用1000 V兆欧表测定。测量3 kV、6 kV、10 kV变压器时，其绝缘电阻不应低于2 MΩ，35 kV变压器不应低于5 MΩ。

⑧ 气体继电器的二次回路绝缘电阻应合格，接线应正确，气体继电器内部浮筒及水银触点应完整。

⑨ 充油套管内的油应保持在规定的指示线上。

2. 变压器小修

（1）变压器小修的周期。

① 发电厂、变电所的主变压器和厂用变压器每年至少小修一次。

② 安装在特别污垢地区的变压器，其小修周期要根据现场情况决定。

（2）变压器的小修步骤和项目。

① 检查并消除已发现的缺陷。

② 放出储油柜积污器中的污油；检修油位计，调整油位；检修油保护装置。

③ 检修冷却装置，包括油泵、风扇、油流继电器、差压继电器等，必要时吹扫冷却器管束。

④ 检修安全保护装置，包括储油柜、压力释放阀（安全气道）、气体继电器、速动油压继电器等。

⑤ 检修测温装置，包括压力式温度计、电阻温度计（绕组温度计）、棒形温度计等。

⑥ 检修调压装置、测量装置及控制箱，并进行调试。

⑦ 检查接地系统。

⑧ 检修全部阀门和塞子，检查全部密封状态，处理渗漏油。

⑨ 清扫油箱和附件，必要时进行补漆；清扫外绝缘和检查导电接头（包括套管护帽）。

⑩ 按有关规程规定进行测量和试验。

3．非标准项目的检修

变压器所以要进行非标准项目的检修，是因为它在运行中不够正常而被迫进行的，是为了消除危及安全运行的严重缺陷，其次也是运行中发生事故之后的恢复性大修。而对于那些不适于电网中运行的变压器（如结构的不适应，或电压等级不适应等）进行的更新改造的大检修也属此范畴。

非标准项目的检修常依据变压器内部组件、部件的损伤情况或检修或更新（换），因而在工作量和内容上往往比标准项目检修多。而在进行非标准项目检修时，照例应将标准项目的检修项目全部实施。出现下述情况之一时应及时进行检修。

（1）指示表针发现有不正常的剧烈摆动。

（2）运行中出现不正常的运行声响，如在变压器内部有撕裂声响。

（3）在正常冷却及正常负载下，变压器温度出现不正常的升高。

（4）变压器的压力释放阀或安全气道动作或爆破。

（5）严重漏油或严重缺油。

（6）油质严重劣化（变色、发现游离碳和水、闪点较前次降低 5℃以上）。

（7）套管上出现裂纹、潜行放电或闪络痕迹。

（8）油中色谱监测时的数据有明显变化。

（二）电力变压器的试验

（1）试验的目的。电力变压器试验的目的在于提高变压器的检修质量，确保变压器的安全运行。变压器的试验工作穿插在整个检修和生产过程中，不但要对检修完工后的变压器进行全面鉴定其质量状况，而且要在各个检修或生产工序中（绝缘装配、引线装配等）进行必要的试验，以便提前发现问题进行处理，控制好各工序间的质量，避免以后总体返修而造成较大工作量。

除了对变压器本体要进行试验之外，还要对组件进行质量监督试验，这其中包括高压套管、分接开关、冷却器和其他一些附件，从而使本体质量及附件都能得到质量控制和验证。

（2）试验项目的试验顺序。在进行变压器各个项目的试验时，必须遵守一定的顺序，因为：

① 为了使变压器试验时尽量少受损伤，尽可能使用非破坏性的手段来发现缺陷或故障，在每项试验开始时所加的电压和电流应从较低值开始，以使缺陷或故障点的受损程度减到最小。

② 某些试验项目进行之后，可用另一个试验项目来检验是否存在缺陷或故障。如果试验顺序颠倒了，就达不到这个效果而可能把缺陷或故障带到运行中去。

③ 为防止影响试验结果，在试验中一般可按下列顺序进行。

a. 密封试验。

b. 油的性能试验。

c. 绝缘特性试验，包括绝缘电阻的测量。

d. 变压比和连接组别试验。

e. 绕组电阻测量。c 项与 d、e 项可以互换。

f. 空载损耗和空载电流测量。

g. 阻抗电压、短路阻抗和负载损耗测量。f 项与 g 项可以互换。

h. 局部放电试验。

i. 绝缘强度试验。

j. 再进行局部放电试验。

k. 温升试验。

l. 特殊试验可在温升试验之前进行。

（3）对试验环境的要求如下。

① 试验应在晴朗天气（或室内）且环境温度为 10～40℃下进行；对水冷却的变压器的冷却水温应不超过 25℃（GB 104.1—96）。

② 被试变压器停放的位置离周围接地物体应有足够的绝缘距离，且不得有影响测量结果的物体在试验的场地内，同时对操作人员、监视人员均应有足够的安全距离。

③ 测试设备的布置应避开高电场、强磁场或足以影响仪器或仪表读数准确度的振动源等，以保证测量的精确度。

（4）测试验项目和内容。根据电气装置安装工程 GB 50150—91 中的相关内容，摘要如下。

① 测量绕组连同套管的直流电阻。测量应在各分接头的所有位置上进行，绝缘电阻值不应低于产品出厂试验值的70%，当测量温度与产品出厂试验时的温度不符合时，可按表 10.5 换算到同一温度时的数值进行比较。

表 10.5　油浸式电力变压器绝缘电阻的温度换算系数

温度差 K（℃）	5	10	15	20	25	30	35	40	45	50	55	60
换算系数 A	1.2	1.5	1.8	2.3	2.8	3.4	4.1	5.1	6.2	7.5	9.2	11.2

注：表中 K 为实测温度减去 20℃ 的绝对值。

当测量绝缘电阻的温度差不是表10.5中所列数值时，其换算系数 A 可用线性插入法确定，也可按下述公式计算。

$$A = 1.5^{K/10} \tag{10-1}$$

校正到20℃时的绝缘电阻值可用下述公式计算。

当实测温度为 20℃ 以上时：　　　　$R_{20} = AR_t \tag{10-2}$

当实测温度为 20℃ 以下时：　　　　$R_{20} = R_t/A \tag{10-3}$

式中，R_{20} 为校正到20℃时的绝缘电阻值（MΩ）；R_t 为在测量温度下的绝缘电阻值（MΩ）。

②　检查所有分接头的变压比。变压比的值与制造厂铭牌数据相比应无明显差别，且应符合变压比的规律；电压等级在 220 kV 及以上的电力变压器，其变压比的允许误差在额定分接头位置时为 ±0.5%。

③　检查变压器的三相接线组别和单相变压器引出线的极性，它们必须与设计要求及铭牌上的标记和外壳上的符号相符。

④　测量绕组连同套管的绝缘电阻、吸收比或极化指数。

⑤　测量绕组连同套管的介质损耗角正切值 $\tan\delta$。

⑥　测量绕组连同套管的直流泄漏电流。

⑦　绕组连同套管的交流耐压试验。

⑧　绕组连同套管的局部放电试验。

⑨　测量与铁芯绝缘的各紧固件及铁芯接地线引出套管对外壳的绝缘电阻。采用 2500 V 兆欧表测量，持续时间为 1 min，应无闪络及击穿现象。

⑩　非纯瓷套管的试验。

⑪　绝缘油试验。根据如表 10.6 所示的内容，依据不同范围进行三类试验。如表 10.7 所示的内容为绝缘油的试验项目及标准。

表 10.6　电气设备绝缘油试验分类

试 验 类 别	适 用 范 围
电气强度试验	1. 6 kV 以上电气设备内的绝缘油或新注入上述设备前、后的绝缘油。 2. 对下列情况之一者，可不进行电气强度试验： （1）35 kV 以下互感器，其主绝缘试验已合格的； （2）15 kV 以下油断路器，其注入新油的电气强度已在 35 kV 及以上的； （3）按本标准有关规定不需取油的
简化试验	1. 准备注入变压器、电抗器、互感器、套管的新油，应按表 10.7 中的第 5～11 项规定进行。 2. 准备注入油断路器的新油，应按表 10.7 中的第 7～10 项规定进行
全分析试验	对油的性能有怀疑时，应按表 10.7 中的全部项目进行

表 10.7　绝缘油的试验项目及标准

序号	项　　目		标　　准	说　　明
1	外观		透明，无沉淀及悬浮物	5℃时的透明度
2	苛性钠抽出		不应大于 2 级	按 SY2651—77
3	安定性	氧化后酸值	不应大于 0.2 mg（KOH）/g 油	按 YS-27-1—84
		氧化后沉淀物	不应大于 0.05%	
4	凝固点（℃）		（1）DB-10，不应高于 -10℃ （2）DB-25，不应高于 -25℃ （3）DB-45，不应高于 -45℃	（1）按 YS-25-1—84。 （2）户外断路器、油浸电容式套管、互感器用油： 气温不低于 -5℃ 的地区，凝点不应高于 -10℃ 气温不低于 -20℃ 的地区，凝点不应高于 -25℃ 气温低于 -20℃ 的地区，凝点不应高于 -45℃ （3）变压器用油： 气温不低于 -10℃ 的地区，凝点不应高于 -10℃ 气温低于 -10℃ 的地区，凝点不应高于 -25℃ 或 -45℃
5	界面张力		不应小于 35 mN/m	（1）按 GB 6541—87 或 YS-6-1—84； （2）测试时温度为 25℃
6	酸值		不应大于 0.03 mg（KOH）/g 油	按 GB 7599—87
7	水溶性酸		pH 值不应小于 5.4	按 GB 7598—87
8	机械杂质		无	按 GB 511—77
9	闪点		DB-10，不低于 140℃； DB-25，不低于 140℃； DB-45，不低于 135℃	按 GB 261—77 闭口法

续表

序号	项　目	标　准	说　明
10	电气强度试验	（1）使用于 15 kV 及以下者，不应低于 25 kV； （2）使用于 20～35 kV 者，不应低于 35 kV； （3）使用于 60～220 kV 者，不应低于 40 kV； （4）使用于 330 kV 者，不应低于 50 kV； （5）使用于 500 kV 者，不应低于 60 kV	（1）按 GB 507—86； （2）油样应取自被试设备； （3）试验油杯采用平板电极； （4）对注入设备的新油均不应低于本标准
11	介质损耗角正切值 tanδ（%）	90℃时不应大于 0.5	按 YS-30-1—84

⑫ 有载调压切换装置的检查和试验。

⑬ 额定电压下的冲击合闸试验。应进行 5 次，每次间隔时间宜为 5 min，无异常现象；冲击合闸宜在变压器高压侧进行；对中性点接地的电力系统，试验时变压器中性点必须接地；发电机变压器组中间连接无操作断开点的变压器，可不进行冲击合闸试验。

⑭ 检查相位。其值必须与电网相位一致。

⑮ 测量噪声。电压等级为 500 kV 的变压器的噪声，应在额定电压及额定频率下测量，噪音值不应大于 80 dB，其测量方法和要求应按现行国家标准《变压器和电抗器的声级测定》的规定进行。

10.3.2　配电装置的检修、试验

1．配电装置的检修

大修，内容如下。

（1）高压断路器及其操动机构：每三年至少一次。高压断路器在断开4次短路故障后要进行临时性检修（根据具体情况并经领导同意后，可适当增减此项断开次数）。

（2）低压断路器及其操动机构：每二年至少一次。

（3）高压隔离开关的操动机构：每三年至少一次。

（4）配电装置的其他设备：根据预防性实验和检查的结果而定。

小修：以检查操动机构动作和绝缘状况为主，期限一般为每年至少一次。

2．配电装置的试验

按有关规定，新建和改建后的配电装置，在投入运行前，应进行以下各项的检查和试验。

（1）检查开关设备的各相触头接触的严密性、分合闸的同时性、操动机构的灵活性和可靠性。测量分合闸所需的时间和二次回路的绝缘电阻：小母线在断开所有其他并联支路时，绝缘电阻不应小于10 MΩ；二次回路的每一支路和断路器、隔离开关的操动机构的电源回路等，绝缘电阻均不应小于 1 MΩ；在比较潮湿的地方，绝缘电阻不小于 0.5 MΩ。

（2）测量互感器的变比和极性。

（3）检查母线接头接触的严密性。

（4）充油设备的绝缘油的试验（同变压器油的试验）。

（5）绝缘子的绝缘电阻、介质损耗角及多元件绝缘子的电压分布测量。每片悬式绝缘子的绝缘电阻值，不应低于 300 MΩ；35 kV 及以下的支柱绝缘子的绝缘电阻值，不应低于 500 MΩ；采用 2500 V 兆欧表测量绝缘子绝缘电阻值，可按同批产品数量的10%抽查；棒式绝缘子不进行

此项试验。

（6）检查接地装置，必要时测量接地电阻。电气设备和防雷设施的接地装置的试验项目和标准应符合设计规定。

（7）检查并试验继电保护装置和过电压保护装置。

（8）检查熔断器及其他防护设施。

10.3.3　避雷器的试验

根据GB 50150—91《电气设备交接试验标准》中关于避雷器的试验项目，应包括下列内容：

（1）测量绝缘电阻。阀式避雷器如 FZ 型、磁吹避雷器如 FCZ 型及 FCD 型和金属氧化物避雷器的绝缘电阻值，与出厂试验值比较应无明显差别；FS 型避雷器的绝缘电阻值不应小于2500 MΩ。

（2）测量电导或泄漏电流，并检查组合元件的非线性系数。

（3）测量磁吹避雷器的交流电导电流。测量电压为110kV 及以上的磁吹避雷器在运行电压下的交流电导电流，测得数值应与出厂试验值比较无明显差别。

（4）测量金属氧化物避雷器的持续电流。测量金属氧化物避雷器在运行电压下的持续电流，其阻性电流或总电流值应符合产品技术条件的规定。

（5）测量金属氧化物避雷器的工频参考电压或直流参考电压。

（6）测量 FS 型阀式避雷器的工频放电电压，其值应符合表 10.8 的规定；有并联电阻的阀式避雷器可不进行此项试验。

表 10.8　FS 型阀式避雷器的工频放电电压范围

额定电压（kV）	3	6	10
放电电压的有效值（kV）	9～11	16～10	26～31

（7）检查放电记数器动作情况及避雷器基座绝缘。放电记数器的动作应可靠，避雷器基座绝缘应良好。

10.3.4　接地装置的试验

主要介绍接地装置接地电阻的测量。

（1）用接地电阻测定仪（接地摇表）测量接地电阻。测量各种接地装置的接地电阻和土壤电阻率,主要采用接地电阻测定仪,俗称接地摇表,常用的国产接地电阻测定仪有ZC-8型和ZC-29型等几种。

ZC-8 型带有三个端组（E、P、C），它由一只高灵敏度的检流计、手摇发电机、电流互感器及调节电位器等组成。量限有 0～1～10～100 Ω和 0～10～100～1000 Ω两种。它带有一根电位探测针和一根电流探测针。

当手摇发电机以 120 r/min 的转速转动时，产生 90～98 Hz 的交流电。电流经电流互感器一次绕组、接地极、大地和探测针后回到发电机，电流互感器二次侧便感应出二次电流，检流计指针偏转，调节电位调节器可使检流计达到平衡。

测量前，先将两根探测针分别插入地中，被测接地极 1、电位探针 2 和电流探针 3 成一直线，而且彼此相距 20 m，其接线如图 10.2 所示。

测量时，先将仪表放到水平位置，检查检流计的指针是否指在中心线上（如不在中心线上，应调整到中心线上），然后将仪表的"倍率标度"置于最大倍数，慢慢转动发电机的摇把，同时旋转"测量标度盘"，使检流计指针平衡。当指针接近中心线时，加快发电机摇把的转速，使其达到120 r/min，再调整测量标度盘，使指针指于中心线上，用测量标度盘的读数乘以倍率标度的倍数，即为所测的接地电阻值。

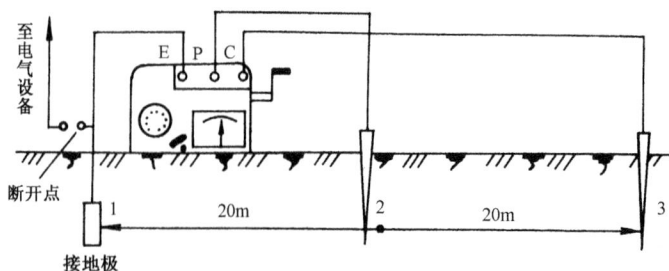

1—被测接地极；2—电位探针（辅助接地极）；3—电流探针（辅助接地极）

图 10.2　测量接地电阻接线图

使用时，当检流计灵敏度过高时，将电位探针2 插入土中浅一些；反之可沿电位探针 2 和电流探针3 注水，使其湿润。此外，测量前应将接地引下线与设备断开，以便获得准确的测量数据。

（2）用电压、电流、功率表间接测量接地电阻。测量电路如图10.3 所示，图中1 为被测接地体，2 为电压极，3 为电流极，T 为试验变压器。加上电源后，同时读取三个表上的电压 U、电流 I、功率 P 的值，由下面两个公式计算而得接地电阻。

$$R = U/I$$

或

$$R = P/I^2 = U^2/P \tag{10-4}$$

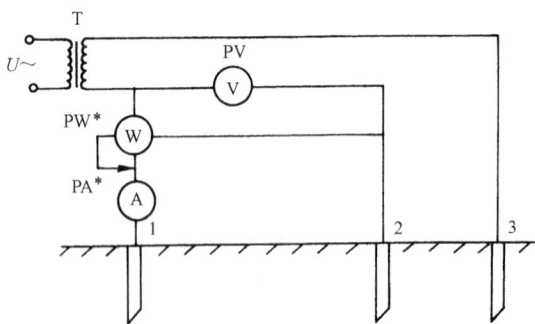

1—被测接地体；2—电压极；3—电流极；

T—试验变压器；PV—电压表；PA—电流表；PW—功率表

图 10.3　间接法测量接地电阻的电路

10.4　工厂电力线路的检修、试验

10.4.1　工厂电力线路的检修

1. 架空线路的检修

架空线路的检修，视线路是否存在缺陷和缺陷的严重程度而定，通常进行不定期的检修。

检修的内容一般包括：

（1）重新描写模糊不清的线路名称和杆号标志。

（2）清除妨碍线路安全运行的杂物；修剪临近线路的树枝，清除鸟巢；扶直倾斜的电杆，特别要加强位于土质松软的地带的电杆基础；紧固电杆部分松动的连接螺栓。

（3）清扫全部绝缘子，更换劣质或损坏的绝缘子或瓷横担，更换锈蚀或严重损坏的金具和其他部件。

（4）修复损坏的接地引线和接地装置。

（5）调整导线弧垂，处理接触不良的接头或松弛脱落的绑线。

（6）修补或更换损伤的导线，其修理要求如表 10.9 所示。

表 10.9　导线缺陷的处理

导 线 类 型	钢芯铝绞线	单一金属线	处 理 方 法
导线缺陷	磨损	磨损	不做处理
	铝线 7%以下断股	截面 7%以下断股	缠绕
	铝线 7%～25%断股	截面 7%～17%断股	补修
	铝线 25%以上断股	截面 17%以上断股	锯断重接

2．电缆线路的检修

电力电缆故障测寻的步骤如下。

（1）第一步是确定故障的性质。电力电缆发生故障以后，必须首先确定故障的性质。所谓确定故障的性质，就是指确定：故障电阻是高阻还是低阻；是闪络还是封闭性故障；是接地、短路、断线，还是它们的混合；是单相、两相，还是三相故障。

可以根据故障发生时出现的现象，初步判断故障的性质。例如，运行中的电缆发生故障时，若只是给了接地信号，则有可能是单相接地故障。继电保护过流继电器动作，出现跳闸现象，则此时可能发生了电缆两相或三相短路或接地故障，或者是发生了短路与接地混合故障。发生这些故障时，短路或接地电流烧断电缆将形成断线故障。但通过上述判断不能完全将故障的性质确定下来，还必须测量绝缘电阻和进行"导通试验"。

测量绝缘电阻时，使用兆欧表（1 kV 以下的电缆，用 1000 V 的兆欧表；1 kV 以上的电缆，用 2500 V 的兆欧表）来测量电缆线芯之间和线芯对地的绝缘电阻；进行"导通试验"时，将电缆的末端三相短接，用万用表在电缆的首端测量芯线之间的电阻。现将一故障电缆线路的测量结果列于表 10.10 中。

表 10.10　故障电缆线路测试实例

用兆欧表测量绝缘电阻（MΩ）				用万能表做"导通试验"（Ω）	
线　芯　间		线芯与地间		末端三相短接	
AB 相	2500	AE	2500	AB′相	0
BC 相	8	BE	5	BC′相	0
CA 相	2500	CE	3	CA′相	0

根据表 10.10 所列绝缘电阻的测量结果，可以分析出此故障是两相接地；根据"导通试验"结果，可以确定三相电缆未发生断线。此故障点的状态如图 10.4 所示。

（2）第二步是烧穿，即通过烧穿将高阻故障或闪络性故障变为低阻故障，以便进行粗测。

（3）第三步是粗测，就是测出故障点到电缆任意一端的距离。粗测方法有多种，一般可归纳为两大类，即经典法，如电桥法；现代法，如脉冲法。

电缆的高电阻接地故障，是指导体与铅护层或导体与导体之间的绝缘电阻低于正常值，但大于 $100\ k\Omega$，且芯线连续性良好。

测寻高电阻接地故障点的方法有很多种，如高压电桥法、一次扫描示波器法、加压烧穿后的其他方法等。

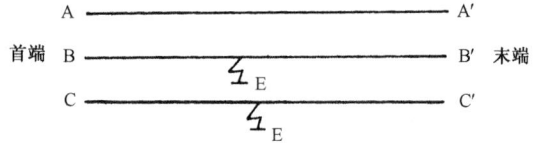

图 10.4　故障点状态

高压电桥法测寻高电阻接地故障原理接线图如图 10.5 所示。

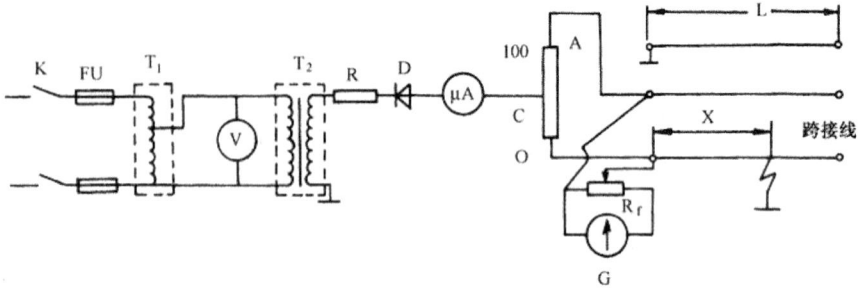

A—电桥电阻；G—检流计；R_f—检流计分流器；D—高压硅堆；R—限流电阻；

μA—微安表；V—电压表；T_1—调压器；T_2—高压试验变压器；K—开关

图 10.5　高压电桥法测接地故障

由于故障点电阻大，所以必须使用高压直流电源（如耐压试验用的整流设备），以保证通过故障点的电流不致太小。桥臂电阻为 100 等分的滑线变电阻，电桥所加的电压可掌握在 $10\sim 20\ kV$ 之间，故障点至测量端的距离可由下面公式计算而得。

$$X = 2LC/100 \qquad\qquad (10\text{-}5)$$

式中，C 为滑线电桥读数；L 为电缆线路长度。

测量时应注意以下几点：

① 操作人员应戴绝缘手套，用绝缘杆操作，并与高压引线保持一定的距离。由于各种测量仪器均处于高电压下，所以电缆必须可靠接地。

② 同一根电缆中不测量的缆芯也必须可靠接地，以防感应产生危险高压。

③ 测量时应逐渐加压，如发现电流表指针晃动剧烈或发现闪络性故障，应立即停止测量，以免烧坏仪表。

（4）第四步是测寻故障电缆的敷设路径。对于埋地电缆就是找出故障电缆的敷设路径和埋没深度，以便进行精测（定点）。当然，为了绘制埋地电缆敷设路径的图纸，有时也要测寻电缆的敷设路径。测寻方法是向电缆中通入音频信号电流，然后利用接收线圈通过接收机接收此音频信号。

（5）第五步是故障点的定点（精测），也就是确定故障点的精确位置。通常采用声测、感应、测接地电位等方法进行定点。

音频感应法一般用于探测故障电阻小于 $10\ \Omega$ 的低阻故障。探测时，往往先对电缆故障进行粗测，找出故障点的大致位置，然后用音频感应法进行精测。

探测时，首先用 $1\ kHz$ 的音频信号发生器向待测电缆通音频电流，发出电磁波；然后在地面上用探头沿待测电缆路径接收电缆周围电磁场变化的信号，并将之送入放大器进行放大；而后再将放大后的信号送入耳机或指示仪表，根据耳机中声响的强弱或指示仪表示值的大小定出故障点的位置。在故障点耳机中音频信号声响最强，当探头再从故障点前移 1～2 m 时，音频信号声响即中断，音频信号声响最强处即为故障点（如图 10.6 所示）。

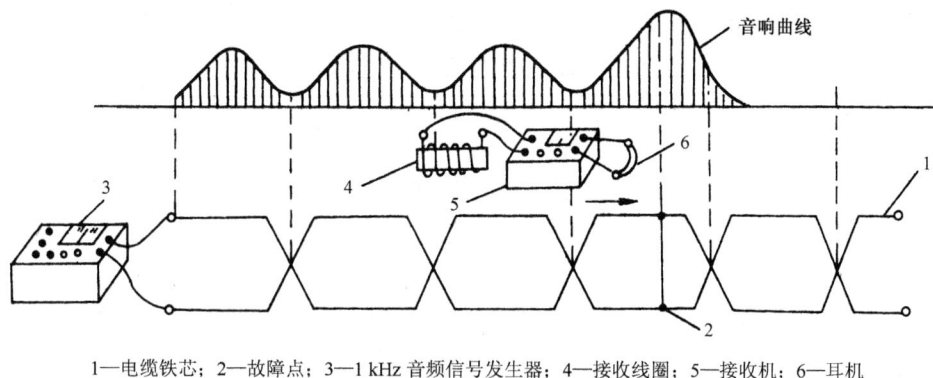

1—电缆铁芯；2—故障点；3—1 kHz 音频信号发生器；4—接收线圈；5—接收机；6—耳机

图 10.6　用音频感应法探测电缆相间短路故障的原理图

上述五个步骤是一般的测寻步骤。实际测寻时，可根据具体情况省略一些步骤。例如，电缆敷设路径的图纸准确时可不必再测敷设路径；对于高阻故障，可不经烧穿而直接用闪测法进行粗测；对于一些闪络性故障，不需要进行定点，可根据粗测得到的距离数据查阅资料，直接挖出粗测点处的中间接头，然后再通过细听而确定故障点；对于电缆沟或隧道内的电缆故障，可进行冲击放电，不需要使用仪器（如定点仪等）而通过直接用耳听来确定故障点。

*10.4.2　工厂电力线路的试验

工厂电力线路最常用的试验是绝缘电阻的测量和三相电路的定相。

1. 绝缘电阻的测量

为了明确线路的绝缘情况，确保线路投入运行后能够安全送电，在新建或改建的架空线路投入运行前一般应测量线路的绝缘电阻。测量线路的绝缘电阻一般使用兆欧表，测量时应注意以下几点：

（1）确认线路上无人进行登杆作业，并且负荷和电源全部断开，才可进行测量；雷雨时不得进行测量；在潮湿天气和雾天，应使用保护环"G"消除表面漏电影响；测量完一相后再测另一相，逐相测量。

（2）兆欧表引线应采用绝缘良好的单根导线；测量前使兆欧表的两条引线相碰，慢慢摇动手摇发电机手柄，检查指针是否指向"0"。若不指向"0"，应调整表上的调零装置，然后将两条引线分开，再慢慢摇动手摇发电机手柄，检查指针是否指向"∞"。测量时，两条引线应始终分开，不得与被测线路或其他部位接触。

（3）摇动手摇发电机手柄时，应由低速增大到高速（120 r/min），保持5min后得出的读数即为线路对地绝缘电阻。

（4）测量时，不得用手接触线路导线或接线端钮，以防触电。

（5）测量结束后，应先断开"L"端钮引线，再停止摇动手柄，以防线路电流向兆欧表放电而损坏仪表。测量绝缘电阻后，应使线路导线对地放电。

（6）测量电缆芯线与外皮的绝缘或电容器接线柱与外壳的绝缘时，兆欧表的"L"端应与电缆芯线或电容器接线柱相接，"E"端应与电缆外皮或电容器外壳相连。为了消除线芯绝缘层表面漏电所引起的测量误差，应将"G"端接线柱引线接到电缆的绝缘层上。

（7）高压线路一般采用 2500 V 兆欧表测量，低压线路一般采用 1000 V 兆欧表测量。

2．三相电路的定相

核定相位：即定相，也称核相，就是测量线路导线两端是否为同一根导线的端头，以免送电后造成相间短路事故。通常，凡是新建或改建的线路，送电前都要定相。常用的方法有兆欧表法、指示灯法、单相电压互感器法等。

（1）兆欧表法。如图10.7（a）所示，将线路一侧的 A、B、C 三相导线首端接到兆欧表的 L 端，兆欧表的 E 端接地。线路末端逐相接地，缓慢摇动兆欧表的手柄，如果兆欧表指示为零，则说明末端接地的相线与首端测量的相线为同一相；反之，则不同相。

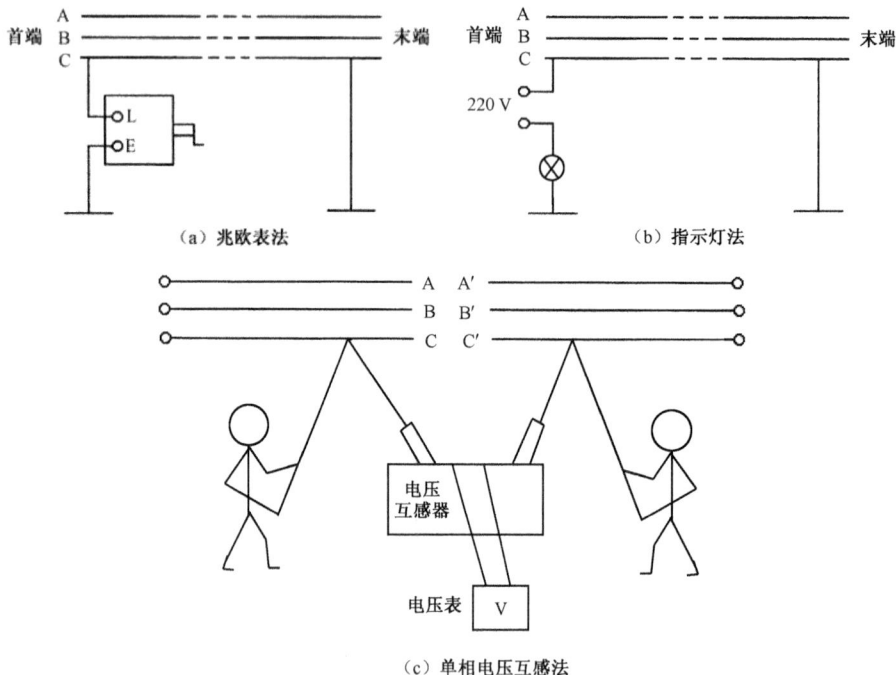

图 10.7 核定相位方法

（2）指示灯法。如图10.7（b）所示，线路首端接指示灯，线路末端逐相接地，如果指示灯通上电源时灯亮，说明末端接地的相线与首端测量的相线为同一相，反之，则不同相。

（3）单相电压互感器法。如图 10.7（c）所示，从电压互感器二次侧分别读取 AA′、AC′、BA′、BB′、BC′、CA′、CB′、CC′ 的电压值，若电压为零，则说明两个端头同相；若电压为线电压，则是异相。由于属带电测量，所以应采取可靠的安全措施，并遵守带电操作的有关规定。

10.5 电工安全用具

10.5.1 简述

为了保证电工在进行电气维护、安装、检修和运行操作中的人身安全和设备安全，常采用一些不同类型的安全用具。如能长时间承受工作电压的绝缘安全用具，证明确无电压的验电器，防止突然来电给操作人员造成危害的临时接地线，提示和引导人们注意安全的标示牌及在高空作业中所用的登高工具、安全带等。在应用时必须使用经过定期检查，在实验合格期内，经检查有效的用具。在使用过程中必须按有关的要求正确使用，这样才能使用具起到应有的功效，确保人身和设备的安全。

10.5.2　绝缘安全用具

绝缘安全用具按用途的不同分为基本安全用具和辅助安全用具。基本安全用具的绝缘强度能长时间承受电气设备的工作电压，如绝缘棒等；辅助安全用具的绝缘强度不能承受电气设备的工作电压，是用来防止跨步电压触电或电弧灼伤的，如绝缘垫等。有的书中将标示牌、遮栏等也归在辅助安全用具这一类别中。在实际使用中，不得用辅助安全用具代替基本安全用具，直接操作高压电气设备。

绝缘安全用具的使用：一是用在人与带电体中间，保证人体与带电体之间的绝缘，防止电压可能接触人体；二是用于人与大地之间的绝缘和隔离。

（一）绝缘操作用具

绝缘棒：绝缘棒又称绝缘杆或拉闸杆。它主要用来操作高压隔离开关、低压户外刀闸、跌落式熔断器，以及安装和拆除临时接地线、放电及进行实验等工作。

绝缘棒用绝缘材料制成，它是由以下几部分组成。

（1）工作部分：起到完成特定操作功能的作用，大多数是用金属材料制成的，并且因功能的不同而制成不同的式样。它安装在绝缘部分的顶端。

（2）绝缘部分：它起到绝缘隔离的作用。一般用电木、胶木、塑料管、纸箔管、环氧树脂管等绝缘材料制成。绝缘部分与手握部分的交界处设有一凸起环，称为护环，其作用是使绝缘与手握部分有明显的隔离。

（3）手握部分：用与绝缘部分相同的材料制成，是操作时操作人员手握的部分。为保障人体和带电体之间有一定距离，操作人员在使用时，手握的部位不得超过护环以上的部分。

绝缘棒不宜太重，应能适应单人操作时的要求。各部分的连接应当牢固，以防在操作中脱落。平时绝缘棒应放在干燥通风的地方，应悬挂或垂直放在特制的木架上。

（二）绝缘防护用具

常用的绝缘防护用具有绝缘手套、绝缘靴、绝缘隔板、绝缘垫和绝缘站台等，用于操作中做辅助安全用具，以确保操作人员的安全。

1. 绝缘手套

绝缘手套一般作为使用绝缘棒进行带电操作时的辅助安全用具，以防止泄漏电流对人体的危害。

绝缘手套是用特种橡胶制成的，为了便于操作和起到安全作用，要求绝缘手套薄、柔软，绝缘性能和耐磨性好。同时还要求接缝少，因为接缝处的绝缘性能较低。绝缘手套应有足够的长度，通常的长度为 30～40 cm，以便可以把外衣袖口套入手套的伸长部分。

绝缘手套除定期检查，试验合格外，在使用前还应做外观检查，如发现黏胶、啮痕、破损应停止使用。通常还习惯用压气法来检查绝缘手套有无漏气现象，即使出现微小漏气，该手套也不得继续使用。绝缘手套在使用前还需要擦拭干净。

绝缘手套应存放在干燥、阴凉的地方，不得放在有油污的地方或与其他工具堆放在一起，通常多是插放在特制的木架上。

2．绝缘靴

绝缘靴用于防止跨步电压的伤害，对泄漏电流和接触电压等同样具有防护作用。室外操作高压设备时除戴绝缘手套外，还必须穿绝缘靴。在处理接地故障接近故障点时也得穿绝缘靴。

绝缘靴也是用特种橡胶制成的，靴内有一层衬布以保护橡胶，具有良好绝缘性能，这是与普通橡胶雨靴的明显区别。在使用中不得混用。

绝缘靴除定期检查，试验合格外，在使用前还应进行外观检查，有扎痕、底花磨平，裂纹等缺陷的不得使用。绝缘靴应插放在特制专用木架上，不得放入工具箱内或与其他工器具混合堆放，尤其是油脂、汽油等。

3．绝缘隔板

绝缘隔板是防止工作人员对带电设备发生危险接近的一种防护用具，它装设在断开的 6～10 kV 刀闸的动、静触点之间，作为隔离保安工具。

绝缘隔板是一般用具，它由达到一定耐压强度的橡胶板、环氧树脂板、塑料板等制成，其尺寸的大小应能满足盖面的要求。

4．绝缘垫

绝缘垫也是用特种橡胶制成的，是辅助安全用具的一种。它一般铺在变配电室的操作地面上，以便在带电操作断路器或隔离开关时加强操作人员的对地绝缘，防止接触电压和跨步电压对操作人员的伤害。

绝缘垫的绝缘性能必须符合设备额定电压的等级，其宽度应大于750 mm，厚度不小于5mm。绝缘垫不得和酸、碱、油类和化学药品等接触，并应避免阳光直射或锐利金属刺划。

10.5.3　验电器

验电器是检验电气线路或设备确无电压的一种安全用具。因验证的电压等级不同，它分为低压和高压两种。

（一）低压验电器

低压验电器，是用以检测对地电压 250 V 及以下的（电气设备）低压检电器，又叫试电笔。它是用来检验低压线路和设备是否带电的专用工具。其外形有钢笔式、改锥式和组合式等多种。

低压验电器，除用来判断电气线路和设备是否带电外，还有以下用途。

（1）区分相线和零线（地线）。

（2）区分交流电、直流电：交流电通过氖泡时，两极附近都发光；直流电通过时，仅一个极附近发光。

（3）判断电压的高低：如果氖泡发暗红且轻微亮，则电压低；如果氖泡发黄红色且很亮，则电压高。

（二）高压验电器

高压验电器是用以检测对地面电压 250 V 以上的电气线路和设备的安全用具。高压验电器通常有以下三种。

1．发光型高压验电器

发光型高压验电器是最常用的一种，它由以下部分组成。

（1）指示器部分：由金属接触端、压紧弹簧、氖泡、电子等元件组成。其外部套有用电木粉或聚乙烯制成的硬质绝缘管。

（2）绝缘部分：绝缘部分指自指示器以下的金属衔接螺钉起至罩护环部分。

（3）握手部分：指罩环以下的部分，也就是验电器在使用时手握的部位。

（4）罩护环：它是绝缘部分和握手部分的分界点，它的直径比手握部分大一些。验电器在使用时手不得越过罩护环。

2. 声光型高压验电器

声光型高压验电器一般由检测部分、绝缘部分、握柄部分组成。检测部分由检测头和声光元件组成，当检测头接到电场信号时，能使发声光元件发出指示。它是近年来研制的新产品，其特点是在发光型验电器中装入了有电报警，是利用反应电场效应使音响器发声的原理制成的，特别适用于光线较强的场所。

3. 风车式验电器

这是引进的一种新型高压验电器，它是通过电晕放电而产生的电晕风驱使金属叶片旋转，来检测设备是否有电。风车式验电器由风车指示器和绝缘操作杆组成，使用时只要将风车指示器触及电气设备，如果设备带电，则风车就旋转，否则就不转。其特点是醒目明显，便于识别。

4. 高压验电器的使用注意事项

（1）高压验电器的操作应由二人进行，一人操作、一人监护，操作人戴绝缘手套。

（2）停电后验电时，应使用由电气试验部门定期试验合格的，在有效期内的验电器。

（3）操作前应将验电器擦拭干净，使其外观完好，然后带上合格的绝缘手套，在监护人的监护下，手持验电器，逐渐接近带电部位，待氖泡发光，蜂鸣器有声响或风车旋转为止，证明验电器是有效的。

（4）操作人员在监护人的监护下，戴绝缘手套，手持验电器在已停电的线路或设备上进行验电。

10.5.4　携带型接地线

携带型接地线，也称临时接地线，是保证安全检修的用具。它装设在被检修的线路及设备区域内有可能来电的各端，将三相短路并接地，以防止错误操作的突然来电，消除感应电压和放尽可能残存的静电。

携带型接地线一般由以下几部分组成。

1. 夹头部分

夹头部分大多数采用铝合金铸造抛光后制成，它是携带型接地线和设备导电部分的连接部件。因此对它的要求是：和导电部分的连接必须紧密，接触良好，并有足够的接触面积。目前，常见的夹头部分形状有悬挂式、平口式、螺旋式、弹力式等几种。

2. 绝缘棒或操作杆部分

携带型接地线安装有绝缘棒或操作手柄的部分，它们具有一定的绝缘安全性，并起到操作手柄的作用。它们是用电木、胶木环氧树脂等绝缘材料制成的。

3. 导线部分

三相短路并接地的导线，应采用柔软裸铜线，其截面不得小于 25 mm^2。

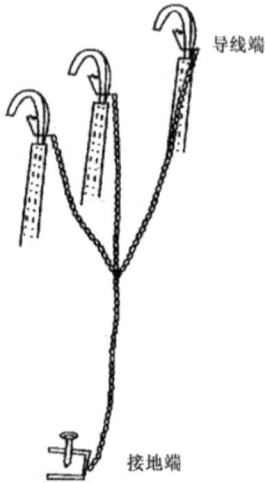

导线端

接地端

图 10.8　接地线组成

4．接地端

接地端是携带型地线与大地连接的部件，要求其连接必须可靠。故接地端应采用固定夹具和接地干线连接或与临时接地极连接，如图 10.8 所示。

5．使用中应注意的问题

（1）停电后的线路及设备在封挂地线前应使用合格、有效的验电器按规定进行验电，确认无电后方可操作。

（2）携带型接地线应为截面不小于 $25\,mm^2$ 的柔软铜线，在使用前应检查导线连接及线夹情况，不应有断股和断裂现象。接地线必须由专用夹具固定在接地线（极）上。

（3）封、拆地线应由两人进行，一人监护、一人操作，操作人应戴绝缘手套。封地线时先封地线端后封导线端，拆地线时先拆导线端后拆地线端。

（4）在变电所内封地线时，应将临时接地线接在专用的接地线（极）上，在没有专用地线（极）的线路，设备上可临时设置接地棒，接地棒应垂直打入地下 0.7～1.0 m。

（5）在多电源的线路及设备停电后，各回路均应加封地线。

（6）临时接地线不准通过任何开关、熔断器等设备接地。

10.5.5　标示牌及遮栏

1．标示牌

标示牌又叫警示牌，是用绝缘材料制成的。它用来警告提示工作人员不准接近有电部分或禁止操作及提示工作。

标示牌的使用如下。

（1）标示牌的选择使用应按有关规定进行。

（2）在一经合闸即可送电到工作地点的断路器（开关）和隔离开关（刀闸）的操作把手上均应悬挂标示牌，并悬挂牢固。

（3）在室内高压设备上，应在工作地点两旁间隔和对面间隔的遮栏上和禁止人行的过道上悬挂标示牌。

（4）在工作地点应悬挂"在此工作"的标示牌。

（5）标示牌的悬挂与拆除，应按工作票的要求进行。

（6）严禁检修工作人员在工作中移动或拆除标示牌。

2．临时遮栏

临时遮栏是保证安全检修的安全设施。它主要用来防止工作人员无意碰到或过分接近带电体，并且把安全区域和危险部位明显分开。它另外也可用做当检修安全距离不够时的安全隔离装置。

临时遮栏可用干燥木材、橡胶或其他坚韧绝缘材料制成，不能用金属材料制成。其高度不得低于 1.7 m，下部边缘距地面不超过 10 cm。

部分设备停电时的工作：安全距离 10 kV 及以下小于 0.7 m，35 kV 小于 1.0 m 以内的未停电设备应装临时遮栏。

临时遮栏与带电部分的距离：10 kV 及以下不得小于 0.4 m，35 kV 不得小于 0.6 m。

临时遮栏的装设应牢固可靠，并悬挂"止步，高压危险！"的标示牌。严禁工作人员在工作中移动或拆除临时遮栏。

10.5.6 登高作业安全用具

根据有关规定：凡在坠落高度基准面 2 m 以上（含 2 m）有可能坠落的作业，称为高处作业。电工在进行高处作业时，为保障工作人员的安全，要求登高所用的工具必须牢固可靠，才能保障作业人员的安全。常用的工具包括梯子、高凳、脚扣、安全带及安全帽等。

1. 梯子、高凳

梯子和高凳是用坚韧的木材或竹料制成的，从事电气作业用的梯子、高凳不应使用金属材料制成。梯子也称直梯，通常是靠在墙、杆等设施上使用。高凳也称人字梯，是用在没有依靠的场所。梯子、高凳在使用时，必须严格执行规定，并定期进行检查和试验。不许使用不符合要求的梯子、高凳，并应及时修复。在使用前应进行检查，其内容如下：

（1）梯子、高凳是否坚固、完整、可靠，应能承受工作人员及携带工具攀登的质量。

（2）梯子、高凳有无裂纹、开楔等缺陷。

（3）高凳的挂钩和连接处是否牢固、可靠。

（4）梯子的下部应有防滑胶皮。

梯子、高凳在使用中的要求是：

（1）为了避免梯子倾斜翻倒，立梯子的倾斜角度应保持 60° 左右。上梯时应有人扶梯，扶梯人应戴安全帽。

（2）梯子靠在杆上、管道上使用时，上端必须绑牢。

（3）单梯不准当高凳使用，更不准平放使用。

（4）不准站在梯子、高凳最上层工作。在梯子上工作时梯顶一般不应低于工作人员腰部；在高凳上工作时，工作人员不准骑跨在顶部站立。腿必须跨在梯凳上，不准两人上一梯工作。

（5）使用高凳时应全部张开，并将挂钩挂好，4 m 以上的高凳应拴晃绳（或有人扶梯）。

（6）在梯子、高凳上工作时应注意全身重心，有人工作时不准移动梯子或高凳。

2. 脚扣

脚扣又叫铁脚，是电杆攀登工具，是用钢质材料制成的，现在也有用铝合金制成的。脚扣呈环形，分木电杆用和水泥电杆用两种。环形直径的大小是按电杆直径制造的。为便于水泥电杆的使用，还有一种直径是大小可调的，如图 10.9 所示。脚扣使用前应检查其是否结实可靠，有无开焊、断裂，铁环等处有无伤痕，防滑橡胶是否完整，一般借人体质量猛力向下蹬踩时，应无变形及损坏。

应根据电杆的规格直径选用脚扣，上杆时跨步应合适，脚扣不应相撞。

3. 安全带和腰绳

安全带和腰绳是防止高处作业时跌落的主要安全用具。

安全带是用皮革或尼龙材料制成的，腰绳则是用直径不小于 20 mm，长约 3.5 m 的棕绳或尼龙绳制成的。它们在使用时应系在臀部上部，不得系在腰间，否则操作时既不灵活又容易扭伤腰部。

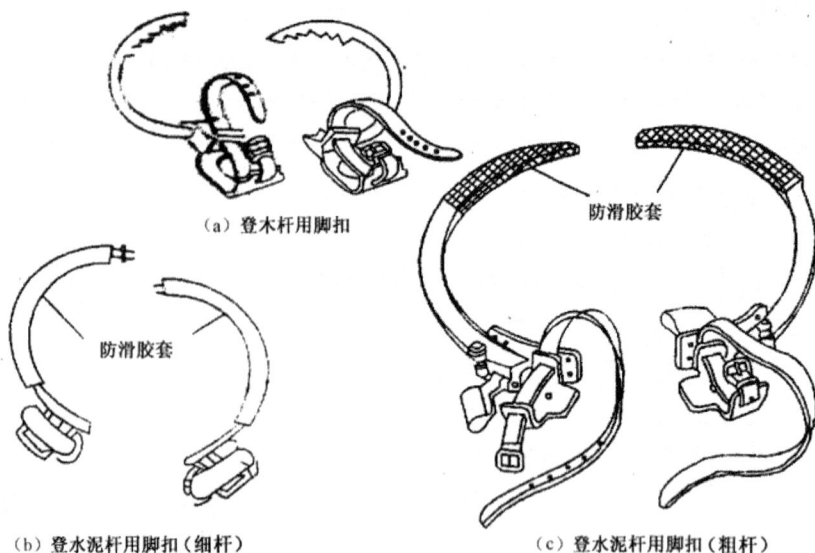

图 10.9　脚扣

在使用前必须检查安全带、腰绳是否结实，有无开焊、断裂，铁环及钉、扣有无伤痕，皮带有无硬脆、开线、豁眼现象。安全带在使用时松紧要合适，要系牢，结扣处应放在前侧的左右。腰绳的绳头应扎牢，使用时应系死扣。在杆上或高处工作时，安全带、腰绳不许拴在杆尖、横担、瓷瓶、拉带或其他活动构架上。

4．安全帽

安全帽是用来防护高空落物，减轻头部冲击伤害的一种防护用具。它是用竹或硬质塑料制成的，并能承受一定的冲击力。同时安全帽应有一定绝缘强度以保证人员安全。

5．安全用具的保养与管理

安全用具在使用前应先进行检查，平时应做好妥善保管。

（1）每次使用前，必须认真检查。如检查安全用具的表面有无损坏；绝缘手套、绝缘靴有无裂缝、啃痕；绝缘垫有无破洞；瓷绝缘有无破损、裂纹等。

（2）使用前应将安全用具等擦拭干净，应检查验电器是否有效。

（3）每次使用完以后，应擦拭干净，放回原位，不可乱扔乱放；也不许另做他用，更不准用其他工具代替。

（4）不许用短路法代替接地线，接地线与导线连接必须使用专用的夹头。

（5）不能用普通的安全带代替电工专用安全带，腰绳不能用普通绳代替。

思考题与习题

1．填空

（1）值班人员必须_____，_____，_____变配电所的_____的接线，以及_____的构造、原理及其性能，熟悉本工作的_____和_____。

（2）电气运行工作人员必须_____所管辖的_____规范、_____情况、_____完好状况、检修试验情况，并且能够熟练掌握_____操作、_____的判断和_____。

（3）执行工作票制度的本身就执行了_____、_____、_____、_____和_____制度及_____中的_____、_____、_____、_____和_____制度。

（4）倒闸操作是供配电系统运行过程中一项_____的重要工作，因此必须严格执行_____制度和_____制度。

（5）将两台或多台电力变压器的_____的端子之间，通过_____分别互相连接，这种运行方式叫电力变压器的_____。

（6）变压器在运行中，值班人员应定期进行_____，以便了解和掌握变压器的_____，如发现问题应_____，力争把故障消除在_____。

（7）电缆线路的运行维护工作主要包括线路的_____、_____、_____、_____、绝缘_____等五项工作。

（8）安全用具在使用过程中必须按_____正确使用，这样才能使用具起到_____，确保人身和设备的_____。

2．判断　（正确用√，错误用×表示）

（1）为保证电气设备的安全运行，要随时掌握电气设备的运行参数。　　　　（　　）

（2）若高压设备不带电，值班人员可以单独移开或越过遮栏进行工作。　　（　　）

（3）每个电气运行人员对上级的工作命令都必须严格执行。　　　　　　　（　　）

（4）变压器在运行中，还要依靠运行值班人员的各种感官去观察、监听，及时发现问题。（　　）

（5）若变压器的温度长时间超过允许值，则变压器绕组容易烧毁。　　　　（　　）

（6）变压器经过长期运行后必须进行检修，变压器检修可分为大修、小修。（　　）

（7）安全用具应用时必须使用经过定期检查、在实验合格期内经检查有效的用具。（　　）

（8）安全用具在使用前应先进行检查，平时应做好妥善保管。　　　　　　（　　）

3．问答

（1）工厂变配电所值班人员的主要职责有哪些？

（2）什么是倒闸操作？倒闸操作有哪些要求？

（3）电力变压器的并列运行应满足哪些要求？

（4）电力变压器在巡视时应注意哪些问题？

（5）电力变压器大修和小修分别有哪些项目？

（6）电力变压器检修后，应做的试验项目有哪些？

（7）接地电阻测量的方法有哪些？

（8）怎样处理线路运行中的突然停电事故？

（9）绝缘安全用具分为几类？

（10）安全用具的保养与管理应注意哪些问题？

附录 A 工厂供电实验指导书

实 验 须 知

1．实验目的

实验是教学过程的一个重要环节，必须认真搞好。实验的目的是：

（1）配合理论教学，使学生增加供电方面的感性知识，巩固和加深供电方面的理性知识，提高课程教学质量。

（2）培养学生使用各种常用设备仪表进行供电方面实验的技能，并培养其分析处理实验数据和编写实验报告的能力。

（3）培养严肃认真、细致踏实、重视安全的工作作风和团结协作、注意节约、爱护公物、讲究卫生的优良品质。

2．实验要求

（1）每次实验前，必须认真预习有关实验指导书，明确实验任务、要求和步骤，结合复习有关理论知识，分析实验线路，并要牢记实验中应注意的问题，以免在实验中出现差错或发生事故。

（2）每次实验时，首先要检查设备仪表是否齐备、完好、适用，了解其型号、规格和使用方法，并按要求抄录有关铭牌数据。然后按实验要求合理安排设备仪表位置，接好实验线路。实验者自己先检查无误后，再请指导教师检查。只有指导教师检查认可同意方可合上电源。

（3）实验中，要做好对现象、数据的观测和记录，要注意仪表指示不宜太大和太小。如果仪表指示太大，超过满刻度，则可能损坏仪表；如果仪表指示太小，读数又困难，则误差太大。仪表的指示以在满刻度的1/3 与3/4 之间为宜。因此，实验时要正确选择仪表的量程，并在实验过程中根据指示情况及时调整量程。调整量程时，应切断电源。由于实验中要操作、读数和记录，所以同组同学要适当分工，互相配合，以保证实验顺利进行。

（4）在实验过程中，要注意有无异常现象发生。如发现异常现象，应立即切断电源，分析原因，待故障消除后再继续进行实验。实验中，特别要注意人身安全，防止触电事故。

（5）实验内容全部完成后，要认真检查实验数据是否合理和有无遗漏。实验数据经指导教师检查认可后，方可拆除实验线路。拆除实验线路前，必须先切断电源。实验结束后，应将设备、仪表复归原位，并清理好导线和实验桌面，做好周围环境的清洁卫生。

3．实验报告

每次实验后，都要进行总结，编写实验报告，以巩固实验成果。实验报告应包括下列内容：

（1）实验名称、实验日期、班级、实验者姓名、同组者姓名。

（2）实验任务和要求。

（3）实验设备。

（4）实验线路。

（5）实验数据、图表。实验数据均取 3 位有效数字，按 GB 8170—87《数值修约规则》的规定进行数字修约。绘制曲线必须用坐标纸，坐标轴必须标明物理量和单位，绘制的曲线必须连接平滑。

（6）对实验结果进行分析讨论，并回答实验指导教师提出的问题。

实验一　高压电器的认识实验

1．实验目的

（1）通过对各种常用的高压电器的观察研究，了解它们的基本结构、工作原理、使用方法及主要技术性能等。

（2）通过对有关高压开关柜的观察研究，了解它们的基本结构、主接线方案、主要设备的布置及开关的操作方法等。

（3）通过拆装高压少油断路器，进一步了解其内部结构和工作原理，着重了解其灭弧结构和灭弧工作原理。

2．实验设备

供实验观察研究的各种常用的高压电器（包括高压 RN_2^1 型熔断器、RW 型跌开式熔断器、高压隔离开关、高压负荷开关、高压断路器及各型操动机构）和高压开关柜（固定式、手车式），并有供拆装调整的未装油的高压少油断路器。

[注] 如限于实验设备条件无法开设本实验，可通过实物教学、录像教学或现场参观等方法弥补。

3．高压电器的观察研究

（1）观察各种高压熔断器（包括跌开式熔断器）的结构，了解其工作原理、保护性能和使用方法。

（2）观察各种高压开关（包括隔离开关、负荷开关和短路器）及其操动机构的结构，了解其工作原理、性能和使用操作要求。

（3）观察各种高压电流互感器和电压互感器的结构，了解其工作原理和使用注意事项。

（4）观察高压开关柜的结构，了解其主接线方案和主要设备布置，并通过实际操作，了解其运行操作方法。对"防误型"开关柜，了解其如何实现"五防"要求。

4．高压少油断路器的拆装和调整

（1）观察高压少油断路器的外形结构，记录其铭牌型号和规格。

（2）拆开断路器的油筒，拆出其中的导电杆（动触头）、固定插座（静触头）和灭弧室等，了解它们的结构和装配关系，着重了解其灭弧工作原理。

（3）组装复原断路器，并进行三相合闸同时性的检查。采用手动合闸，观察三只灯泡是否同时亮，以判断三相合闸接触是否同时。如不同，则需对导电杆的行程进行调整。

5．思考题

（1）高压隔离开关、高压负荷开关和高压熔断器在结构、性能和操作要求方面各有何特点？

（2）电流互感器的外壳上为什么要标上"副线圈工作时不许开路"等字样？

（3）为什么要进行高压断路器三相合闸同时性的检查和调整？

实验二　低压电器的认识实验

1．实验目的

（1）通过对各种常用低压电器的观察研究，了解它们的基本结构、工作原理、使用方法及主要技术性能等。

（2）通过对有关低压配电屏的观察研究，了解它们的基本结构、主接线方案、主要设备的布置及开关的操作方法等。

（3）通过低压断路器的脱扣试验，进一步了解低压断路器的结构和动作特性。

2．实验设备

有供实验观察研究的各种常用低压电器（包括各型低压熔断器、刀开关、刀熔开关、负荷开关、低压断路器）和低压配电屏（固定式、抽屉式）。

进行低压断路器的脱扣试验，除有被试验的 DZ 型和 DW 型断路器外，尚需有单相调压器（220 V，9 kV·A），单相变压器（220/6 V，6 kV·A），电流互感器（1000/5 A）电流表、电气秒表、长余辉示波器等。

3．低压电器的观察研究

（1）观察各种低压熔断器的结构，了解其工作原理、保护性能和使用方法。

（2）观察各种低压开关（包括刀开关、刀熔开关、负荷开关和短路器）的结构，了解其工作原理、性能和使用操作要求。

（3）观察低压电流互感器的结构，了解其工作原理和使用注意事项。

（4）观察低压配电屏的结构，了解其主接线方案和主要设备布置，并通过实际操作，了解其运行操作方法。

4．DZ 型低压断路器的脱扣试验

（1）观察 DZ 型低压断路器的外形结构，记录其铭牌型号和规格。

（2）打开塑料盖，观察其灭弧装置、热脱扣器和电磁脱扣器的结构。

（3）进行热脱扣试验。

① 按如图 A.1 所示的电路接好，将调压器 T_1 的输出电压调至零。

② 合上电源开关 QK 和断路器 QF，调节 T_1，使通过断路器 QF 的电流 $I = 2I_N$，I_N 为断路器的热脱扣器额定电流。

③ 断开 QK，使电气秒表回零。

④ 合上 QK，电气秒表开始记时，直到热脱扣器动作使断路器 QF 跳闸时止，电气秒表停走，由此可得热脱扣器动作时间。

⑤ 合上 QK 和 QF，调节 T_1，使通过 QF 的电流分别为 $I=3I_N$、$5I_N$ 和 $10I_N$，重测热脱扣器动作时间。

⑥ 将试验所得的动作（脱扣）时间 t 与对应的动作电流倍数（I/I_N）记入如表 A.1 所示的表格中，并绘出其动作特性曲线，即动作时间 t 与动作电流倍数（I/I_N）的关系曲线。

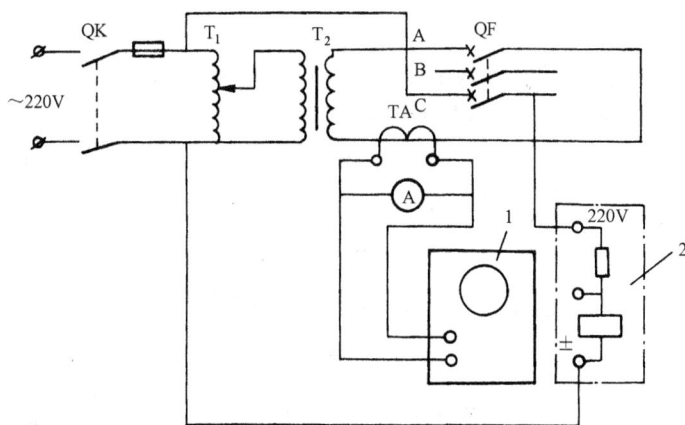

1—长余辉示波器；2—周波积算器（电气秒表）

图 A.1　低压断路器脱扣试验电路

表 A.1　DZ 型低压断路器脱扣试验数据

动作电流倍数 I/I_N	2	3	5	10	>10
动作时间 t(s)					

（4）瞬时脱扣试验。

① 由于断路器瞬时脱扣时，电流瞬时很大，而电流表指针因有惯性关系，反应不了这一电流，因此需借助长余辉示波器。在测量瞬时脱扣电流之前，先调节调压器 T_1，使 $I = 200\,A$，并调节示波器的 Y 轴放大器，使 $200\,A$ 电流波形的幅值恰好为 1 格（保持不变）。

② 调节调压器 T_1，使通过低压断路器的电流达到瞬时脱扣电流，这时断路器瞬时跳闸。

③ 保持 T_1 手柄不动，使电气秒表回零。

④ 再合上低压断路器 QF，记录示波器中电流波形的幅值和周期数，换算成电流值和时间。

⑤ 如果断路时间超过 $0.06\,s$，说明电流未达到瞬时脱扣电流，因为 DZ 型低压断路器的瞬时脱扣时间一般不会超过 $0.06\,s$，这时可调节 T_1，增大电流重测。

⑥ 将试验所得的瞬时脱扣时间 t 与对应的瞬时动作电流倍数（I/I_N）同样记录入表 A.1 中，并将此瞬时脱扣的动作时间 t 与瞬时电流倍数（I/I_N）补充绘入动作特性曲线上。

5．DW 型低压断路器的脱扣试验

（1）观察 DW 型低压断路器的外形结构，记录其铭牌型号和规格。

（2）拆下灭弧罩，观察灭弧结构及触头系统和各种脱扣器、合闸电磁铁的结构。

（3）进行脱扣试验：仍按如图 A.1 所示的电路接好线路，试验步骤也如 DZ 型的脱扣试验，按如表 A.2 所示测定不同动作电流倍数（I/I_N）时的动作（脱扣）时间 t，并记入该表，同时绘出其动作特性曲线。

表 A.2　DW 型低压断路器脱扣试验数据

脱扣器	长延时			短延时			瞬时
动作电流倍数 I/I_N							
动作时间 t(s)							

注：如限于实验设备无法开设本实验时，可通过实物教学、录像教学或现场参观等弥补。

6．思考题

（1）从结构上看，限流式熔断器与非限流式熔断器有何区别？

（2）从结构看，DZ 型低压断路器与 DW 型低压断路器有何不同？

（3）从动作特性看，DZ 型低压断路器与 DW 型低压断路器又有何不同？

（4）低压断路器的瞬时脱扣，即为瞬时，为何又有延时？

（5）请学生自己设计一个实验电路，并用来运行 DW 型低压断路器的失压脱扣试验。

实验三　定时限过电流保护实验

1．实验目的

（1）了解 DL、DS、DX 和 DZ 型等电磁式继电器的结构、接线、动作原理及使用方法。

（2）学会组成定时限过电流保护，了解其工作原理。

（3）掌握定时限过电流保护动作电流的整定原则和方法。

2．实验设备

电流继电器	DL-11	2 只
时间继电器	DS-111	2 只
信号继电器	DX-11	2 只
中间继电器	DZ-11	2 只
交流电流表		1 只
单相调压器		1 只
滑线电阻		2 只
灯泡		2 只

3．实验电路

（1）简化原理电路如图 A.2 所示。

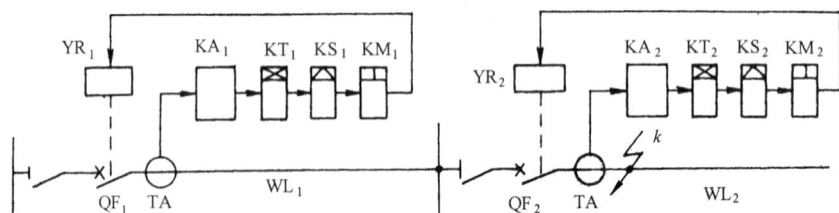

图 A.2　两级定时限过电流保护简化原理电路

（2）模拟实验电路如图 A.3 所示。

4．实验步骤

（1）按图 A.3 接好线路，将调压器的输出电压调至零，将模拟 WL_1 阻抗的电阻 R_1 调至较小值，将模拟 WL_2 及负荷阻抗的电阻 R_2 调至较大值。

（2）合电源开关 QK，并合上直流操作电源（如无直流操作电源，可用交流 220 V 代替，但时间继电器等均需改用交流型），调节调压器 T，使通过电流表 A 的电流为 1～2 A，此电流就假定为通过继电器 KA_1 和 KA_2 的最大负荷电流 $I'_{L.max} = (K_w / K_i) I_{L.max}$，随即拉开 QK。

（3）整定计算 KA_1 和 KA_2 的动作电流：不仅动作电流 I_{op} 要躲过 $I_{L.max}$，而且返回电流 I_{re}

也要躲过 $I_{L.max}$，因此

$$I_{op} = K_{rel}I'_{L.max} / K_{re}$$

式中，K_{re} 为继电器返回系数，取 0.8；K_{rel} 为可靠系数，取 1.2。

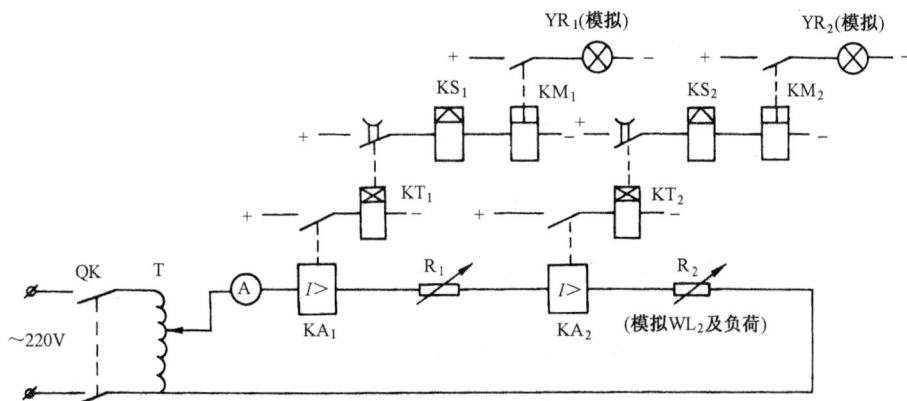

图 A.3 两级定时限过电流保护模拟实验电路

因此，动作电流应为

$$I_{op} = 1.5\, I'_{L.max}$$

（4）整定 KT_1 或 KT_2 的动作时间：假定已先整定 KT_2 或 KT_1 的动作时间。

如果 KT_2 的动作时间为 t_2，则 KT_1 的动作时间为 $t_1 = t_2 + 0.5$ s。

如果 KT_1 的动作时间为 t_1，则 KT_2 的动作时间为 $t_2 = t_1 - 0.5$ s。

（5）将 R_2 调至零，以模拟线路 WL_2 首端发生三相短路。

（6）再合上 QK，观察前后两级保护装置的动作情况。KA_1 和 KA_2 应同时启动，但模拟后一段线路断路器 QF_2 的跳闸线圈 YR_2 的灯泡应先亮，表示 QF_2 应首先跳闸，而模拟前一段线路断路器 QF_1 的跳闸线圈 YR_1 的灯泡应后亮，表示 QF_2 跳闸后，QF_1 紧接着跳闸。实际上在正常情况下，QF_2 跳闸后，短路故障被切除，KA_1 应返回，因此 QF_1 不会紧接着跳闸。

5. 思考题

（1）定时限过电流保护动作电流的整定原则是什么?如何计算? 如何整定?

（2）定时限过电流保护动作时限的整定原则是什么?如何计算? 如何整定?

（3）正常情况下，在后一级保护动作使断路器跳闸以后，前一级保护动作会不会使断路器紧接着跳闸？为什么？

实验四　反时限过电流保护实验

1. 实验目的

（1）了解 GL-$^{15}_{25}$ 型电流继电器的结构、接线、动作原理及其使用方法。特别要仔细观察其先合后断转换触点的结构及其先合后断的动作程序。

（2）学会组成去分流跳闸的反时限过电流保护，了解其工作原理。

（3）学会调整 GL 型继电器的动作电流和动作时限，了解其反时限动作特性和10倍动作电流的动作时限的概念。

2．实验设备

电流继电器	GL-15 或 GL-25	1只
交流电流表		1只
单相调压器		1只
滑线电阻		1只
电气秒表		1只
灯泡	220 V，15～40 W	1只

3．实验电路

（1）去分流跳闸的反时限过电流保护实验。

① 简化原理电路（一组）如图 A.4 所示。

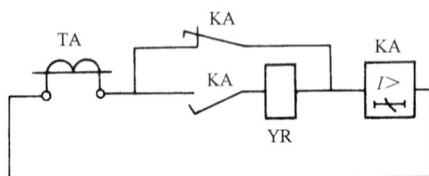

图 A.4　去分流跳闸的反时限过电流保护简化原理电路

② 模拟实验电路如图 A.5 所示。

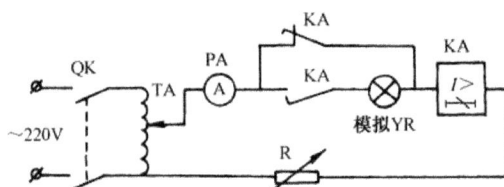

图 A.5　去分流跳闸的反时限过电流保护模拟实验电路

（2）GL 型电流继电器反时限动作特性曲线的测绘实验。将继电器的常闭触点用绝缘纸隔开，只留其常开触点，按如图 A.6 所示接成实验电路。

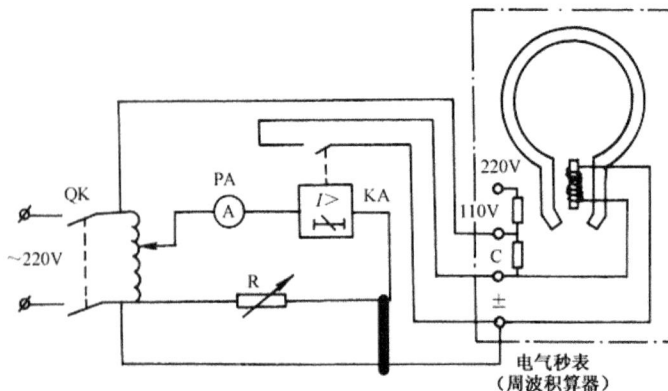

图 A.6　测绘 GL 型电流继电器动作特性曲线的实验电路

4. 实验步骤

（1）去分流跳闸的反时限过电流保护实验。

① 了解继电器的结构、接线，特别是要仔细观察其先合后断转换触点的结构和先合后断的动作程序，然后按图 A.5 接好线路，调压器输出电压调至零。

② 整定继电器的动作电流和动作时间。

③ 调小电阻 R，即假设一次发生短路。合上 QK，调节调压器输出电压，使继电器动作，观察交流操作去分流跳闸的情况，模拟跳闸线圈 YR 的灯炮会闪光。

（2）GL 型电流继电器反时限动作特性曲线测绘实验。

① 按图 A.6 接好线路，调压器输出电压调至零。

② 整定动作电流和动作时间（10 倍动作电流时的动作时间）。

③ 合上 QK，调节调压器输出电压，使通过继电器的电流依次为 1.5 倍，2 倍，3 倍，…，通过电气秒表（周波积算器）测出其动作时间。注意，每次调定电流后，拉开 QK，将电气秒表复位至零，然后再合上 QK，记下电流的动作时间（周波数乘 0.02 s）。

④ 绘出某一整定电流和整定时间下的动作特性曲线。

5. 思考题

（1）在做去分流跳闸实验时，采用 220 V、1540 W 灯泡来模拟跳闸线圈，为什么在继电器动作后，灯泡发生闪光现象？如果是接上实际的跳闸线圈，在继电器动作后，跳闸线圈的铁芯会不会也出现跳动现象？

（2）GL 型电流继电器改变动作电流应调整什么部位？改变动作时间应调整什么部位？10 倍动作电流的动作时限是什么意思？

（3）GL 型继电器整定速断电流应调整什么部位？

实验五　电缆绝缘电阻的测量及故障的探测分析

1. 实验目的

（1）通过实验，了解电力电缆的基本结构。

（2）掌握电缆绝缘电阻的测量方法。

（3）学会电缆故障的探测分析方法。

2. 实验设备

兆欧表（500 V）	1 只
电力电缆	1 段
模拟故障电缆	1 束

3. 实验步骤

利用一束四根导线包括黄（A 相）、绿（B 相）、红（C 相）三根塑料导线和一根黑色塑料导线来模拟待测的三芯故障电缆，黑色塑料导线来模拟电缆的接地外皮。

由实验指导教师在实验前对此模拟电缆人为地制造一些断线、短路、接地故障，并将故障部分用胶布缠好，作为故障电缆供实验用。

（1）观察实际的电力电缆外形结构。

（2）按如表 A.3 所示的测量要求用兆欧表分别测量首端和末端相对外皮（地）及相间的绝缘电阻，并将测量结果记入表 A.3 内。

（3）按如表 A.3 所示的测量结果分析电缆故障的性质，并在实验指导教师认可下，将模拟电缆故障点的胶布拆开，验证分析的故障是否与实际相符。

表 A.3　故障电缆绝缘电阻的测量数据

测 量 顺 序	绝缘电阻（MΩ）					
	相—地			相—相		
	A	B	C	A—B	B—C	C—A
在首端测量						
在末端测量						
末端短接接地，在首端测量						

4．思考题

（1）从结构上看，电缆与一般绝缘线有何主要区别？

（2）用兆欧表摇测电缆（或绝缘导线）的绝缘电阻时，为什么要将电缆（或绝缘导线）的绝缘层接到兆欧表的"保护环"？不接"保护环"对测量结果有何影响？

（3）为什么不用万用表的欧姆挡来测量电缆的绝缘电阻？

附录 B 部分习题参考答案

第 1 章

4．综合

（1）T_1：6.3/121 kV；WL_1：110 kV；WL_2：35 kV。

（2）G：10.5 kV；T_1：10.5/38.5 kV；T_2：3.5/6.6 kV；T_3：10/0.4 kV。

（3）$I_C = 16.4$ A；无须改为经消弧线圈接地。

第 4 章

4．计算

（1）负荷计算结果如表 B.1 所示。

表 B.1 习题 4（1）的负荷计算表

序号	设备组名称	设备容量（kW）		需要系数（K_d）	$\cos\varphi$	$\tan\varphi$	计算负荷			
		铭牌值	换算值				P_{30}（kW）	Q_{30}（kvar）	S_{30}（kV·A）	I_{30}（A）
1	机床	180	180	0.2	0.5	1.73	36	62.28	72	109.4
2	行车	5.1	3.95	0.15	0.5	1.73	0.59	1.02	1.18	1.79
3	通风机	12	12	0.8	0.8	0.75	9.6	7.2	12	18.2
总计		取 $K_\Sigma = 0.95$					43.9	67.0	80.1	121.7

（2）两种方法的计算结果如表 B.2 所示。

表 B.2 习题 4（2）的负荷计算表

序号	计算方法	K_d	b	c	x	$\cos\varphi$	$\tan\varphi$	计算负荷			
								P_{30}（kW）	Q_{30}（kvar）	S_{30}（kV·A）	I_{30}（A）
1	需要系数法	0.25				0.5	1.73	30	51.9	60	91.2
2	二项式法		0.14	0.5	5	0.5	1.73	31.8	55	63.6	96.6

（3）一相 3 台 1 kW，另两相各 1 台 3 kW。$P_{30} = 6.3$ kW，$Q_{30} = 0$，$S_{30} = 6.3$ kV·A，$I_{30} = 9.57$ A（取 $K_d = 0.7$）。

（4）取 $K_d = 0.35$，$\cos\varphi = 0.75$，$P_{30} = 2.30$ kW，$S_{30} = 2706.7$ kV·A

*（5）低压侧功率因数补偿到 0.92。$Q_{C(1)} = 220$ kvar，取 $Q_C = 240$ kvar。总计需要 BW0.4-12-1 型电容器 60 个，应选 SL7-800 型电力变压器。$S_{N.T} = 800$ kV·A。

（6）$I_{pk} = 287$ A。

第 5 章

3．计算

（1）选两台 SL7-630/10 型电力变压器并列运行。

（2）$A_\varphi = 10$ mm²，$A_0 = 6$ mm²，$A_{PE} = 10$ mm²，所选线路的导线型号规格可表示为：

    BLX-500-(3×10+1×6+PE10)

参考文献

[1] 刘介才. 工厂供电. 北京：机械工业出版社，1998.

[2] 李友文. 工厂供电. 北京：化学工业出版社，2001.

[3] 柳春生. 实用供配电技术问答. 北京：机械工业出版社，1999.

[4] 张贵元，等. 实用节电技术与方法. 北京：中国电力出版社，1997.

[5] 张盖楚. 电工 10001 个怎么办. 北京：金盾出版社，1995.

[6] 王霁宗. 工企电气设备及其运行——变、配电部分. 北京：中国电力出版社，1998.

[7] 钟洪璧，高占邦，等. 电力变压器检修与试验手册. 北京：中国电力出版社，2000.

[8] 孙书成，许振德，等. 电工安全技术. 天津：天津市安全生产监督管理局，2002.

[9] 戴绍基. 电气安全. 北京：高等教育出版社，2005.

[10] 姚锡禄. 工厂供电（第 2 版）. 北京：电子工业出版社，2007.

[11] 杜文学. 供用电工程. 北京：中国电力出版社，2005.